中国古代机械复原研究

陆敬严◎著

上海科学技术出版社
SHANGHAI SCIENTIFIC & TECHNICAL PUBLISHERS

图书在版编目(CIP)数据

中国古代机械复原研究 / 陆敬严著. — 上海 : 上海科学技术出版社, 2019.6(2022.6重印)
ISBN 978-7-5478-4244-7

Ⅰ. ①中… Ⅱ. ①陆… Ⅲ. ①机械—技术史—研究—中国—古代 Ⅳ. ①TH—092

中国版本图书馆CIP数据核字(2018)第252177号

本书出版受"上海科技专著出版资金"资助

责任编辑 张毅颖
美术设计 陈宇思
责任校对 卢文斌
摄影摄像 张海峰
三维建模 顾 全

中国古代机械复原研究
陆敬严 著

上海世纪出版(集团)有限公司
上 海 科 学 技 术 出 版 社 出版、发行
(上海市闵行区号景路159弄A座9F-10F 邮政编码201101 www.sstp.cn)
上海雅昌艺术印刷有限公司印刷
开本 787×1092 1/16 印张 29.75 插页 6
字数 480千字
2019年6月第1版 2022年6月第3次印刷
ISBN 978-7-5478-4244-7/N·161
定价: 198.00元

内容提要

中国是世界上最早使用和发展机械的国家之一。历史上，中国机械技术曾长期保持世界领先，在农业、冶金、纺织、车船、军事、天文、钻井等领域取得一系列令人瞩目的成就。

中国古代机械模型复原是中国古代机械史研究的重要组成部分，本书按用途对中国古代机械复原模型分门别类，对它们的性能、特点、外形及结构，以及产生背景等方面做深入解读，书中不少机械复原模型的相关资料和主要结构尺寸为首次公之于世。本书全面、真实、形象地展现了中国古代机械技术繁荣发展的景象，每一件精巧设计的古代机械都是工匠精神的最好诠释，激励人们在当代科技创新中再创辉煌。

序一

中华民族辉煌的历史，积淀了无穷的智慧，形成了独特的精神标识，孕育了中华优秀传统文化，要从内在价值的角度挖掘并传承其内涵，明晰其与核心价值观的相互关系，坚定我们走中国特色社会主义道路的自信心。随着我国公众科学文化素养的提高，中国古代文明和中华优秀传统越来越受到关注和重视。中国古代科技尤其是机械技术曾长期处于世界先进行列，是中国古代文明的重要组成部分。因年代久远，许多古代机械已经失传，仅在古籍中有记载。古代机械文物有助于了解中国古代科技发展脉络和辉煌成就，然而，现存的古代科技文物非常稀少。复原工作可以弥补古代机械文物的缺乏。欣喜地看到陆敬严教授顺应当前形势，将几十年的复原研究成果和宝贵经验，撰成《中国古代机械复原研究》。这是本有关如何制作中国古代科技精品模型的著作，纵观书市，未见有这方面的专著，乃创新之作。

我与陆教授是忘年交，从20世纪80年代起，我几乎参加了他所有科研成果的评定工作。当年一起参加评审的陶亨咸、谭其骧、李国豪、胡道静等先生已先后谢世，我今年过百岁，耳不聋眼不花（至今不戴眼镜，不用助听器），很高兴再次为陆教授的新作写序。

陆教授四岁即跟着两位姐姐上学，后姐姐上南开、清华，他上交大。“文革”后百废待兴，陆教授如同骏马奋进，长期从事机械设计教学，科技史、机械史研究及中国古代机械复原研制工作。他思路敏捷，富有开拓性，曾主持多个课题研究，屡获部、市、校级科技进步奖，多次解决了复原研究中的难题，使这项工作向前迈进了一大步，极具社会效益。一时间，报纸、杂志、广播、电视随处可见关于他复原工作的报道，连美、日、德等国媒体也时有报道，《上海科技报》曾头版刊登他的照片，称他为“科坛新星”。

正值事业蒸蒸日上之际，病魔悄悄地缠上他。他于1991年、1995年两次接受脑瘤手术，1997年进行头脸部神经搭桥手术，2006年接受肠癌手术，化疗次数比常人多，之后又不断出现小肿瘤，多次接受摘除手术……第一次脑瘤手术时医生就建议他留遗嘱，并多次发出病危通知。陆教授脑瘤术后一度不会说话、不会走路、不会吃饭，他从20世纪90年代初一直与死神“斗争”，仍坚强达观、谈笑自若。如今虽右半肢瘫痪，仍笔耕不辍，主编《中国科学技术史・机械卷》（2000年），撰写《中国古代兵器》（1993年）、《图说中国古代战争战具》（2001年）、《中国机械史》（2003年）、《新仪象法要译注》（2007年）、《中国悬棺研究》（2009年）、《中国古代机械文明史》（2012年）、

《佛教的科技贡献》（2016年），这些“分量十足”的著作问世足见其勤奋。顺便提及，撰写《中国悬棺研究》时，他拖着病弱之躯再赴当年的吊装地进行考察，科学家的严谨性可见一斑。彼时寂静深幽的吊装地已成为繁华的旅游景点，时任江西省鹰潭市人大常委会主任的管华鞍说：“陆教授，你使一方人脱贫。”这是对他科研成果的中肯评价。

复原制作中国古代科技精品模型需要多学科协作，学科的交叉即是创新的源头。记得在1998年上海市科学技术委员会召开的中国古代机械复原研究鉴定会上，陆教授的复原研究工作被评定为“国际领先”水平。如今，陆教授借此著作回顾这段难忘的科研经历，其中的曲折、突破和甘苦等在书中一步一步展现。陆教授曾说，“经验永不带走，智慧长留人间”，如今他把经验和智慧都留在书中，留给新一代的科研工作者。

杨槱

中国科学院院士

2018年9月

耙

序二

中国古代机械文明的灿烂历史，当今社会少有人知晓。这是由于清代长期的闭关锁国错失了科学与技术革命性发展的良机，导致中国近代科学与技术落后，影响至今。

重提中国古代机械文明史，不仅可重现先人非凡的创新能力和智慧，更能增强我国公众的自信心和自豪感。

陆敬严教授自20世纪80年代起就致力于中国古代机械文明与历史的研究，复原了多种已失传的古代机械精品，曾主编《中国科学技术史·机械卷》。退休后虽疾病缠身，但凭借坚强的意志，战胜病魔，先后编著《中国机械史》《中国古代机械文明史》等十余部介绍中国古代机械史的著作，获得多个国家图书奖项，深受读者喜爱。陆先生的研究成果具有极高的学术价值，他还长期为古代机械的普及尽自己最大的努力。

此次新著《中国古代机械复原研究》，从追本溯源的角度，通过复原再现中国古代先进机械。这部独树一帜的著作不仅传承了中国机械文明，还将其普及给大众，诠释了“工匠精神”。读者从一件件精妙的古代机械器具上可以看到先人的聪慧、敬业、精益求精。

陆敬严先生有两个夙愿，其一是撰写中国古代机械文明史，这已在长年累月的潜心研究和与疾病的顽强抗争中实现；其二是希望促成中国古代科技馆的建成。他的此部新作，会对中国古代科技馆馆藏品制作有重要的理论和现实指导作用，同时将促进中国古代科技馆的建设和发展。期待涌现更多的中国古代科技馆，有更多精心复原的中国古代机械装置在世界各地的科技博物馆向公众展示，重现中国古代机械文明的辉煌及其对人类文明进步做出的巨大贡献！

同济大学教授、博士生导师

2018年11月

要言要义

本书讲述古代的杰出发明和精彩故事，意在指出中国古代科技曾长期处于世界先进行列，只是到了近现代，才落于人后，并发生了一系列令人伤心和不快的事件。目前，首先应思考的是如何再现中国的辉煌。

“经验不带走，智慧留人间”，这是本书的撰写缘由。

《人民日报》曾对笔者进行报道，当时文章的标题是“君子立长志”，这句源自“君子立长志，小人长立志”。笔者对此的理解是：“立长志”为矢志不移，而“长立志”则是见异思迁。笔者当然愿当“君子”，不愿做“小人”。

《解放日报》有次报道笔者时所采用的标题是“木牛流马入梦来”，这是套用了宋代大诗人陆游的诗作《十一月四日风雨大作》中的“铁马冰河入梦来”。俗语说，日有所思，夜有所梦。然而，笔者的梦不仅仅是木牛流马，而是已经复原和准备复原的诸多古代科技成果；加之心系复原工作“更上一层楼”，常梦见建成多个有灵魂、有感情、有温度、有创新的“馆”，用以展示中国古代劳动人民的智慧结晶，反映中国古代高度发达的科技与文化。馆可名曰“中国古代科技馆”，亦可别称。

想建成什么样的展馆？简单地说：内行外行兼顾，老中青少皆宜。展览内容除复原品外，还陈列科技文物、美术作品、绘画、书法、篆刻等各种艺术品。展品既有传世的古代作品，又有歌颂古代的现代作品，能简要清晰地反映事物的源流脉络、研究状况和主要分歧。这些雅俗共赏的展品会令展览丰富多彩、生动有趣，启迪参观者思考并主动参与互动，使他们既能看出门道又感到热闹有趣，在不知不觉中接受科技及传统文化的熏陶。这样的科技馆可作为所在地的名片及投资者、建设者的丰碑，它将加深教材、科技、科普、旅游、商业活动等的文化底蕴，促进人才培养和学术交流，为文化事业大发展添砖加瓦。

明朝名将戚继光的《马上作》曰：“南北驱驰报主情，江花边月笑平生。一年三百六十日，多是横戈马上行。”戚继光成年累月横戈马上，为国为民巡边守疆，非常人能及，所以他能成为一代名将。“持之以恒，必有所成”，坚持常常是成败的关键。如今梦想一夜成名大有人在，然而事实证明，若缺少坚持不懈，这些仅是空想。

笔者正式从事复原研究工作已有30多年，几经磨难，抚今追昔感触良多，借本书发自内心地抒发《八旬翁自叹》：“岁月如流水自东，千古丰采半成空。再现往昔辉煌时，憔悴耕耘一老翁。”而今，虽面容“憔悴”，但心愿依旧，“犹有轻狂意未甘”，寄希望有生之年还能为中国古代机械复原研究再尽一番心力。

本书配套数字交互资源使用说明

为给读者提供更加生动、直观的阅读体验，本书特地对部分中国古代机械制作了3D复原模型，并录制了复原模型运作的视频。针对上述配套数字资源的使用方式和资源分布，特说明如下：

1. 读者可持安卓移动设备（系统要求安卓4.0及以上），打开移动端扫码软件（本书仅限于手机二维码、手机QQ），扫描本书封底二维码，下载安装配套APP，即可阅读识别、交互使用。

2. 有3D模型、视频等数字资源的示图图题后加有 标识，具体扫描对象位置与数字资源对应关系参见下表。

扫描对象位置	数字资源类型	数字资源名称
图 0-5	视频	明代水轮三事
图 4-33	视频	畜力龙骨水车
图 4-38	3D 模型	筒车
图 4-43	视频	高转筒车
图 4-60	视频	八头水碓
图 4-66	视频	连二水磨
图 4-68	视频	水转九磨
图 4-70	视频	牛转八磨
图 4-77	视频	卧轴式风车
图 4-81	视频	立轴式风车
图 5-21	3D 模型	轧车
图 6-12(a)	3D 模型	有车轮架、无前辕的独轮车
图 6-12(b)	3D 模型	无车轮架、无前辕的独轮车
图 7-52	3D 模型	撞车
图 7-60	3D 模型	云梯
图 8-8	3D 模型	定轴轮系指南车
图 8-34	视频	舂车

目录

第六章 运输起重机械 245

绪论

第一节　中国古代机械复原研究概况

何谓“绪”？ 按最早的字典——东汉许慎主编的《说文解字》，“绪：丝端也”。人们常形容事物开端茫无头绪为“一团乱麻”，可想而知，一团乱丝远比一团乱麻难解。解决问题的症结就是要找到乱丝的开端，绪论正是为实现这一目的而作。

一、复原研究工作的起源

1. 对复原研究工作的认识

笔者从事机械史的研究工作，大致经历了“地下”—“半地下”—“地上”三个阶段。那是在“文化大革命”时期，学校图书馆的藏书大量外流，偶然间得到刘仙洲先生编写的《中国机械工程发明史·第一编》，从而对中国机械史产生了浓厚兴趣，便着手收集和阅读有关的论文及书籍，它们引导笔者逐步走上中国机械史研究的道路。当时，这一切都是偷偷摸摸地进行，因而笑称自己是在搞“地下工作”。到了1980年，在清华大学郑林庆教授（刘仙洲先生当年的助教）的帮助下，发表了第一篇论文《中国古代摩擦学成就》，这便进入了第二阶段：一方面进行机械设计教学，另一方面开展机械史研究。直到1985年被学校确定为科研编制后，才完全转向机械史研究工作。

笔者对复原研究工作的重要性认识较早。早在第一阶段，在看到中国历史博物馆陈列的由王振铎先生主持复原的指南车等古代杰出科技成果时，就深深为之吸引并留下深刻印象。然而，刘仙洲先生在其论文和书籍中对复原品持有异议，他认为王振铎先生主持复原的指南车的复原理由不够充分。两位都是治学严谨、考查严密的著名专家学者，极其重视《宋史》等古籍的有关记载，但考释结果却各不相同。因为古代的历史问题原本十分复杂，他们的观点都有一定的价值，并不能贸然做出定论。让笔者感慨的是，两位学者的论战没有处在“对等”的地位，见过王振铎先生主持复原的模型的人数量众多，大家对该指南车复原模型印象深刻；而刘仙洲先生的论述又有多少人知道？ 由此认识到古代机械复原研究的重要性。

2. 开始复原研究工作

1982年春开学后不久，德国达姆施塔特大学的米勒教授来同济大学讲学，临别时送给学校一具中国古代指南车的模型（见图0-1），这具模型是按照大英博物馆的陈列品仿制的。笔者仔细观看这件礼物后心潮澎湃。指南车是我国古代文化瑰宝，炎黄子孙应当对它有更深入的研究和了解，这件礼物由我们送给外国友人更合

图0-1　德国达姆施塔特大学米勒教授送给同济大学的指南车模型

适。此外，这具指南车模型从内部（齿轮结构）到外部（清人长辫）都有商榷之处。笔者更进一步感到有必要深入研究，澄清谬误，自此下定决心投入复原研究工作。

复原研究工作的难度较大，需要一定经费，还需耐得住寂寞，所幸这项工作得到上海市科学技术委员会和笔者所在单位——同济大学的支持，笔者组建了中国古代机械研究制作室（研制室）。研制室成立之初在机械系实验室的偏隅一角，条件略为简陋。

图0–2是同济大学中国古代机械研制室复原的宋代战争器械。

二、复原研究工作稳步发展

1. 复原的准备

研制室组建后，着手完成了三件事。

第一，申请科研经费。常言“兵马未动，粮草先行”，资金对于科研犹如粮草

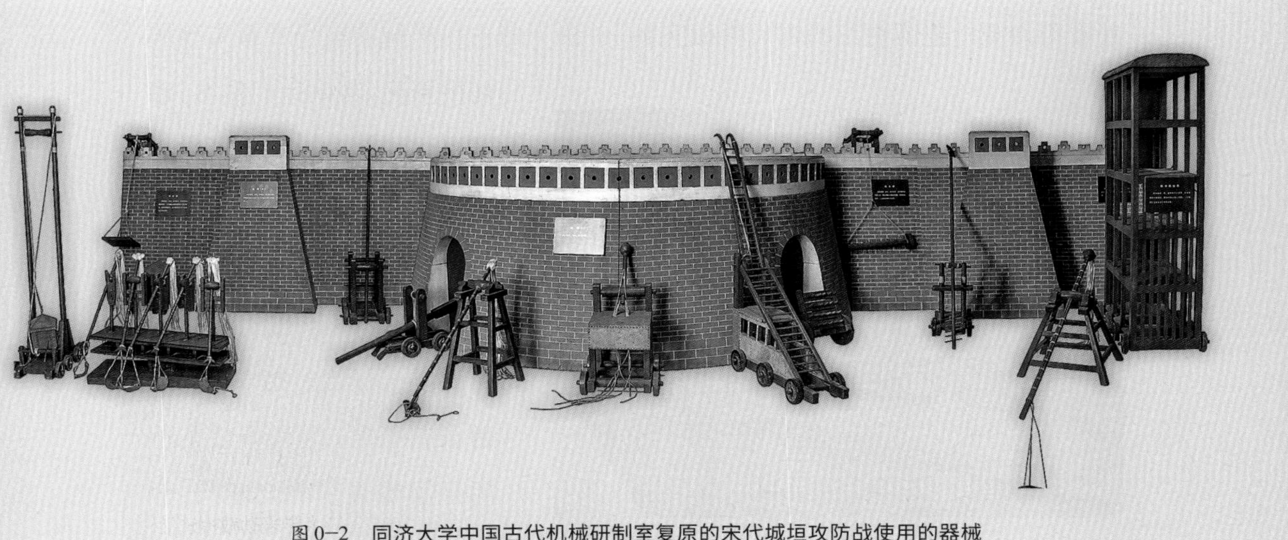

图0–2　同济大学中国古代机械研制室复原的宋代城垣攻防战使用的器械

对于军队，是影响复原研究工作成败的一大要素。研制室的成立受到上海市科学技术委员会的支持，此后又相继得到中国机械工业部、中国人民革命军事博物馆（简称中国军事博物馆）、中国改革与开放基金会（美国）、中国科技馆、中国自然科学基金会以及同济大学等的有力支持，研制室由此得以顺利开展30多年的复原研制工作，复原成功100多具中国古代机械模型，在此衷心感谢有关各方。

第二，调查古代机械存在与使用情况。首先对现存古代机械的状况进行普查排摸，当时向全国各省市区县、高等院校农机系以及有关科研单位寄出两千多封信函和调查表，了解他们当地有无中国古代机械及其使用情况。可喜的是，这项工作得到了许多部门和人员的支持，收到的回函达一千多份，约是寄出去的50%。这个调查研究很有必要，保证了日后研制室能按图索骥，有的放矢地寻访、考察，为复原研究工作的开展打下扎实基础。在此向这些朋友致以深深的谢意。

第三，培训人员。为配合复原制作工作，专门聘请了几位技术精湛、擅长手工制作的“老”木匠（见图0–3），人数最多时有七位。初始阶段，带领他们到外省市参观一些博物馆的古代机械实物，并到一些古代机械的现场观看实物和使用情况，帮助他们熟悉、理解古代机械的特点和制作情况。这些措施取得了良好的效果（见图0–4）。

图0–3　同济大学中国古代机械研制室的木工师傅正在工作

现在看来，在复原研究工作正式开始前完成这几件事很有必要，这为以后工作的开展带来了极大便利，令制作的复原模型具有真实性

图 0–4　木工师傅在培训时制作的车轮

及科学性，经得起推敲。

2. 良好的开端

研制室的前期工作以研究战争器械为主。当时，中国军事博物馆欲将扩充以现代历史时期为主的“革命军事”的陈列和研究范围，增加古代的战争与军事技术。经过筛选，他们委托研制室复原制作九种古代战争器械：用于侦察的巢车，远射程武器——砲车，攻坚武器——轒辒车、饿鹘车、撞车、云梯，防守武器——塞门刀车，三国时蜀国运粮的木牛流马，以及后追加的猛火油柜。研制室欣然接受并完成了这一研制任务。为确保成功，先以1∶10比例制作小样，所有模型的小样均保留在研制室。以后作为惯例，在制作模型前均按照这一比例先制作小样并保存（见图0–5）。

研制室根据中国军事博物馆展厅情况，按1∶2的比例制作九种古代战争

图0-5　研制室研制的明代水轮三事模型

图0-6　“中国古代战争器械研究”鉴定会现场

器械复原品。1987年5月5日，中国军事博物馆组织了部级鉴定会，对研究课题“中国古代战争器械研究”进行鉴定（见图0-6）。为配合模型鉴定，研制室制作了城墙，提供了九种器械的结构设计图，以及七篇关于研制内容的学术论文。鉴定会的鉴定意见写道：“……中国古代攻坚战与攻守器械方面，国内外均未进行过系统的研究，因此，该课题的开拓性难度较大。……填补了这一领域的空白，是我国古代战争器械和科技史研究中的一项有巨大影响的重要新突破。……对于我国优秀文化传统的保存、继承与发扬，对于推进我国以及国际学术活动进展都有重大意义。”这项研制工作得到了很高的评价。

鉴定会之后，上述复原品被运往北京并在中国军事博物馆展出，获得社会各界好评。

这一良好的开端，扩大了研制室的影响，促进了它的建设与发展。

3. 继续前进

在鉴定会后，研制室扩大了复原研究的范围，一方面在原有基础上继续研制战争器械，以充分还原古代战争真实恢宏的场面；另一方面将研制工作扩大到农业机械、手工业机械、起重运输机械和自动机械等。同时，摸索出一套切实可行的研制方法，积累了一定经验，保证研制室顺利地开展工作，研制的模型规模更大、品种更丰富。

在研制室未对外开放的情况下，不断有社会各界尤其是学者同行前来参观交流（见图0–7）。研制室人员携模型还应邀参

图0–7　美国科学院顾问程贞一教授始终重视并指导复原研究工作

加了一些节日庆祝活动以及国内外的一些学术会议。研制室取得的成绩引起了国内外众多媒体的关注，时有采访研制室工作的报道。在社会各界的关心下，研制人员受到鼓励，克服困难继续前进。

第二节　中国古代机械复原研究鉴定会

中国古代机械复原研究鉴定会于1998年4月8日在同济大学举行。此时，中国古代机械研制室成立已有16年。在此期间，研制室共复原古代机械模型92种，100多件，这些大体上已能形象地反映中国古代科技先进辉煌的盛况。

一、鉴定会概况

研制室提交鉴定会的模型分为五类。

农业机械类：龙骨水车、水碓、连机水碓、牛转八磨、水转九磨、连二水磨、卧轴式风车、立轴式风车、风扇车、明代水轮三事、犁及其形成等。

手工业机械类：舞钻、牵钻、制陶转轮、瓷车、汲卤机械、手摇纺车、脚踏纺车、水排、活塞式风箱、磨玉车、轧蔗取浆设备等。

交通起重机械类：车轮及其形成、绞车、差动绞车、独轮车、木牛流马、明轮船、悬棺吊装模型等。

战争器械类：原始砲、商周战车、车战法、塞门刀车、巢车、望楼、砲、撞车、轒辒车、饿鹘车、城墙、千斤闸、折叠壕桥、砲楼、搭车、临冲吕公车、云梯等。

自动机械类：指南车、记里鼓车、舂车及磨车等。

鉴定会由上海市科学技术委员会主持，鉴定会主任是上海交通大学杨槱院士，副主任为中国机械科学研究院总工程师雷天觉院士，委员有：上海人民出版社胡道静编审，华东师范大学袁运开校长，中国机械史学会常务副理事长郭可谦教授，中国机械史学会副理事长、中国科学院自然科学史研究所副所长华觉明研究员，上海科技史学会理事长朱新轩教授，上海交通大学邹慧君教授等。上海市科学技术委员会领导和时任同济大学校长吴启迪教授及副校长、科研处长等校领导也出席了鉴定会（见图0–8、图0–9）。

图0–8　与会的部分专家

中为鉴定会主任、上海交通大学教授杨槱院士（时任上海市政协副主席），右为时任同济大学校长吴启迪教授，左为时任中国科学院自然科学史研究所副所长华觉明研究员。

鉴定会高度评价了研制室的复原研究工作："课题组思想活跃，学风严谨……对中国机械史研究具有长远意义。……成就巨大、难能可贵。……提出了许多创见，取得了一系列突破性成果……有较高的学术水准，在中国古代机械复原研究领域中达到国际领先水平。"对研制室来说，鉴定委员会对研制室16年来工作的肯定是最好的鼓励和鞭策。

图0–9　参加鉴定会的专家们观看复原模型

从右向左分别是：笔者、杨槱院士、朱新轩教授、郭可谦教授。

二、鉴定会之后

鉴定会召开之后，研制室总结了16年来的工作，提出以下两点要求。

第一，将理论研究与复原研究结合，相辅相成，发挥各自的优势。需要大量阅读古籍、中外文献；查阅考古学、民族学、民俗学等相关书籍及资料，总结前人和今人的研究成果；实地考察现存的传统机械及工作现场，从而具有开拓性的思路，促进新见解的产生，使研究工作提升至较高层面。

第二，文理结合，扩大知识范围。研制室成员的专业背景基本上都为理工科，然而复原研究工作不但需要理工方面的知识，还需要掌握一定程度的文史知识。从事这项研究的人员需尽量拓宽知识面，争取文理兼通，方能较好地开展研究工作。

通过新闻媒体大量的报道，复原研究工作引起了社会各界的关注，引发人们对古代科技的兴趣，他们纷纷来信来电询问请教相关学术问题。思想活跃的青少年更被激起好奇心，纷纷尝试探究模型制作，甚至有小朋友在家长陪同下前来为中国古代科技馆的筹建捐出自己的压岁钱……这些社会反响都是研制室始料未及的，此项研究工作的艰辛与乐趣并存可见一斑。

鉴定会之后，研制室的主要任务是调整、扩充研究的范围，充实复原研究的内容。研制室原先确定复原研究课题所遵循的原则是：选择些未曾研究过，或是虽有研究，但有明显分歧，仍需进行研究并给予辨疑的古代机械。关于这一选择标准，有专家在鉴定会上提出建议，认为这一标准虽能保证复原研究课题的质量，也能使复原的模型比较精彩，但不能涵盖古代科学技术的全部内容。任何事物都遵循由简到繁的逐步发展过程，有些较为简单的机械是机械发展初期的雏形。如果以科研角度看，可能会觉得它们过于简单没有什么研究价值；但对复原研究而言，则不可或缺。研制室采纳了此建议，调整研究内容，并选择了一些结构较为简单但影响较大的机械，如农业上灌溉用的桔槔、辘轳及早期制陶转轮等。

此时，复原模型仍然在同济大学蜗居。由于学校用房紧张，研制室研究、制作、陈列模型的房间约30米²。为便于存放，均将复原模型小型化，即按1∶10的比例制作。为防模型受潮，特制作了木架，将模型层层叠放，高达房顶。这种存放方式只能起到库房的存储作用，无法用于展示（见图0—10）。假如要陈列、对外展出，模型比例需要调整，令其更匀称、美观。研制室的经费，通常是通过争取外来项目自行解决。曾一再向学校申请在这批模型的基础上筹建中国古代科技馆，因种种条件限制，始终无条件自行筹建展馆。开鉴定会时，模型暂借学校校史陈列馆存放一月，之后，这批模型暂存在校图书馆库房的一角，因进出图书馆库房人员较杂，模型损坏和丢失情况较严重，一些尺寸较小的和强度较低的模型尤甚。模型存放库房期间，接待过一些国内外学术团体和旅游团前来参观（见图0—11、图0—12）。当时为节约开支，库房内停止供电，如遇天气不好或时间稍晚时，库房内能见度极低，这批模型无法发挥其应有的作用。

图0—10　同济大学中国古代机械研制室放置模型的情况

在香港举行的“第九届中国科技史国际会议”上，笔者述说了模型存放的困境，会议主席、美国科学院顾问程贞一教授在会上介绍了笔者的复原研究工作及面临的困境，呼吁大家关心这批模型。

图 0–11　日本学者在同济大学图书馆库房内参观复原模型

图 0–12　我国台湾地区学者颜鸿森教授在同济大学图书馆库房内参观复原模型

回上海不久，得到学校公房管理科通知：学校房子实行有偿使用，模型存放地应缴使用费。当时笔者二次脑瘤手术后勉力支撑着研制室，科研经费（国家自然科学基金会给予的奖金也全然充作科研经费）早已捉襟见肘，无力支付。

过了些日子再去看模型，看到它们已与废旧物品混杂一处，堆压、毁坏严重（见图0-13）。笔者从事古代机械复原研究工作多年，甘苦自知，筹建中国古代科技馆的设想已深入骨髓，见此情此景，登时忧心如焚，寝食难安。恰逢曾同赴香港与会的上海博物馆同行陪同山西宇达集团董事长卫恩科先生来看我，几经沟通，与卫总商定由宇达集团负责模型的运输、维修、美化，并达成在宇达集团新建的文化产业园内建设中国古代科技馆的意向。之后，笔者去山西考察宇达集团的木模分厂，见当地森林茂密，原材料供应十分充足，工厂的木材加工能力强，对模型在异地开花结果十分有利，这些因素让笔者对筹建中国古代科技馆重燃信心。

图0-13　复原模型与同济大学图书馆库房废弃物品混堆在一起

2002年暑假，宇达集团与笔者一起将这批模型仔细包装后运往山西，笔者也立即随模型去山西，并指导宇达集团聘请的几位老木工师傅对模型进行整修。2004年，以这批模型为基础建成了中国古代科技馆（见图0-14、图0-15）。复原模型得到了精心保护并公开展览，产生了一定影响。它们也提升了宇达集团的文化内涵，有助于企业主业青铜艺术铸造的经营活动。

图 0-14　中国古代科技馆内景

图0–15　山西宇达青铜文化产业园中的中国古代科技馆

笔者梦想能进一步发展、完善中国古代科技馆：扩大研制的范围，适当增加古代机械的种类，展示内容亦可扩大到其他领域，如青铜器、古建筑、桥梁等；对有些问题要阐明相关原理；增加科技文物以及与科技有关的考古遗迹和考古遗物，并在其中穿插些优美的绘画和书法艺术，使展览更加丰富多彩。

惜乎宇达集团的主营业务并非古代机械复原，加之集团产业园地处山西运城郊区，交通不够通畅，中国古代科技馆发展的步履较缓慢。鉴于这种情况，为使古代机械复原研究工作发挥更大的作用，希望中国古代科技馆能植根于人气旺盛、交通便捷之地并开花结果。

第三节　心声与呼吁

在复原研究鉴定会后，中国古代机械复原工作得到社会各界的重视与关注，许多年来，笔者都在为这批成果找“安居之处”。无奈之下将模型运往山西，既寄希望它们能在异地开花结果，更盼望它们能重返故里，因此一直未能静心为模型制作写书。实际上，各方来联系制作模型的人络绎不绝，有高校、科研机构、博物馆，也有政府有关部门、学术团体及企业。遗憾的是年复一年，好几次离成功仅“一步之遥”，由于种种原因，最后均没有下文。其中原因，一是模型制作涉及的计划和经费难以轻易落实，二是笔者对建设古代科技馆考虑较多、要求较高。

一、撰写本书的由来

1. 该不该写本书

在这种久议不决的情况下，遂萌生书写模型制作的念头。由于复原工作的人力、物力花费很大，见效又较慢，以往从事中国古代机械复原研究工作的人极少，在这片学术园地上有大批的空白，也很少有专著论及复原研究工作。笔者已在这块相当荒芜的土地上耕耘了数十年，积累了不少资料，也有些经验教训和心得体会。随着社会不断进步，尤其是文化事业大发展，人们渴望传承优秀的文化传统。要继承必要先了解，有关中国古代机械复原的著作可以全面而深刻地反映中国古代科技高度发达的盛况，助力创建更加辉煌的未来。

2. 能不能写这本书

有人可能有疑问，以这么老弱病残之身，能写成这么本书吗？ 此事说来话长。

笔者非常喜爱宋朝大诗人陆游，不仅因为同是陆家人，更是被他强烈的爱国情怀所深深感染。年少时读他的名作《十一月四日风雨大作》，“僵卧孤村不自哀，尚思为国戍轮台。夜阑卧听风吹雨，铁马冰河入梦来”，曾经对他的诗句产生过微词，“怪”他有些“异想天开、不自量力”。这首诗写于1192年，陆游当时已68岁高龄，哪怕“僵卧孤村”，仍想要为国守卫边疆。边境战事吃紧，需要的是年轻人，何劳他老人家呢？ 随着岁月的增长，尤其步入老年后，对诗人的心情有了深刻的理解。如今的笔者比当时的陆游还老了不少，病弱之余仍牵挂着写书，许多关心笔者的人曾说笔者“想不开”。事实上，与这位先辈情况大不一样：他的梦——“铁马冰河入梦来”是无法实现的，笔者的梦——“木牛流马入梦来”是力所能及的；再则，陆游心念边疆是出于责任感，笔者写复原制作既有责任感，更想在有生之年多做些于社会有利之事，并以诗文养老——“旧岁匆匆新岁忙，老来诸事难思量。留得寸心拳拳在，只吟诗文不断肠”。

3. 写书的紧迫性

几年前曾说过“大话”，这是为自己打气、鼓劲。

笔者学写了个条幅自娱自勉——“人生百岁，文章千秋”，此中的“百岁”“千秋”仅是为了文字的“对仗”，或曰文字游戏而已。实际上，笔者这“千疮百孔”的身体不可能“百岁”，拙作也不会“千秋”，但可以肯定地说，文章的寿命要比人生更久长，这就足够了。

这些就是撰写本书的目的。

二、为“复原”正名——不要将“复原”与“复制”混为一谈

俗话说“名正言顺”，“名正”是为了“言顺”，也为了使本书顺理成章。

在一些古代成果展出中，常对展品予以“复原品”或“复制品”的说明，观众往往未留意。常见有人将“复原”与“复制”混淆，也时见媒体将“复原”误说成“复制”，甚至有些文件上也未将“复原”与“复制”予以正确区分。“复原”与“复制”这两个词，从字面看仅一字之差，但本质上完全不同，因此有必要将“复原”与“复制”的概念予以澄清，以正视听。

首先，“复原”与“复制”两词的含义不同。

“复原”有着恢复原状，从无到有之意。例如，某件东西从记载或图画中被证实曾经在历史上出现过，但目前已失传，无实物存世。复原的目的是要把历史

上曾有过、而今已无的东西研制出来。因而从某种意义上可以说，“复原”是创造，富有创新之意。“复原”以历史记载为依据，不能凭空设想，也不应仅根据传说来制作。例如，指南车在宋室南迁之后就已失传，从汉代到宋代的许多历史资料上都有相关记载，《宋史》等书上的记载还相当详细。根据这些史料，中国历史博物馆、大英博物馆等都制作出指南车，这些陈列的模型就是复原品。

“复制”有着重复制作，从有到有之意。譬如，秦陵铜车马已有出土实物，如果有博物馆或别的场合想要陈列模型，就可以按照出土的铜车马制作。

作为简体字，两个词中的“复”字相同；如用繁体字，复原的“复”写作“復”，是恢复的意思，复制的“复”写作“複”，是重复的意思，二者的不同立即显现。

其次，“复原”与“复制”涵盖的内容不同。

复原工作包括研究与制作，由学者和制作工人共同完成。一般说，学者的研究工作量更大些，难度亦更高些。不同的古代机械复原工作，困难的程度大小不一。如果史料较少，研究和制作的困难就更大。有些学者的复原工作，只做到画出原物的图纸为止，这样的工作是纸上谈兵，不够完整。由于这件东西在古代是实物，不可能仅停留在图纸上，因而严格地说上述工作不能算复原。例如指南车，不仅要推想出指南车的结构，绘出图形，还应当制作出指南车的实物，中国历史博物馆和大英博物馆的指南车都是此类完整的复原品。只有这样，才能更形象地说明问题，达到理想效果。更何况有时复原的问题，只有通过实物制作才会被发现，从而得到解决。

复制则主要侧重制作的技巧。有时复制虽有学者参加，但他们的工作不是主要的，仅起指导作用。

再次，复原与复制的结果不同。

复原研究的结果常具有多样性，尤其是历史上不少东西史料不多，学者的设想空间往往较大、各不相同。仍以指南车为例，中国历史博物馆的制作品与大英博物馆的制作品就存在很大差异，而笔者见过的指南车模型就达30多种。学者们可以根据史料来评定实物研究与制作工作的优劣。

复制的结果是单一性的，因有出土的文物可资比较，成功的复制品应当与原物一式一样、几可乱真。需要指出的是，必须注明其是复制品，以防混淆误导。

最后，复原品和复制品二者价值不同。

正确的复原品价值较高，仅次于出土文物。仍举例指南车，中国历史博物馆复原的指南车和大英博物馆复原的指南车价值都很高。

复制品毕竟不是真品，它的价值要比复原品低，并与制作的精良程度有关。比如在众多复制品中，逼真程度高的秦陵铜车马具有较高价值。

颺扇

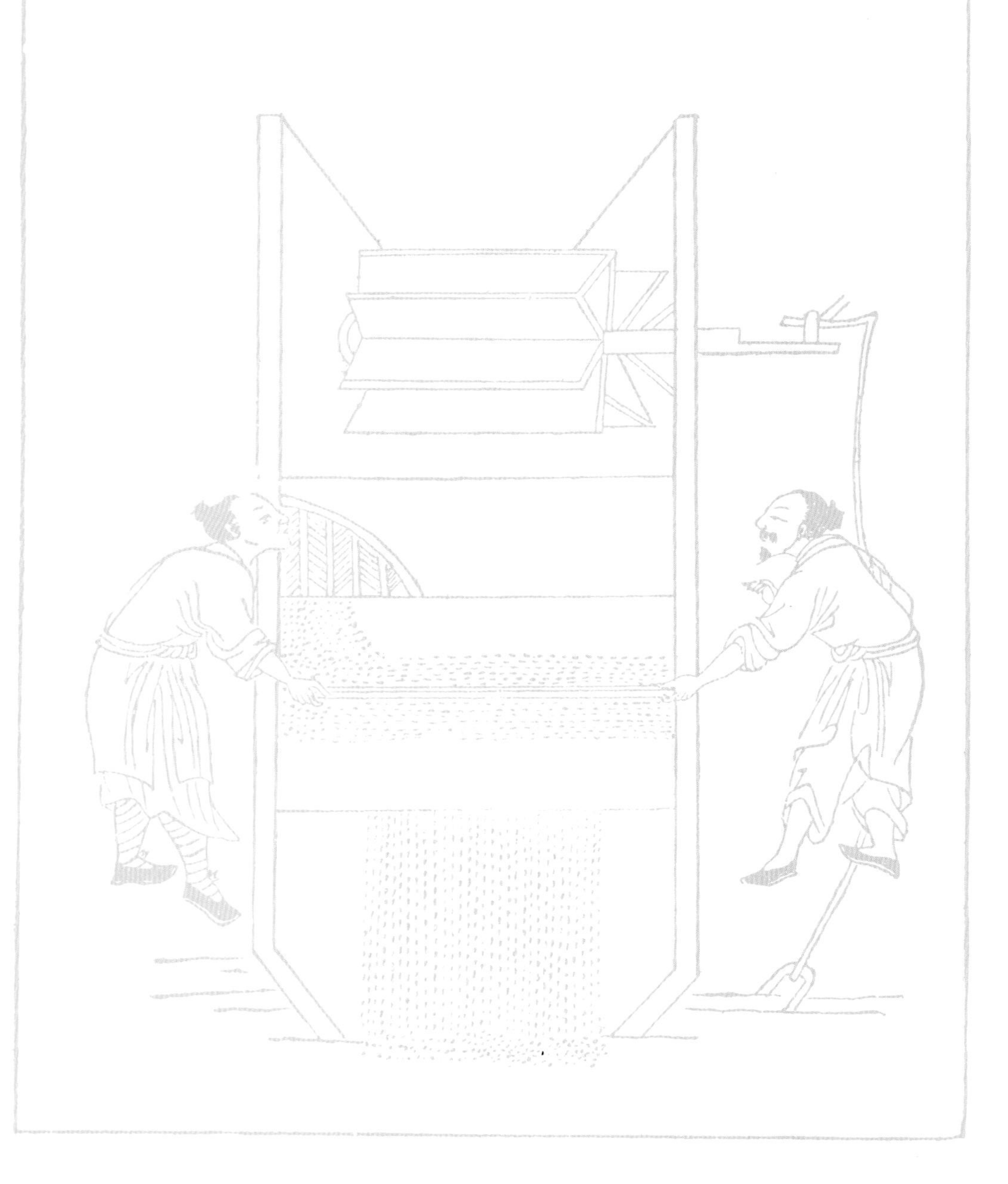

上篇
中国古代机械复原研究
总论

辉煌的中国古代科技对世界文明的进步产生了巨大影响。中国古代科技研究是一片浩瀚的园地，遗憾的是，至今无论是理论研究，还是复原研究，都未得到充分开展。中国古代科技的贡献和发明，都是遵循我国民俗文化的特征和轨迹而产生与发展的，显现了中国古代劳动人民与众不同的智慧与技能。在科学技术高度发展的今天，进行古代科技成果的研究，尤其是古代科技的复原研究，可以再现往日盛况。解读辉煌的过去，立足现实，将对科学技术的进步起到助推作用，开创灿烂的未来。

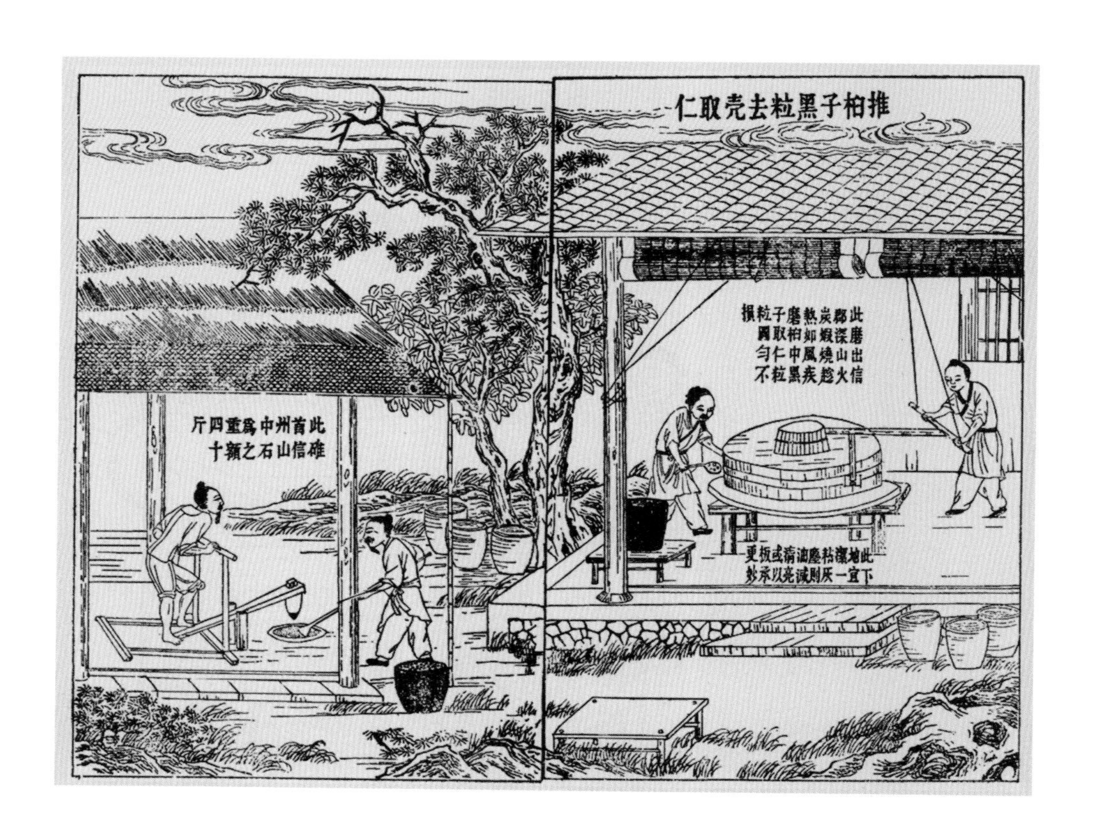

第一章 中国古代科学技术应有的地位

第一节 中国古代科学技术进入先进行列的时间

复原研究的主要目的之一，是要形象地反映中国古代科学技术先进的盛况。那么，中国古代科学技术处于先进行列的时间段在哪儿，区分标志是什么？

一、科学技术进入先进行列的基础

古埃及利用尼罗河灌溉令农业发达，在6 000年前建立起奴隶制国家。约在5 000年前，出现了统一的埃及王国，并修建成宏伟壮丽的金字塔。辉煌的金字塔是古埃及人民智慧和血汗的结晶，同时也是当时埃及科学技术高度发展的丰碑。由于尼罗河灌溉和修建金字塔的需要，埃及的几何学因此获得相应发展。古埃及人研究并掌握了将尸体制成木乃伊保存下来的特殊方法，从而促使埃及的医学得到高度发展。5 000年前的两河流域（今西亚地区）出现了苏美尔人建立的奴隶制国家，其农业发达，早在4 000年前就使用了铁器。在地中海的东岸（今叙利亚的沿海地区）则出现了腓尼基王国，其商业尤其是对外贸易十分发达……

应当说在此之前，中国的科学技术并不先进。黄帝是原始部落的首领，中国在原始社会（新石器时代）以及奴隶制社会（夏商周三代）发展很快，并且是世界上最早进入封建社会的国家。

夏商周期间，中国科学技术的许多门类相继出现并得到迅速发展。例如，古车的问世并得到广泛应用，原有的简单工具相继发展成为古代机械上的工作部分，远比之前单独的工具更先进、更复杂，也更省力。机械加工的方法日趋完善，原料除木材外还增加了铜。约在公元前8世纪的西周晚期，已出现最早的人工冶炼铁，此后铁器的应用也日渐广泛。随着冶铁技术的发展，既可制作高效的工具，又能制造机械上的重要零件。在原动力方面，中国在4 000年前已应用畜力拉车，3 000年前开始利用水力，并已使用牛耕地，耕犁出现并不断得到改进。在提升重物和灌溉方面，辘轳、滑轮、桔槔和绞车等机械相继出现。在兵器方面，出现了射程较远的弩机，此时战车也得到广泛使用，关于它的称谓有“千乘之国”“万乘之君”等。在此时期，机械的种类由少变多，结构由简变繁，制作技术由粗变精，尤其在战国时期，机械的发展速度更快，促使中国迅速进入封建社会。

关于中国进入封建社会的时间，史学家各说不一。早的说是西周时，晚的认为是魏晋时，看法存在较大分歧，可能是所选标志物互有不同，或是各自的史料有一定的局限性，但大多史学家认为中国在春秋战国时期进入了封建社会。考虑到中国地域宽广，发展不平衡，各地情况有所不同，不妨摒弃分歧，辩证地看：夏商周三个朝代迅速发展，社会制度发生变化，劳动力得到解放，涌现大量自耕农和个体手工业者，他们思想活跃，人才辈出。在此期间，科学技术高速发展，打下了中国科学技术进入先进行列的基础。

二、中国科学技术在秦汉时期开始进入先进行列

中国在秦汉时期出现的重要科技成果特别多，超过之前的任何时期，举如下

一些例子予以说明。

1. 秦陵铜车马（出现时间：秦）

20世纪80年代，考古领域有一项重要发现——秦陵出土了两具铜车马，一具是战车，一具是安车（休息睡眠用），按秦始皇生前所乘之车辆以1∶2的比例制造。两具铜车马形态逼真、造型优美、结构复杂而完善，有着丰富的内涵，展现出很高的科技水平和制造技术。这一重要发现举世惊叹！它是中国古代科学技术走向成熟的标志，证明当时先进的制造业已经出现。

2. 指南车（出现时间：西汉）

西汉出现指南车，它供皇帝大驾出行的车队使用，车上有复杂的齿轮减速系统。指南车的出现，标志着齿轮在中国已得到广泛的应用。指南车上装有自动离合系统，车转弯时，齿轮就能自动工作。这一发明受到世界瞩目，被认为是中国古代科技的瑰宝。

3. 记里鼓车（出现时间：西汉）

记里鼓车常与指南车同时使用，也是皇帝大驾出行时车队的重要构成。它有比指南车更加复杂的齿轮减速系统，有能操纵车上木人自动击鼓、击镯的机构。

4. 三脚耧（出现时间：西汉）

三脚耧是一种播种机械，它将原先的撒播方式发展成为条播方式，能够同时完成“开沟”“播种”和“覆土”三项工作，大大提高了播种的效率。用多具犁配合它的工作，可以“日种一顷”，原本落后的工序一跃成为先进的工序，为农业生产的发展做出了巨大的贡献。在广大农村，它一直被沿用至今，存在了2 000年以上。

5. 独轮车（出现时间：西汉）

古人崇尚孝道，为弘扬西汉时董永卖身葬父的孝行，有不少董永工作时带着坐在独轮车上的父亲的壁画流传下来，从而得知独轮车出现于西汉。它实现了运输工具小型化，并能在崎岖山道、乡间小路上通行无阻，大大增加了运输工具的机动性及应用范围，也为日后木牛流马的出现打下了基础。

6. 被中香炉（出现时间：西汉）

西汉出现了放在被窝中取暖的香炉，它兼有熏香的作用。被中香炉结构异常巧妙，无论在被中怎样翻转滚动，炉内的灰盂始终不会倾翻，其原理与今天航空、航海中广泛使用的陀螺仪相同。

7. 风扇车（出现时间：西汉）

西汉出现了风扇车，它是产生风力用于清选粮食的设备，其实就是离心风力的一种应用。

8. 连机水碓（出现时间：东汉）

东汉出现了利用水力的重要发明——连机水碓，它是以水力作为动力、用于谷物脱粒的设备。在有些地方，它还被用作粉碎机。这种机械在古代曾被广泛应用，它的出现，为中国的水力应用开辟了广泛的途径。

9. 龙骨水车（出现时间：东汉）

龙骨水车在农村广泛地被用于排灌，它可以由人力、风力、畜力和水力驱动，因而其类型和结构呈现多样性。由于应用地区众多，各地的叫法也不同，有翻车、水车、水蜈蚣、水龙、踏车、拔车等名称。

10. 水排（出现时间：东汉）

水排是利用水力进行冶金鼓风的设备。其上的卧式水轮由水力驱动，进而带动大绳轮，再通过绳带传动及曲柄机构带动木扇，为冶金炉鼓风。它由原动机—传动机构—工作机构组成，已具备发达机器的特点。水排的出现，标志了发达机器在中国汉代已经产生。

11. 平织机（出现时间：东汉）

汉代纺织业的“纺”和“织”都有巨大进展。东汉出现的平织机（也称斜织机），使“织”的操作工艺得到改进，工作条件大为改善，织布的质量和速度都有提高。“纺”的方面，则出现了高效的手摇纺车，它利用绳带传动，令纺纱的质量和速度都有显著提高。在延安大生产运动中，这种纺车曾被广泛使用。汉代还曾出现远比一般织机复杂的提花织机。

12. 纸（出现时间：东汉）

东汉时有一项几乎是家喻户晓的杰出发明——造纸，它是中国古代四大发明之一。蔡伦总结了以前的造纸经验，进行了大胆革新，使取材更为广泛、容易，工艺上也比以前完备、精细。这是中国文明史上的一件大事，它推动了文化知识的传播和提高，为世界文化的进步做出了巨大贡献。

13. 瓷器（出现时间：东汉）

中国七八千年前即已出现陶器，而真正的瓷器在东汉时出现。这也是对世界产生巨大影响的重要发明之一。

14. 地动仪（出现时间：东汉）

东汉的张衡制造了可以测知地震方位的地动仪。

15. 水力天文仪器——浑象（出现时间：东汉）

张衡制造的浑象可以巧妙而正确地演示天象，浑象上有圆柱凸轮控制的自动机械日历——“蓂荚”。张衡制的浑象是由水力驱动的，这是水力天文仪器的鼻祖。

尚需一提，率先提出中国古代科学技术曾长期领先于世界这一观点的是英国李约瑟博士。他是著名的生化专家，也是著名的科技史专家，其巨著《中国科学技术史》在世界上影响尤大。全书共七卷，他在书中明确地提出上述观点。

第一卷“总论”于1954年出版，李约瑟在其中列出了26种中国古代杰出发明，并说明了这些发明传到国外的时间。其中属于秦汉时期的发明有9种之多，占全部杰出发明的三分之一以上。之后，李约瑟在多个场合，利用多种机会为这一观点大声疾呼，反复强调中国古代科技遥遥领先于世。但随着时间的推移和研究工作的进展，他对于中国科技领先于世界的时间看法亦有改变。他所举的26种发明中没有秦陵铜车马，这是因为那时秦陵铜车马尚未出土；26种发明中也没有指南车、记里鼓车、地动仪、张衡的水力浑象，则是因为这些发明只供帝王等少数人使用，后失传，所以影响并不大；另有播种机械三脚耧，虽在国内影响很大，但可能因文化传统不同，并未在世界上产生重大影响，因而没有被列入这26项杰出发明。

中国在秦汉时期的发明创造众多，并对人类历史的进程有巨大影响。例如秦代曾动用大量人力物力修筑长城（见图1-1），推动了中国古代战争器械的发展。笔者认为中国科学技术位于先进行列的时间应从秦陵铜车马算起。

三、中国科学技术不再先进

中国科学技术退出先进行列的时间约为明代中后期，即15—16世纪。

关于先进行列时间的下限，李约瑟有两种说法，13世纪或15世纪。哪种说法更确切？ 笔者的看法是，无论是13世纪还是15世纪，那时中国科技快速发展的势头逐渐迟缓下来，蹒跚而行并渐渐地落于人后，这是不争的事实。

科学技术的发展，与此前和当时的社会条件、环境等因素密切相关，还与世界大环境有关。13世纪，中国处于南宋至元代初期，总的看来，这一时期科学技术的发展不算缓慢，个别学科甚至出现了发展的小高潮。例如13世纪前后，纺

图 1-1　中国古代防御建筑的杰出代表——万里长城

织机械方面，出现了水力大纺车，纺纱技术有了突飞猛进的发展。天文机械方面，有水运仪象台和简仪，这是天文仪器的最高成就，意义十分重大。此时，瓷器已达到炉火纯青的程度而享誉世界；冶金技术上继续有新进展；建筑和造桥技术更趋成熟；战争器械也有明显发展，宋代之后火器在实战中大显威力，到元代，火器技术的进步更为显著；指南针也得到了普及；雕版印刷盛行。从而看出，并无足够的事实证明中国科学技术在13世纪就结束了处于世界先进行列的局面。

15世纪正值明代中期，中国的封建社会已延续约2 000年，长期封建统治的积弊起着越来越大的负面作用。在封建王权高度控制的社会中，故步自封、墨守成规，文人和能工巧匠的活跃思想被禁锢，许多重要的发现、发明被视为异端而遭扼杀，阻碍了科学技术的继续发展。这一时期除了重修万里长城以及郑和下西洋之外，几乎没有可观的发明创造。因而以下提法也许更为稳妥：15、16世纪，中国科学技术不再处于世界先进行列。

与此同时代的欧洲大地发生了翻天覆地的变化，挣脱了中世纪黑暗沉闷的宗教统治，出现了资本主义萌芽，航海业首先起飞。意大利掀起了文艺复兴运动，人们被禁锢的思想获得了极大解放，出现了培根、笛卡尔、牛顿、虎克、玻意耳等一大批杰出的科学家。在研究方法上，开始重视实验研究，也更注重理性认识，注意寻找事物发展的规律性。科学技术的各个方面得到了不同程度的重大发展。15、16世纪的西方，正处于改变世界面貌的产业革命的前夜，西方世界为此而积蓄力量，科学技术的进步十分明显。

稍后，明代中晚期到清初，基督教中的耶稣会传教士相继来华传教。这个组织重视海外传教与扩大教会影响，在传教的同时将欧洲先进的科学技术成果也带到世界各地。传教士们曾在北京兴办了一所小型的图书馆，存放所带来的以及自己撰写的科技著作。根据他们带来的资料对当时西方的科学技术分析得知，此时欧洲的科学技术水平总体上已超过中国，这从另一方面显示，中国科学技术的先进局面已经结束。

另有一例也极具说服力：明代末年，战乱频繁，为了抵御彪悍的清军入关和镇压此起彼伏的农民起义，崇祯皇帝曾命德国传教士汤若望负责设计、制造火炮。汤若望先期制成二十门炮，大炮试放时，崇祯亲临现场观看，试放成功后，崇祯大喜之余，当场下旨命汤若望再造五百门。汤若望后来写成《火攻挈要》一书，阐述了西方的火器技术，包括火器原理，火药、火炮的制造技术，炮弹，地雷等，并首次介绍了西方的镗孔等技术。这在一定程度上也反映出西方的科学技术已经领先于中国。

四、落后必然挨打

中国科学技术领先局面的终结，与许多因素有关，现简要论述如下几个与现实及发展密切相关的历史问题。

1. 错误的“闭关自守”政策

清代雍正皇帝对西方来华传教士向来无好感，他怀疑这些传教士参与了康熙晚年时众皇子为谋取皇位的激烈争斗，而且没有支持自己，因此在他继承皇位的当年（公元1723年）即下谕禁教，命各地官员将所有外国传教士（除负特殊使命者外）一律驱逐到澳门“看管”起来，不准他们“妄自行走”。清廷从此开始实施“闭关自守”（也称“闭关锁国”）政策。此后，屡有西方特使来华，请雍正放松政策，雍正虽厚待来使，但他“语多傲慢”“虚与周旋”，禁教之态度并无改变。

“闭关自守”政策执行后，走私活动尤其是鸦片走私更为猖獗，清廷财政赤字高挂、国库空虚，经济濒临崩溃，官场腐败无能，军事力量衰弱不堪，思想保守僵化，民怨积愤沸腾，科技及国力与先进国家的差距拉得越来越大。

清廷的“闭关自守”政策使得中国赶超西方的宝贵时机丧失殆尽，重提此事，意在强调加强国力、锐意进取、革除贪污腐败和陋习陈规的重要性。

2. 历史上的“乾嘉学派”

现代学者对历史上的“乾嘉学派”颇多议论，其实乾嘉学派的出现与发展有其社会因素。清初统治者大兴文字狱，迫使读书人顺应此高压政策、远离现实，走一条比较保险的古籍考据的道路。在清代乾隆、嘉庆年间，学术考据风气盛行，在学术界占据了绝对地位。当时开设的“四库全书馆”，网罗了三百多名学者，在学术界及社会上具有较大的影响，他们就是史称的“乾嘉学派”。这些学者学风严谨、认真，在具体研究中能够实事求是，并运用比较、分析、归纳等方法。“乾嘉学派”主要的工作是校注古籍，包括补充、改正整理有关资料，辨伪、辑佚。乾嘉学派的学者在这些方面用功很深，取得的成绩较大。然而，他们虽在古典文献方面做出了出色的成绩，但在研究方法上专事考据，在看法上墨守成规，对过去坚信不疑，这对科技的发展无疑起了消极与阻碍的作用。

3. “康乾盛世”之说纯属子虚乌有

“康乾盛世”一度盛传，不少文艺作品更是推波助澜地对此宣传。事实上，“康乾盛世”之说与事实不符。一般说，新旧朝代完成更迭后，新朝建立之初，在治理战乱创伤、稳定社会、巩固统治、发展经济等方面都会有些积极、宽松的政策，比前朝中后期有所改善，这是一个普遍的规律。清初经济虽比较兴旺，但经济与科技上都没有什么可观的成就，无证据显示它超越了前朝。康熙本人确实对科学技术较为重视，但掩盖不了清代康乾年间，统治者穷奢极侈、科技落后、国力衰败、经济萧条、灾盗四起、民不聊生的事实。因而不能说康乾时代是中国古代的盛世社会。

许多人认同“康乾盛世”这一说法，或因他们对清代较为熟悉，清代距今较近，尚有不少清代遗老遗少怀旧，相关的故事、传说都比较丰富；或因清代统治者较重视生活享受，如修建的不少园林达到较高水平，留存的实物或记载都与现实较为接近。

应看到，在各个社会、各个历史阶段中，各学科的发展情况是不平衡的，如因某项发明或某个人的贡献，或者某种偶然因素的影响，可能使得某一学科较为先进，发展特别快。因此，不能据此就断章取义或以偏概全地得出总体发展较快、水平较高、与实际情况不符的结论。

4. 鸦片战争，中国必败无疑

如前所述，清代末年，“闭关自守”政策使中国的经济、科技等方面远远落后于西方先进国家。清皇室不顾国库空虚、经济处于崩溃边缘，仍动用大量人力、财力、物力巧取豪夺，大肆修建园林，过着穷奢极侈、荒唐糜烂、醉生梦死的生活；官场腐败，民怨沸腾。嘉庆二十一年（公元1816年）时，清廷再次拒绝了英国的通商要求，并提出外国“后勿庸遣使远来，徒烦跋涉”。18世纪末，英国特使马戛尔尼在返回英国后说，当中国人看到他的火柴能够燃烧时，竟大为惊奇。他当时就发出敏锐的预言：“洋兵长驱直入，此辈能抵挡否？”其时，鸦片战争已经临近，马氏已经尖锐地指出一旦发生战争，中国将不堪一击。在如此险恶的形势下，清廷仍持这种妄自尊大的态度，可悲而又可笑。当时军事上，因循守旧、头脑僵化、指挥无能；官兵缺乏专门训练，素质低下，军队纪律涣散，不少官兵抽鸦片，体质孱弱、斗志低落；军事器械陈旧落后，不堪一击。清廷为挽救摇摇欲坠的腐朽政权，试图整顿脆弱的统治秩序而实行洋务运动，可积重难返、回天无力，面对西方列强野蛮的利炮坚船，毫无回手之力，一败再败。鸦片战争的失败，证明清廷“闭关自守”政策的荒谬。在西方列强弱肉强食的强盗逻辑下，当时的中国“落后必然挨打”。

第二节　中国机械在古代科学技术中的地位

为了明晰中国古代机械在科学技术中的地位，首先要明白什么是机械。“机械”一词常被人误解为是等同刻板、死板、固执和不灵活等的贬义词，其实它本来的含义并非如此。

一、机械的定义

1. 最早的定义

机械最早的定义，由孔子的学生、七十二贤人之一子贡（姓端木名赐）所下，他生活的年代是公元前5世纪。那时，孔子约55岁，因与鲁国国君等人政见不同，毅然辞去鲁国大司寇（掌管刑狱、法律的高级官员）之职，带弟子四处游说。行至汉水之南，遇见一位老汉取水浇菜的方法十分古怪，他从开凿的隧道下到井中，用瓦罐盛满水后，怀抱着瓦罐吃力地走出隧道去浇灌菜园。子贡见他如此辛苦，费时又费力，且效率低下，就向他介绍了桔槔的功用及其构造，说这样能够“一日浸百畦”，效率高多了。桔槔的结构可参见图1–2。

图1–2　桔槔
（引自《汉武梁祠画像录》）

当时，子贡给机械下的定义

是:“能使人用力寡而见功多的器械。”古籍《庄子》对此事也有记载, 书中称老汉为“汉阴丈人”。“汉阴丈人”在听了子贡的话后愤然变色道, “有机械者必有机事, 有机事者必有机心, 机心存于胸中, 则纯白不备, 纯白不备, 则神生不定, 神生不定者, 道之所不载也。吾非不知, 羞而不为也”。子贡被“汉阴丈人”抢白, 一时无言以对, 心中不免异常郁闷。之后, 他向老师请教此事, 孔子客观地评说:“汉阴丈人识其一, 不识其二, 治其内不治其外。”显然,“汉阴丈人”犯了主观片面的毛病。

以上这则史料十分重要, 留下了“机械”最早的定义。纵观历史, 每有革新、发明、创造, 常会遭到保守的习惯势力的批评、反对、排斥, 而人类社会只有在不断的创新中才能前进。

2. 古代的其他定义

古代, 有时“机械”只指某一特定的机械。

东汉《说文解字》释“机”为“主发谓之机”, 是控制弩发射的扳机, 即弩机。

《尚书》说“机”是与轴配合的转动件;《管子·形势解》说“机”是车上的器械, 即轮轴。

汉代《史记》上有“二女下机”句, 此“机”是指织布机, 即机杼; 南北朝《木兰辞》中“不闻机杼声, 唯闻女叹息”, 说得更加明白。

《战国策·宋上策》有“公输盘(即鲁班)为楚设机, 将以攻宋”, 这个“机”字指的是进攻机械, 即云梯之类。

《南齐书·祖冲之传》中述说, 南宋平定关中之后, 获得一件指南车“有外形而无机巧”, 这个“机”字显然指的是指南车的内部机械。

综上所述, 可以得出机械的如下特征。

第一，机械能够省力、提高效率。

第二，机械是机巧的发明，并非死板。

后来，“机械”又引申为机巧、机关、机智、机灵、机遇、机会、机兆、机敏、机要、机警等，含有褒义；尽管机权等词含有贬义。有的古籍上将“机械”称为“欹器”，认为“机械”是神奇巧妙的发明，这些关于“机械”的定义有着灵活、巧妙的共同点。

3. 现代的定义

现代认为“机械”是机器与机构的总称，具备以下三个特征：第一，是多个实物的组合体；第二，各个实物之间具有一定的相对运动；第三，能够转换机械能，或者完成有效的机械功。仅具有第一、第二两个特征的是机构，具备以上三个特征的才是机器。弄清这一概念，有助于理解机械在历史上所起的巨大作用。不难看出，一切机械都是可动的，这也是进行古代机械复原研究所必须遵循的重要特征。那么，工具是不是机械呢？ 工具必须由人操作才能发挥作用，若将人的手臂与所用的工具组成一个统一体，则工具应被视作机械。

二、有代表性的古代科技成果大多属于机械范畴

古代有代表性的科技成果大多属于机械范畴，从而可以看出，古代机械在科技中的比重较现代大很多，因此古代机械自然成为复原研究的重要内容。

李约瑟在《中国科学技术史》第一卷总论中曾以英文字母标号，列出26种中国古代杰出发明，并指出这些杰出发明在欧洲使用的时间晚于中国几个世纪到十几个世纪。通过分析研究这些杰出成果，就可看出其中的12种属于机械范畴，它们是：提水用的龙骨水车；石碾和水力石碾；水力的冶金鼓风设备——水排；利用风力清选粮食的设备——风扇车、簸扬机；活塞式风箱；织布机械——

平织机、提花织机；独轮车；人力车上加帆；一边行车一边磨面的磨车；深孔钻井技术；游动常平悬吊器（即被中香炉）；河渠的闸门（可以利用绞车引船过闸）。

另有10种杰出发明也或多或少与机械有一定关系，这些发明是：铸铁的应用；罗盘（即指南针，既用于看风水又用于航海）；火药及其有关的技术（火药首先用于实战，被制成火炮，此外，一切枪械也都属于机械范围）；缫丝、纺丝、调丝；瓷器（制造陶瓷的转轮属于机械）；弓弩、弩机；纸张及印刷术（活字印刷与机械关系尤为密切）；造船和航运方面的技术发明（这类发明很多，有些与机械有关）；竹蜻蜓和走马灯；船尾的方向舵。

东方和西方使用机械的时间相差很大，很多项技术发明在一千多年后才从东方传到西方。它们在全世界范围内被广泛使用，有力地推动了世界文明的进步。

综上所述，可以毫不夸张地说，中国古代机械是古代科技的重要组成部分，是其精华所在，比重占三分之二以上。

三、古代科技的先进性与机械科技密切相关

古人高超精妙的设计与制造技术使得中国古代机械科技甚至古代科技长期处于世界先进行列，并且推动了各行各业的发展。

1. 中国先民制造技术的起源

早在旧石器时代，古人就能借助于火和热胀冷缩的原理来采掘石料，生产各种石质工具。为适应生产、生活上的需要，也应用木、竹、蚌等器皿。此时，社会发生了重大变化：先民从游猎逐渐走向定居，这不仅大大地改善了古人的生活，也使制造技术突飞猛进。在新石器时代，工具得到了迅猛发展，机械史上将这一

阶段称为精制工具阶段。古人在有了固定的居住地之后，施工技术有了相应的进步。定居使得人类的生活方式与生产方式都发生了改变，先民在居住地附近发展起农作物的耕种与食品加工技术，驯养和斩杀工具及技术也随即得到逐步发展。为满足不断新涌现的需求，古人开始着手改进工具。从考古发现中可以看到，尽管这时期的生产工具还是用石头、骨头、木头、蚌壳等材料制作，但工具的品种更多、效率更高，制作也更精良。工具制作工艺的提升促进了生产力的发展，为社会的发展和进步创造了条件。

在浙江余姚河姆渡的遗址中即能看到制作精良、形状规则的木榫头。新石器时代的精品当属石刃骨刀和小口大腹尖底壶。在坚硬的兽骨上开凿细长的槽孔，将打磨锋利的石片嵌入槽内，兽骨的坚韧、耐用和石头的坚硬、锋利组成了性能优良的石刃骨刀（见图1–3）。以后还发现了由铜制成的铜刃骨刀，这说明刀具在不断地发展。小口大腹尖底壶是一种两头尖中间大、从井中取水的盛器，其巧妙的结构令重心不断转移，并能自动控制壶内的储水量和打水的力量。用它打水既省时又省力，制作水准比较高，可称得上是一种古代取水“欹器”。

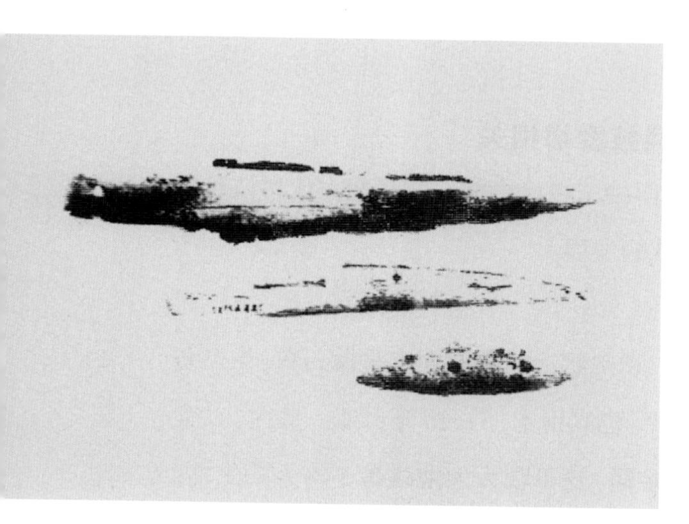

图1–3　新石器时代的精品——石刃骨刀

在新石器时代后期，古代机械开始萌芽。尽管这些机械在初始阶段非常简单，但为以后的继续发展打下了良好的基础。原始状态的犁首先出现，它是重要的翻土工具。古人利用石斧、石凿、锯等工具和火烧的方法制作独木舟（见图1–4）。独木舟是水上交通工具的鼻祖，它的出现，扩大了古人的渔猎范围。在新石器时代晚期，古人曾用原始的钻孔工具在石器和玉器上钻出长达20多厘米的细长孔。可以推断，如果不借助原始钻孔机械，是无法加工这类细长孔的，这样的加工方式或许与古代钻木取火的技术有关。

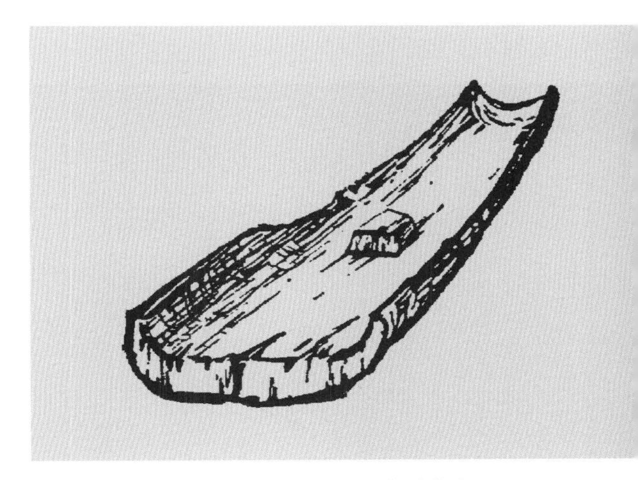
图1–4　连江出土的独木舟

在纺织业方面，利用人力作为机架的踞织机（见图1–5）得以继续发展，布匹的产量与质量都有较大提高。这种机械虽无专门的机架，但已具备了织布机的功能。

中国很早就有铜器冶炼，中国的陶瓷在世界上影响深远，而制陶有赖于中国古人冶炼铜器时的高温和制陶转轮。

图1–5　原始踞织机

2. 制造技术趋于成熟的标志

古代机械萌芽之后，在夏商周三代获得迅速发展，到秦汉时逐渐成熟，秦陵铜车马（见图1–6）集此前的制造技术于大成，它的出现是制造技术走向成熟的标志。

秦陵铜车马的制成首先得益于原材料制备水平的快速提高。在夏商周三

图 1–6　秦陵二号铜车马

代，冶铸业兴起并不断发展，在铜器出现后，随即又出现了铁器。这些材料除了被用于制造大量兵器外，大多被用于制造高效率的生产工具和各种重要的机械零件，从而促进农业、纺织、运输、起重、建筑、兵器等的发展。

车的出现是机械史上也是历史上的一件大事。众人认为是“黄帝作车”，以此推断，古车已有4 600多年的历史。古车形成后发展很快，制造技术随即有了相应发展。车后来发展为既可载人又可载货，还能用于作战。不同用途的车，大小、形状、繁简、动力等均有不同。大约在商代出现了船，可进行水上运输、捕鱼等。大约在周代，水战发生，致使船舶的制造越发精良。夏商周三代，车战盛行，古人以拥有战车的数量作为衡量国力的标志，当时即有“千乘之国”“万乘之君”的说法。战车的结构复杂并讲究速度，对制造技术要求很高。古籍中曾有记载，一次战役会动用几千辆战车，战车的数量既反映出战争规模之大，也反映出战车在当时的作用和重要性。

考古发现，约在28 000年前，弓箭出现，并证实约在6 500年前弓箭就被当成杀人的武器。据古籍记载，约在周代出现弓箭战。为满足战争的需求，又迅速发展了各种各样的战争器械，如侦察用的巢车、远射程用的弓弩，后来又出现了砲（此时的砲即是抛石机）。攻坚器械虽不完善，但已有可让士兵通过壕沟的壕桥、掩护士兵挖掘地道的轒辒车和可供士兵强行登城的云梯。各种各样用于水战的船只已制造出来，特别值得一提的是，出现了楼船以及配合战船使用的器械——“钩强”。

夏商周三代时，农业机械和农业生产都有了长足进步，农作物的种类更为丰富，尤其在周代，农业生产的成果在经济中占有更大的比重。在耕田机械方面，耕犁已经出现，结构日渐完善。3 000多年前出现了牛耕（见图1–7），人类开始利用畜力耕种。在灌溉机械方面，出现了利用杠杆原理的桔槔，以及可以节省人

图 1-7　陕西绥德汉画像石上的牛耕图

图 1-8　古人用制陶转轮制作陶器

力又能改变施力方向的辘轳。作物的收获工具也更加高效。在粮食加工方面，出现了用脚蹬踏的臼和石磨，最先由人力驱动石磨，后利用水力作为动力，这些工具的结构变得更为复杂，效率更高。

其他行业诸如纺织、制陶（见图1-8）、建筑、水利、天文、医疗等也诞生了许多机械，并不断发展。其时在我国南方地区出现了悬棺，悬棺分布十分广泛。笨重的棺木被升置到几十米高甚至更高的悬崖洞穴中或者木桩上。由于悬棺安放的位置令人不可思议，后人认为它非常神秘，围绕它派生出许多神话、传说、故事，屡经渲染，带有浓厚的传奇色彩。那么，悬棺是如何被送上悬崖的呢？这是人们饶有兴趣的话题，这也是悬棺谜中之谜。其实，这是古人智慧地综合利用起重机械的典范，是由绞车、滑轮等起重机械和人力共同完成的杰作。

这一时期的思想极为活跃，出现了百家争鸣的局面。古籍上记有该时期多个关于机械神奇的故事，如《列子》中的西周时能够歌舞的机器人；《墨子》中的春秋时已有可以“三日不下”的人造飞行器……这些先进的想法都与机械的发展直接相关。

经历了夏商周三代的迅速发展，到了秦汉时期，中国古代科学技术连同古代机械科技逐渐臻于成熟，秦陵铜车马的出现印证了这一点。秦陵铜车马是秦始皇的陪葬品，掩埋地下的目的是秦始皇期望供死后灵魂出游时使用，由此可以推断，它是秦始皇生前乘车出游的真实写照。铜车马的制作材料是金属铜，易于长期保存，以求其不朽，因此较真实的马车更加贵重。秦陵铜车马共有两辆，前面一辆是战车，用以显示皇帝的威武，后面一辆是安车，供秦始皇休息用。两辆铜车马均按照1∶2的比例制造，结构合理、工艺精良、制作规范、外形美观，显示出严格的质量管理。它们的出现震惊了世界，也为历史研究提供了新的资料和新的课题。

制造车辆，首先要确定轮径的大小，先秦的古籍记载得十分明确：轮径大些，滚动摩擦较小，有利于行进。但如果轮径过大，车厢就会过高，人员上下不便。铜车马的轮径就设计得较恰当，二号铜车马是供休息用的，轮径便小些。车轮的轮辐共有30根，每根轮辐截面变化相当复杂，这样的构造使得轮缘的受力较为均匀，可使轮辐基本处于等强度状态。

当时，中国一般机械设备采用的材料是木，而铜车马的整体材料是铜，加工制作难度比木质大多了。此外，其他零件的元素配比各有不同，如有的零件强度较高，有的零件硬度较大，而有的只要求加工性能较好（如篷盖、绳索等）。

铜车马是帝王的殉葬品，所以外观十分讲究，极尽华美，应用了刻纹、装龙饰凤，整齐大方，层次分明而又和谐统一。铜车马的加工对铸造工艺的要求很高，难度较大，如铜人、铜马、篷盖等的制造技术含量都很高，仅举一例说明：二号铜车马的篷盖长178厘米，宽129.5厘米，而其厚度不足4毫米，呈现弓形，形状复杂。冷加工方面，铜车马采用了钻、凿、锉、磨、雕刻等手法，使其上的各种零件既正确又精美。每辆铜车马的零件众多，数量达几千个。组装这些零件的时候，采用了铸接、焊接、铆接、销连接等方法，两辆铜车马的组装正确无误，外形浑然一体。铜车马的制作还体现出零件制作标准化的趋势，主要零件的外观都经过大致相同的工艺过程，零件误差很小，粗糙程度不大，机械标准化的特征明显。在有些零件上还能看到当时负责制造该零件的技工的“工名”，这反映出当时严格的生产管理。

3. 机械制造为各行各业提供机械设备

古代机械科技为各行各业的发展做出了巨大贡献，有力地保证了经济的繁荣昌盛。

图 1–9　古人用木棒播种

农业生产方面　汉代，农业生产方面发展很快，水准高的发明比比皆是，如图1-9、图1-10所示。影响较大的有耕犁、三脚耧、龙骨水车、风车、风扇车、连机水碓等。此时，农业已大体定型且基本完备，并已十分普及，后世的犁就是由汉代的犁发展演变而来的。在播种方面，广泛应用的是西汉时出现的三脚耧。三脚耧实为三行播种器，它的出现，标志着农作物的播种由撒播、点播发展成为行播，播种工作的效率和质量都有很大提高。在灌溉方面，最闻名遐迩的当属龙骨水车，它的动力可以是人力（手摇、脚踏）、畜力、水力或风力。此外，灌溉机械还有井车、筒车和高转筒车等。在粮食加工方面，西汉时出现用于清选粮食的风扇车；在东汉出现的连机水碓的基础上，根据水力大小，将水碓的头数做成不等。之后又出现了连二水磨、水转九磨和牛转八磨等几种高效率的磨。明代出现了水轮三事，它利用水力可同时完成磨面、碓米和灌溉三种工作，它是古代农业生产上的最高成就。

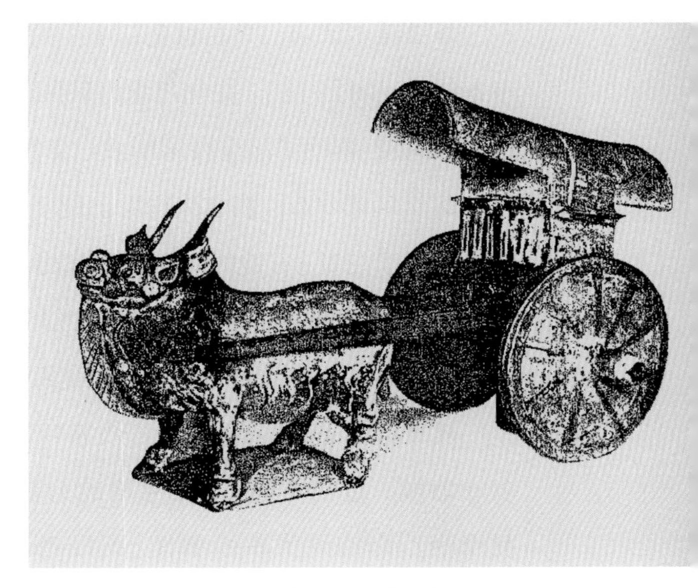

图1-10　畜力车
（引自《新中国考古收获》）

交通运输方面　中国的车、船发展很早，秦汉之后，车辆种类众多且十分完备。西汉时出现的独轮车提高了车辆的机动性。在此基础上，后来出现引人瞩目的木牛流马，以及一些特殊用途的车辆，如杂技车、少数民族车辆等。此时，水上运输的船只亦很完善。

冶金技术方面　与机械密切相关的是鼓风技术与设备的改进。东汉时出现了水排（见图1–11），它利用水力鼓风，既节省动力又提高效率。宋代，出现了活塞式风箱，推动了冶金技术的进一步发展。

纺织机械方面　约在战国时出现了手摇纺车，此后纺车的纱锭数不断提高，先后出现了三锭、五锭的纺车。元代出现了水力大纺车，其工作原理图如图1–12所示。它以水力为动力，同时带动30多个纱锭一起转动，纺纱效率提高了数十倍。此外，汉代出现了斜织机、提花织机等织布机械。

战争器械方面　夏商周三代盛行车战，秦汉时战车逐渐淘汰，战场盛行攻守器械。远射兵器方面，弓弩的力量和射程不断加大，多种被当作暗器的弩出现。砲的种类不断增加，既可用于防守又可用于进攻。侦察敌情用的战争器械有巢车和望楼。攻击防守器械方面，打击敌方的器械日见多样，如各种檑、狼牙拍、铁撞木、吊棹等；加强城门防守的有塞门刀车、千斤闸、吊桥等；进攻的有掩护士兵挖掘地道的轒辒车、头车等；用于破坏城门等防御设施的有撞车、搭车、饿鹘车、砲楼等；强行登城的有各种云梯、临冲吕公车等；其他的还有壕桥、扬尘车等。至宋代，火药首先被制成燃烧类火器，之后陆续被制成爆炸类火器、管状火器、原始火箭、原始导弹等，这些火器的制作都要经过许多的机械加工。

天文机械方面　中国在天文机械方面的成就一直处于领先地位，这是因为中国历代统治者的重视，他们认为天象可以预示统治者和人类的命运，企图通过天文机械预知凶吉，甚至转化凶吉。东汉张衡制作的水力天文仪器内有齿轮和凸轮结构，整台仪器相当复杂和高明；他制造的地动仪可以自动测知地震的发生，其被视为现代地震测量仪器的先驱。唐代一行和尚在此基础上制作了水力浑象。北宋苏颂研制出水运仪象台，内有复杂的传动系统、水循环系统、天象的

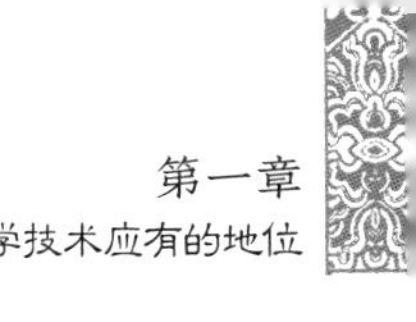

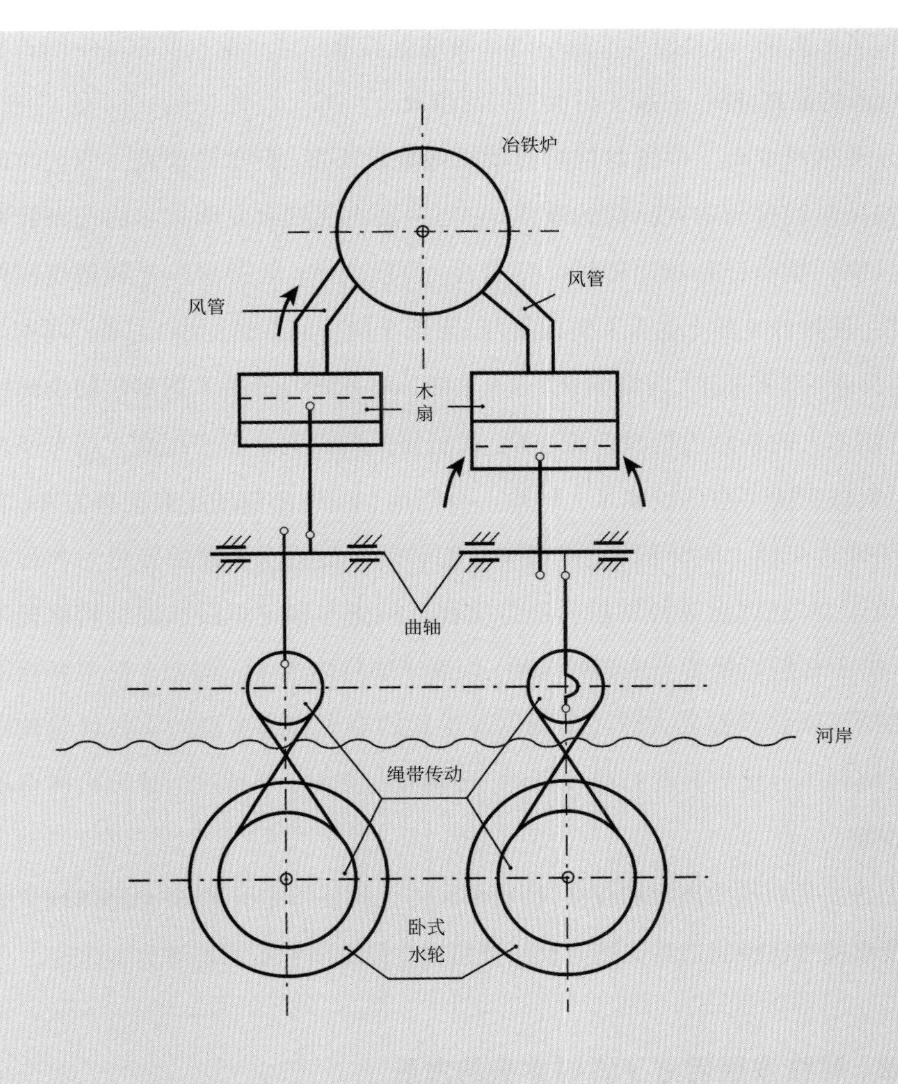

图 1–11　**水排**

同时用两个水排工作可以保证送风的连续性。

观察和演示系统，以及世界上最早的计时擒纵装置。这一重大发明是中国古代天文仪器的最高成就，引起了后世的广泛重视。

自动机械方面　中国古代的自动机械数量不多，但水平很高。西汉时出现的指南车被誉为古代科技的瑰宝，它与中国古代四大发明之一的指南针有本质区别。指南针是利用磁铁的指极性，恒指南方；而指南车是利用机械的定向性，使指针（车上木人）恒指南方，无论车辆千回万转，指针总能“司南如一”（引自《南齐书》）。《愧剡录》及《宋史》两书详细记载了指南车的内部结构，可知木人的转动由机械系统控制，该机械系统由九个轮子组成。当车子转弯时，机械系统可自动控制木人转动。与指南车同时出现的还有记里鼓车，它相当于现代车辆上的计程表，能将车轮的转动经过数次减速后转化为计程装置的动作，并通过自动控制机构报告里程。指南车和记里鼓车的结构都极为巧妙，由于它们皆是帝王出巡时所用，因而未能广为流传。假如一般人私自制作并使用，就会获弥天大罪。南北朝时出现的舂车和磨车是行军打仗时使用的，这两种车分别安装有石碓和石磨，车辆在行进时，可通过齿轮等机械自动加工谷物。

上述古代机械的出现和存在，使得中国古代科技领先于世，并全面体现了中国古代卓越的机械制造加工能力。这些机械在复原研究中都能够真实重现。

四、科技发展促进了机械本身的发展

机械在促进科技发展、社会繁荣中发挥了重大作用，另一方面，科技发展也深刻影响了机械自身的进步。

在漫长的石器时代，所谓机械主要是指工具，如一些简单的石器、棍棒等。人的手动操作构成了工作机构，例如用耒、石块、棍棒、鱼叉等从事耕作、渔猎等。

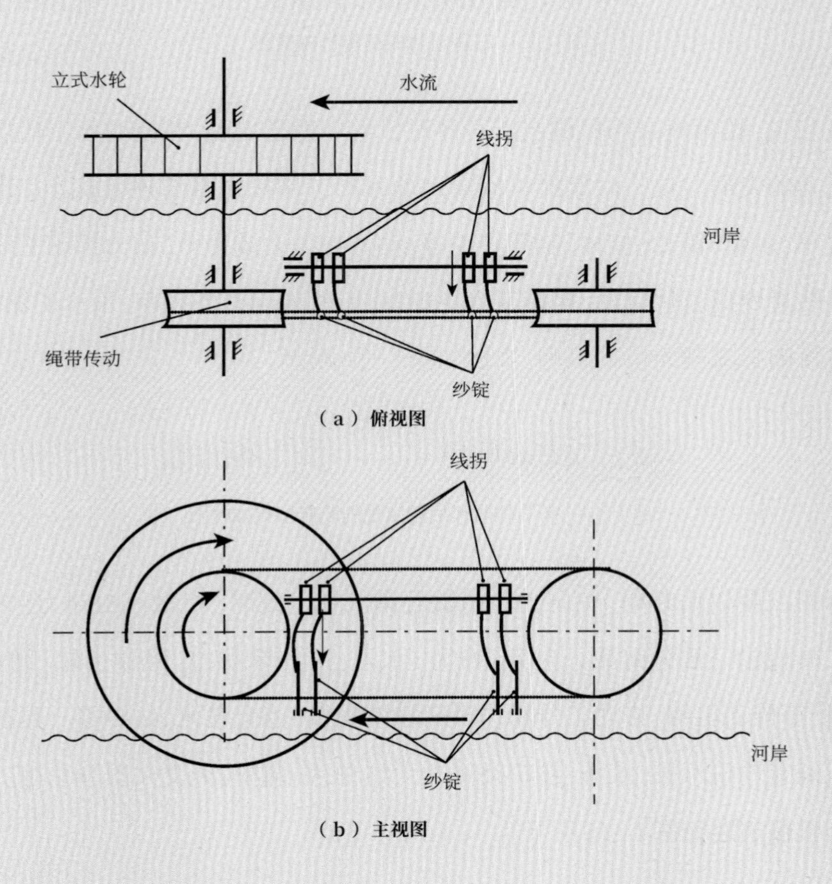

图 1–12 水力大纺车的工作原理

这一时期的机械表述如图1–13所示。

工作机构

图1–13　石器时代的简单机械框图

应当说，较为复杂的机械在新石器时代后期即已出现，在夏商周三代得到了较为迅速的发展。这一时期的机械常由动力和工作机构两部分组成。工作机构可以是车、耕犁、滑轮、桔槔、制陶转轮等，动力是人力或畜力，动力带动工作机构工作。在夏商周三代后期，机械变得更加复杂，例如起重的绞车、取水的辘轳等。这一时期的机械尚无传动机构，表述如图1–14所示。

图1–14　新石器时代后期出现的较复杂机械框图

自秦汉及以后时期，中国古代机械已渐成熟。此时，机械已由动力、传动机构和工作机构三部分组成。人力、畜力、水力、风力等动力，经过齿轮、绳带、凸轮、连杆等传动机构，带动工作机构进行粉碎粮食、冶金鼓风、纺纱等。具有代表性的机械有连机水碓、水排、纺车及水力大纺车、指南车、天文仪器浑象等。这一时期的机械表述如图1–15所示。

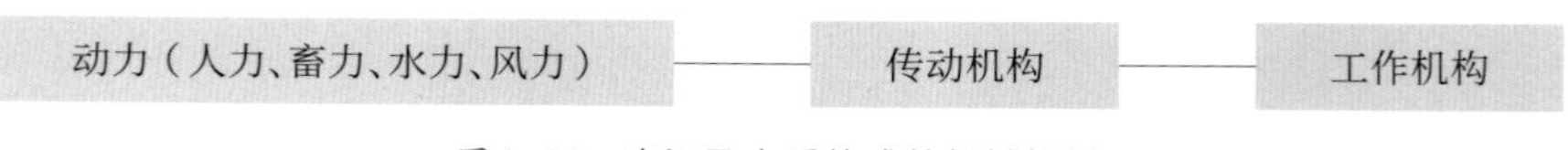

图1–15　秦汉及之后的成熟机械框图

在现代，机械变得愈加复杂，由四部分组成。除原有的动力机构、传动机构、工作机构外，还有用于控制各部分工作的操纵机构。这一时期的机械表述如图1–16所示。

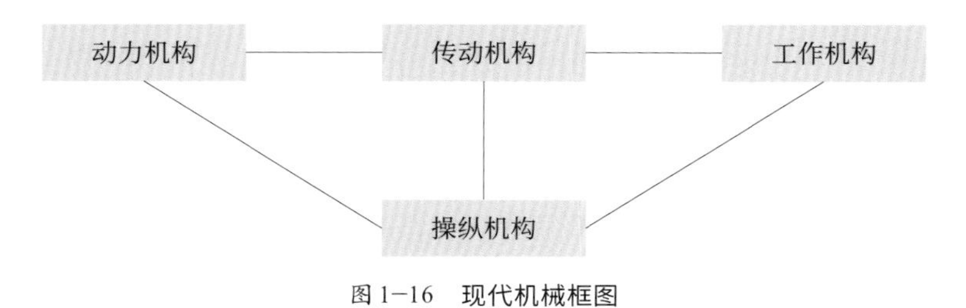

图 1-16　现代机械框图

北耕兼種圖
麥粟粱皆用此具
種子
鐵尖
鐵尖

第二章　中国古代机械复原研究的理论问题

第一节　复原研究的意义和作用

现在，人们通常会感觉中国古代机械过于简单粗糙。它们大多为木质，甚至有人会觉得其一无可取。其实，古代机械及一切古代科技成果的复原有着极其重要的意义和作用，应从不同的方位、不同的角度来认识。

一、复原研究有利于形象地反映古代科技发展的盛况

1. 重现历史上科技发展的盛况

科技的兴衰，反映了中国社会政治、经济各个层面内在的因果关系。通过复原中国古代不同时期的科技成果，可以清晰地看到科技发展的脉络，揭示其发展轨迹，有利于今后科学技术的发展与传播。正确的科学态度，可纠正科学研究上一些不良的倾向。有必要旧话重提，回顾历史，进而面对现实，振奋民族精神，去创造更为美好的未来。

有人不甚了解历史，缺乏历史辩证观点，遇到问题易冲动；有人则是民族虚

无主义，漠视中华灿烂文明，盲目崇洋；也有人持大国沙文主义，夜郎自大，认为自己才是最好的。因而，提倡学习历史、传统文化，在浩如烟海的书籍中寻找历史长河中适合自己的坐标。

2. 使科技史研究更加具体和生动

古代科技成果的理论研究是复原工作的基础，但二者之间又有所区别。科技史上已有的一些重要问题、争论，都是理论研究的对象，但有些问题一开始在理论研究中并未出现，只有在复原研究工作中才逐渐浮现，它们进而成为理论研究的新课题。因而，这种理论研究与复原研究相结合的立体研究方法才能全面、深入、透彻地完成课题研究。

科技史研究领域的前辈学者十分重视复原研究，并获得了影响重大的成果。如王振铎先生在理论研究的同时，主持复原了指南车、记里鼓车、地动仪、水运仪象台等科技精品，人们由此得以直观了解这些古代杰出发明。

图 2–1　黄河边巨大的筒车成为兰州市的名片
（引自《新民晚报》）

在甘肃省兰州市黄河边，有两具古代的灌溉机械——筒车（见图2–1）在不停地昼夜“欢唱”。四川省自贡市保存了汉代盐井汲卤机械，江西省景德镇市存有古代粉碎瓷土的碓车，这些古代机械体现了中华古代文明，引得中外游人纷纷驻足观看、惊叹，并在激发青少年热爱科学、探索创新方面起到很好的引导效果。

遗憾的是，复原研究工作在很长一段时间里没有得到应有的重视，进展缓慢，而一些传统的工艺设备却在此期间迅速地消失了。随着社会发展，如今科技进步、电力普及、木材短缺，加上传统工艺失传，进一步加速了古代机械的消亡。笔者曾广发调查表，在掌握了一些以往常见的古代机械如水轮、水车、木制车辆、鼓风机以及一些纺织机械等的线索后，兴冲冲地“按图索骥”前往考察，却得知它们或濒临淘汰，或已遭淘汰，常常不得不抱憾“铩羽而归”。严峻的现状从侧面反映出开展复原工作的紧迫性。

二、复原研究成果改变了社会面貌

1. 提高全民族的科学文化素养

俗话说，“眼见为实”，通过复原研究制成的模型，能让人们真切感受到古代机械的魅力，受到教育，扩大知识面，关注科学技术的发展历程以及国家的未来；也有利于调整人才培养政策，发展学术研究，提高全民族的科学文化素养及道德水平。兰州市黄河边的公园中有一具古代加工粮食用的石碾，这具石碾引来众人的好奇，有些孩子更是愉快地推动石碾（见图2–2），脸庞上洋溢着喜悦。

图2–2　天真的孩子在愉快地推动石碾
（引自《新民晚报》）

复原研究也极大地丰富了国际交流的内容，共同的语言拉近了彼此之间的距离。这方面的事例不胜

图2–3　现代中国农村广泛使用手摇纺车纺纱

图2–4　王振铎主持复原的水运仪象台

枚举，一个突出的事例就是习近平主席在2014年访问印度期间，在印度总理莫迪的陪同下，习近平参观了甘地故居。莫迪向习近平赠送象征“甘地主义”和平勤劳精神的手纺棉纱条。习近平亲自摇动甘地曾经使用过的手摇纺车。巧合的是，这具纺车和中国古代盛行了2 000年的手摇纺车（见图2–3）几乎完全一样，这似乎说明中印人民自古以来心灵是相通的。前曾述及，20世纪80年代，米勒教授在同济大学讲学时送给学校的那具中国古代指南车模型，也体现了世界对中国古代科技的重视。

2. 充实博物馆内容

除理论研究外，前辈学者的复原研究工作成绩斐然。王振铎先生主持复原的指南车、记里鼓车、地动仪、水运仪象台（见图2–4）等一系列科技精品目前陈列于中国历史博物馆，这些复原成果为后继的研究创造了良好的条件。

优秀的复原成果能够形象地展示人类历史的真实原貌，有助于后人探索社会发展规律，客观了解科技进程，并令博物馆内涵更丰富多彩、深刻厚重，吸引更多的观众。它们对弘扬中华优秀文化，提高公众科学文化素养有着不可忽视的现实意义。

3. 复原成果是地方的名片

随着经济的飞速发展，城市变得越来越靓丽，满眼是星罗棋布的高楼大厦，矗立着各幢别出心裁的建筑，不少地方还采用雕塑美化城市，但能给人们留下深刻印象的比较少，甚至不少地方“千城一面”。而优秀科技作品的复原品具有美化城市的价值，且有相当的含金量，用其点缀可明显提升该地的文化底蕴。如前所述的甘肃兰州黄河边的筒车、江西景德镇古代粉碎瓷土的碓车、四川自贡展示的盐井汲卤机械等复原成果已成为这些城市独有的名片。

4. 复原成果是企业的丰碑

复原工作是利国利民的事业，但需众人合力才行，亟须经费投入支持。待复原的古代科技精品都是历史长河中的丰碑，随着经济发展和社会进步，它们濒临失传或者已经失传。挽救这些曾经辉煌的古代科技成果，不但是科技史工作者义不容辞的职责，也是炎黄子孙的共同重任。某些企业投入广告的经费宽绰，但收效甚微。对比之下，虽然投资复原古代科技精品的经济效益不高，但意义深远、社会影响巨大。投资这项事业，从长远来看，对企业发展有益，蕴含着潜在的经济效益，可视其为一座有待开发的大金矿。现在，有越来越多的企业家热心社会公益事业，期待着古代机械复原能得到更多有远见的企业家的重视。

三、复原研究是培养科技人才的重要方法之一

1. 直观教育易激发人们思考、深究与联想

直观教育是开阔视野的迅捷手段之一，它能给人留下直接、形象、生动、深刻的观看体验，形式活泼且不枯燥，受众乐于接受，常会影响人的一生。青少年在

接受古代机械的直观教育时，会对众多科技精品留下深刻印象。好奇心会激发他们的兴趣与联想，凭着朝气蓬勃的性格、尝试动手钻研的热情，学习积极性、主动性、目的性都会得以提高。科学家们顽强刻苦、坚韧不拔的科学探究精神，高尚的道德操守，以及严谨的治学态度，会引导年轻人树立远大理想、献身科学、报效祖国。

复原研究工作，撷取了中华五千年文明中的精品，它们浓缩了历史，通过直白的方式，将历史的精华快速地展现在公众面前。它无疑是科技史教育、爱国主义教育、传统文化教育的上佳方式。

2. 提高青年学子的文化素养，使之成为既有知识又有文化的劳动者

受应试教育和急功近利思想的影响，人们普遍重视知识教育，而忽视文化素养的培养，造成一部分年轻人知识面较窄，文化素养低下，思想不够活跃，缺乏想象力和创造力。在科学技术高速发展的今天，各学科相互影响、彼此渗透，形成了众多交叉和边缘学科。年轻人面对如此多姿多彩的蓬勃局面，应不断丰富自己的知识积累，改进学习方法，努力改变自己的知识结构。专业知识只“管”一阵子，而文化素养“管”一辈子。专业知识在工作中适用，而文化素养在生活、学习、工作等皆适用。

科技史和机械史方面的知识和实例，有助于提高学生的学习兴趣和改善教学方法，避免课堂教育的呆板与单一，使教育更加生动有趣；还可以活跃教学气氛，提高课堂的教学效果，开创教育新局面，有利于人才培养。

四、复原研究有利于挽救濒临失传的古代技艺

开展复原研究工作之前要求充分了解古代技艺与社会状况。灿烂多姿的中国古代文明，显而易见是由各种各样的传统技艺共同创造的。中国的传统工艺

可谓源远流长，其科学技术先进，文化内涵丰富，技艺精湛巧妙，种类庞杂繁多，遍及社会生活的各个层面，曾对人类文明、社会进步起到巨大的促进作用。

现代社会是在古代文明的基础上发展而来的，中华民族五千年灿烂辉煌的文明，是现代文明的宝贵财富。炎黄子孙既然继承了这笔弥足珍贵的遗产，就要珍惜、保护、利用、开发并继续传承，如果它们在我们手上消亡，我们将愧对祖先和后代子孙。

要传承，先要对古代传统技艺与设备进行调查，仔细收集、整理珍贵的史料，并予以考订、深入调查、实验制作，进而分析其科学性、实用性及参考利用。必须重视对古代传统技艺与设备的调查，因为忽视历史的民族没有未来可言。不少传统技艺如手摇纺车、风车、龙骨水车、筒车（见图2-5）等至今仍有应用，因而在传承时还要重视传统技艺所具有的现代价值，探查它们“立新功”的能力。

图2-5　广西还在使用的筒车

五、复原研究应尊重优秀文化传统

与多姿多彩的五千年中华文明不成正比的是，祖先留下的浩瀚古籍中涉及科技的内容少得可怜。《天工开物》的序言中说道，该书与功名利禄不相干。这些古籍记载不能完全反映古代科技高度发展的盛况。中国古代读书人看重功名利禄、入将封相，重视劳心者，轻视劳力者。幸有部分古籍记载了一些科技内容，这些历史资料被保存至今，弥足珍贵。

鉴于种种原因，中国近现代都未重视古代辉煌的科技成果，没能及早对中国现存的古代传统技艺和设备开展调查、研究和记录。知识无国界，反而国外的一些学者对中国古代科技文明产生了浓厚的兴趣。在20世纪初期，他们发表了不少关于中国古代科技的论著。李约瑟博士到中国各地考察了筒车、水磨、车辆等传统技艺与设备，撰写了巨著并出版。

1958年在中国农村掀起了一股改革农具的热潮，一些学者也积极参与其中，如刘仙洲到河北、山西、河南等地农村进行传统农业机具的调查工作，大大促进了农业机具的发展、传播和推广。

然而，“文化大革命”期间，研究工作被打乱。“文革”后，对传统技艺与设备的调查工作又再度开展，如同济大学、中国农业博物馆、中国丝绸博物馆（杭州）、苏州丝绸博物馆等分别对传统技艺与设备做了调查和研究工作。1991年这一工作有了较大改观，中国科学院、清华大学、西北农业大学等单位的一些学者较为系统地对传统机械、技艺和设备进行了调查研究，并于1994年成立了中国传统工艺研究会，拟计划出版《中国传统工艺全集》。2006年出版的《传统机械调查研究》一书比较全面真实地记录了技术细节。借助于拍摄、测绘等现代手段以及设计者、制造者的口述，获取了一些濒临失传的传统技艺的技术信息，有许多重要的新发现和有价值的研究，本书的编写也从中获得了宝贵的参考资料。

复原研究工作的特点是周期长、成本高、花费多、见效慢，这就意味着从事这项研究工作的人必须孜孜不倦、长期努力才能见到成效。同时，要时时认识到这是一项很有意义的事，必须有人来做，切忌急功近利、心情浮躁，勿幻想可以一蹴而就，马到成功。长期坚持这项研究工作，能培养坚韧的性格，磨炼出踏实勤奋、永不言败的意志。

第二节　复原研究的依据

复原研究依据本质而言，与一般的历史研究并无不同，只是更注意图和结构细节。

一、复原研究依据的来源

1. 从古籍记载中收集史料

可从文字史中收集史料。传说是伏羲氏或仓颉造字，并非信史。古人将文字刻在龟甲上，这种文字被后世称为甲骨文。后在青铜器上铸或刻的文字，为金文。刻在石鼓上的文字，为石鼓文。在甲骨文、金文、石鼓文中，有不少珍贵的史料。

中国最早的书是用毛笔写在狭长的竹片或木板上，用绳带穿连成竹简或木牍。约在春秋战国时，开始在丝织品——缣素上写字，缣素卷成一束称为卷，便于折叠收藏。书的普及是蔡侯纸发明以后的事。

随着书籍的不断增多，西汉成帝（公元前32 —前6年）命人把它们分为辑略、六艺略、诸子略、诗赋略、兵书略、数术略和方技略七类，这就是七略，是我国最早的图书分类。因辑略是目录，后六类也称六略，其中，诸子略中的“墨”“杂”“兵”“天文”等的机械史料多些。

晋朝时，又把书籍分为经、史、子、集四类，子类中的“墨”“杂”“兵”“天文”等的机械史料较多。

古籍通常指1911年之前的书籍，其数量估计有8万至10万种之多，与机械有关的科技专著并不多。其中，值得注意的有以下几种：春秋末年成书的《考工记》，它汇总了当时各种手工业的技术小结，制造技术方面讲得较详；明代宋应星的《天工开物》被誉为中国17世纪的百科全书；元代薛景石的《梓人遗制》是古籍中难得一见的工匠撰写的经验总结，可惜未见完篇；宋代苏颂的《新仪象法要》是天文机械的最高成就——水运仪象台的技术说明书，内有60多幅插图；明代出现了第一本机械专著《诸器图说》，该书内容可能已受到西方科学技术的影响。此外，在战国时期的《墨子》、宋代沈括的《梦溪笔谈》、宋代曾公亮和丁度的《武经总要》、明代茅元仪的《武备志》等书中，科学技术也占有一定比例。其他各类史书（如正史、别史、杂史等）、四书、五经及数量较大的天文、农业、兵书、建筑等学科的书籍中，也有涉及科技和复原研究的内容。

还可从古代几种工具书中查找史料。类书用来分类汇编材料，与现代的百科全书相似。类书中，三国时期的《皇览》、宋代李昉等编的《太平御览》、明代解缙等编的《永乐大典》、清代陈梦雷编的《古今图书集成》等的影响较大，可供机械史料收集。其次是字典，有东汉许慎编的《说文解字》、南北朝时顾野王的《玉篇》、明末张自烈的《正字通》、清代张玉书等编的《康熙字典》。还有词典，汉初的《尔雅》、东汉刘熙的《释名》、三国时期张揖的《广雅》、清代张玉书等的《佩文韵府》等都较有影响。

需要说明的是，古籍都是繁体字，还有异体字，掌握繁体字后阅读较为方便。古籍中人名、地名、朝代等，需借用工具书及地名、人名、年表等专门词典查阅。古籍中的科技著作，大多是不精通科技的文人撰写，一般过于简略，且不重视插图，流传、抄写中也常出现差错，时常有夸大或错误之处，往往与善本差别很大。因此须用善本或用不同版本进行相互核对，才能得到可靠的信息。相比之下，现代、距今时间较近的版本，错误较少。

2. 从考古资料中收集科技史及复原研究史料

20世纪初，近代考古学在我国兴起，尤其近几十年更有了较快发展。中国地下埋藏着丰富的古代遗存，已经调查和发掘的古代遗址遍及各地，还有很多有待发掘。考古发掘出来的大量遗物,给历史研究提供了珍贵的实物史料,这些史料往往比古籍记载更具体、更可靠,但不够全面。此外,考古工作花费较大,往往不是每一处都会出现有价值的物品。

在考古资料提供的科技史和复原研究史料中,应着重关注在不同时间、地区,由不同民族使用的各种生产工具;生产遗址和生产设备,如矿井、冶铸场、造币场等;一些机械零件,如金属齿轮、金属轴瓦、兵器、弩机、车马器等;有代表性、铸造复杂的青铜器;一些能反映当时科技状况的壁画、字画等。应考虑到考古工作者掌握的科学技术知识程度不同,对一些科技专业的史料难免不够重视,有时也可能因为两个领域中的一些专业名称及术语不同造成误解。如在某战国时期遗址中,曾发现一个放在绞车轴旁边的陶罐,笔者得知后,认为它可能是用来贮存机械润滑油的,对研究机械润滑的起源很有价值,专门赶往该地调查。因考古人员将它只当作一般的生活用品未予专门保管,结果四寻无着,无法考查。

在收集考古史料时,建议争取参加一些考古现场的考察与发掘,参加一些文物的断代、技术鉴定与修复,有些专业问题只有亲临现场才能发现并弄清;注意考察现存的传统机械的结构、使用及制作等;及时注意考古动态,经常阅读考古类杂志,以及专门的发掘报告、文物选集等;多关注各地历史和专业博物馆收集的科技史料。

除了通过古籍及考古资料外,还应注意近现代科技史上一些当事人和一些已淘汰的"陈旧过时"的科技设备,这也是有关资料收集的方向之一。

二、收集复原研究资料的具体方法

按照不同的依据,收集复原研究资料的方法可归纳为四种,以下举例说明。

1. 古籍中既有文字记载又有图形

绝大多数古籍上并无图形，唯见宋代曾公亮和丁度的《武经总要》、宋代苏颂的《新仪象法要》、元代薛景石的《梓人遗制》、元代王祯的《农书》、明代宋应星的《天工开物》（见图2–6）、明代茅元仪的《武备志》、明代徐光启的《农政全书》等古籍图文并茂，为复原模型提供了可靠的依据，然而这类古籍太少。图2–7所示为四库全书版《武经总要》中的云梯图，从图中大体可看出当时云梯下置六轮，中有封闭的车厢，上面有梯。参照其他版本的古籍得出判断，当时的云梯应当分为两截。古籍中图的重要参考价值可见一斑。

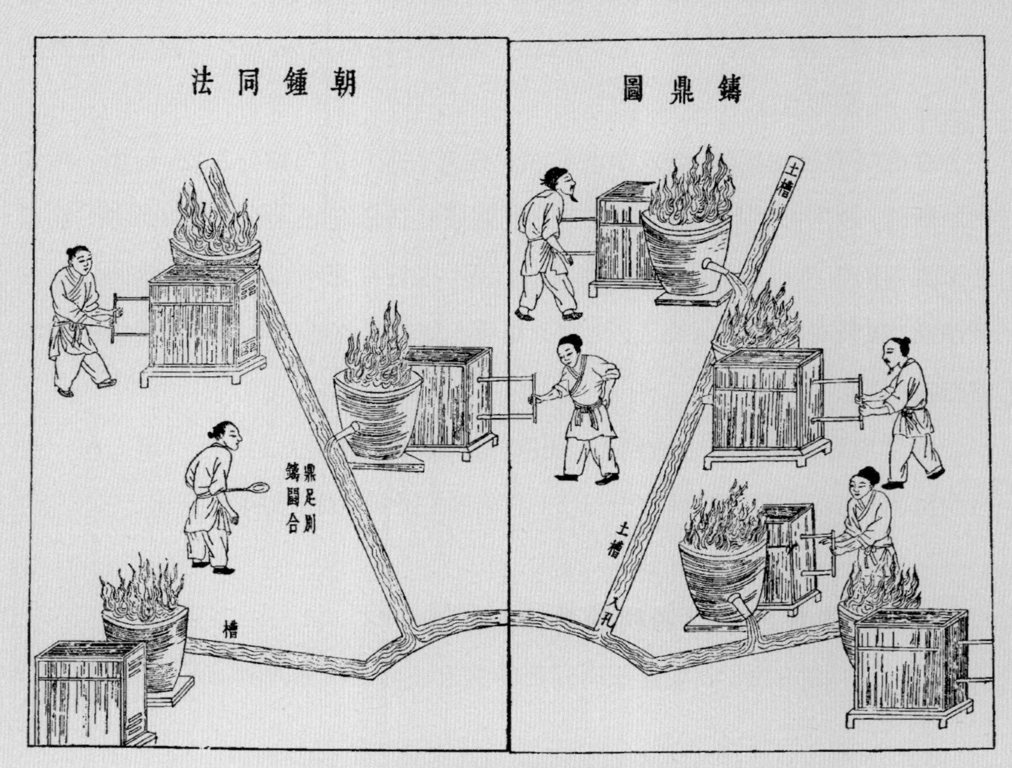

图 2–6　《天工开物》中的用风箱进行冶铸

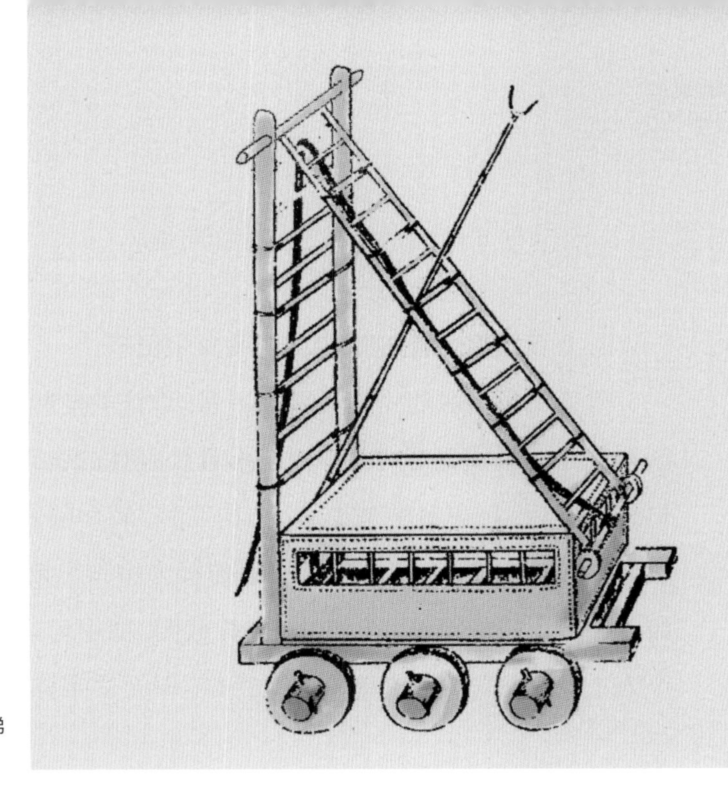

图 2–7 《武经总要》中的云梯（该版本的云梯难以使用）

2. 古籍中只有简要的文字记载

古籍中有关复原研究的史料大多记述很简略。如春秋战国之交的《墨子·经下》有“贞而不挠，说在胜”，仅七字。参照其他古籍如《广雅·释诂》《庄子》《淮南子》《礼记》等书的有关记载得知，《墨子》所言包含了桔槔在内的杠杆原理，其横杆古称为桥或衡，物重（水桶）一端称为本，外力（处于尾部）称为标。此即现代常用“标本”一词的来源。又如古籍《邺中记》记述南北朝时出现了装在车上的舂车和磨车，车在行进的同时可以舂米和磨面。它们是非常复杂的自动机械，属重要的古代机械，亦是复原研究的重要内容，但古籍上的相关记载极短，不足40字，仅有功用、研制人员的姓名和使用方法的记录，它们的结构只有根据推测来复原。

当然也有例外情况，例如指南车。记述它的古籍文本不下数十种，繁简不一，大部分十分简略，唯《宋史·舆服志》上有较详细的记载：“宋代燕肃于1027年造指南车，宋代吴德仁于1107年再造指南车，内部有齿轮传动结构。”虽为古籍中的特例，然而也无图形参考。

3. 有关文物中有图形，常未见有文字记载

尽管古代机械的文物或图形不多，但这类史料具有价值。如1980年在陕西西安出土的秦陵铜车马，就是极具代表性的古代机械。出土时虽有破损，但经复原后，可见其造型逼真、结构完整、制作精良，体现出当时的制造技术和组装工艺水准，秦陵铜车马因而被视为中国早期车辆制造的最高成就。又如四川出土的战国铜鉴，上有水陆攻战图，图中可见云梯（见图2-8），这是迄今为止发现最早的、带有轮子的云梯，但无文字描述。山东济宁的汉武梁祠

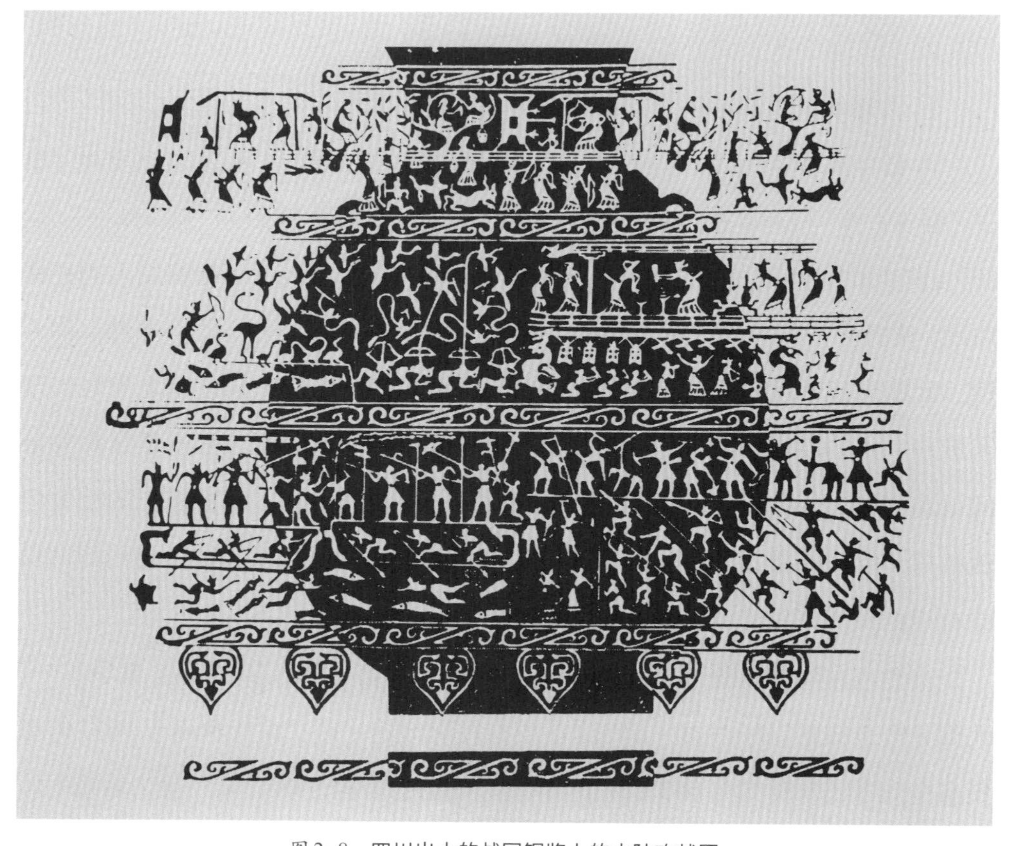

图2-8　四川出土的战国铜鉴上的水陆攻战图

壁画上有神农执耒、夏禹执耒的图案（见图2–9），该耒有双齿。壁画上还有西汉孝子董永的故事，董永父亲乘坐的鹿车即现时的独轮车。敦煌莫高窟的壁画、吉林集安的南北朝壁画（见图2–10）上也有古代机械设备的图形，但均无文字记载。

图2–9 夏禹执耒
（引自刘仙洲《中国古代农业机械发明史》）

图2–10 吉林集安南北朝壁画上的骑射图

4. 民间尚存的古代机械使用或历史遗迹

20世纪50年代初期，许多农村普遍使用龙骨水车、水轮、风扇车、三脚耧等农具，现越来越少使用它们。从现仍在使用中国古代机械的地区看，东部地区使用较少，中西部地区较多，偏僻边缘地区则更多些。若按专业来分，用于农业生产的机械多些，手工业机械也有些，其他专业机械较少。若按民族使用地区来分，少数民族地区使用的古代机械多些，汉族地区使用的则少些。历史遗物往往很有价值，但它们正处于日益锐减的困境中，原因之一是古代的设备大多是用木材制造的，较难保存。

有些历史遗迹也是复原研究的依据，如南京的中华门留有使用过千斤闸的痕

图 2-11　现代中国仍在使用的风车
（引自《传统机械调查研究》）

迹；川北战国时的栈道遗迹为木牛流马的复原研究提供了有力的旁证。《传统机械调查研究》一书也提供了不少现仍在使用的中国古代机械（见图2-11）。

在上述所列的四种情况中，从数量上看，第二种居多，即大多数古籍记载都很简略；第一种情况即有文字又有图形的古籍极为罕见；第三种也很少，这是因为与复原研究有关的图形不常见；第四种在日益消亡中，亟待抢救。不同的依据需采用不同的研究方法，难易程度不尽相同，结果也就相应有差别。

第三节　复原研究的过程

复原研究常以确定课题开始，以完成复原模型为结束。历来关于木牛流马的看法分歧很大，现以它的复原研究为例，阐述典型的复原研究过程，介绍其特点，并兼顾其他古代模型的复原研究。

一、复原研究课题的确定

工作第一步是课题的选定。根据学术需要排列出研究对象，然后结合自身条件和可能性确定其轻重缓急，并罗列出目标名单，使复原工作具有目的性、连贯性、系统性、长期性，能有条不紊地循序渐进。着重研究的对象，大多是科技史上影响重大或是有争论且悬而未决的，有些甚至是分歧较大的。重点课题的确定往往要经过预研、初选、论证和裁决。这是个不断反馈、调整的过程。

关于古籍的记载，需要区分其是历史著作还是文艺作品，即使是历史著作也有正史和野史之分。木牛流马是三国时代的重要发明，在我国古代的机械史、交通史和军事史上影响重大。有关它的记载，最初是在《三国志》上，书中提及它成功地解决了在“蜀道难，难于上青天”的蜀道上的运输问题。由于它是件巧妙的发明，又经小说《三国演义》绘声绘色的描述，增添了神奇色彩，显得扑朔迷离。木牛流马究竟是何物？ 一千多年来众说纷纭，它成了千古之谜，受到史学家们的极大关注。经反复论证、分析，它被定为复原研究的课题。因《三国志》是正史，其记载有较高的价值；而《三国演义》是文艺作品，可作为谈资，不能作为复原研究的依据。对历史上的许多“欹器”，一些书为了吸引读者，多有夸张不实之处，因此在确定课题时需要加以谨慎认真地分析。

二、复原研究课题资料的收集、调研和考证

复原研究成败的关键，首先取决于复原资料收集的全面性。资料收集的范围为古籍、有关文物、历史遗迹、现存实物以及旁证等。由于许多依据真假难辨，必须对它们予以考证，去伪存真。

历史上对木牛流马有较大争论，计有四种看法。

第一种：木牛流马是一种神奇的发明，即自动机械。此说最早出现于《南齐书·祖冲之传》。

第二种：木牛流马即独轮车。此说法明确见于《宋史》、《事物纪原》及《历

图2-12 20世纪80年代初，
笔者在四川广元朝天驿的古栈道遗迹

代名臣奏议》。刘仙洲及李约瑟等均持此观点。

第三种：木牛是独轮车，而流马是四轮车，这种看法是受《诸葛亮集》《通典》等书误导。

第四种：仅说木牛流马有“运粮工具”“运粮车”等用途，并未指明它究竟是何物。

在汇总所收集到的历史资料后，笔者前往川北、陕南等古栈道遗址寻访当地老人，进入大峡谷，攀登峭壁考察遗址（见图2-12）。当年栈道早已不复存在了，仅在悬崖上留下了排列整齐的基孔。笔者用手伸进一些基孔中触摸，探索内部，加深了认识，测量并记录了这些基孔的尺寸和结构，用计算机对栈道进行了模型实验和强度计算，获得古栈道的宽度及承载重量，结论是古栈道只能够通行小型车辆，这与当地人将其称为“五尺道”的说法是吻合的。四川出土的拓片（见图2-13）上已有独轮车的图案。笔者根据史料、古栈道的承

图 2-13 四川渠县出土的、显示西汉时有独轮车存在的拓片

载量以及当地民间传说，推导出：木牛流马是独轮车，然而它并不同于一般的独轮车，而是具有特殊外形和特殊性能的独轮车。因此，上述关于木牛流马是自动机械之说是错误的。

之后在此基础上制成木牛流马的模型，使上述结论更具说服力，促使木牛流马的研究工作前进了一大步。

三、复原模型的设计

复原模型的设计是指确定模型的结构和制作的主要尺寸，为古代机械的复原工作提供图样。古代机械复原模型设计遵循的原则，是由大到小、由整体到局

图2–14 宋代的盘车图

部。先根据古代机械运动的轨迹、运动的质量（是否均匀、有无死点、有无阻碍等）和运动的速度等来确定其结构。至于零部件的外观和强度尺寸要根据实际情况而定，因为中国古代机械一般是用木材制作的，木材与当地的气候、地质情况有着密切关系，也和当地木工的习俗及人文等因素有关。

中国古代机械模型大小的确定，可以采用对比的原则。这是因为许多古代机械采用的动力是人力或畜力，它们的尺寸大小应与人力和畜力匹配。若动力是人力，则还要考虑便于人操作。古代绘画上有关图形可以作为复原尺寸的参考资料（见图2–14）。其他细节也需考虑，如各类战争器械要与城墙、城门、壕沟相适应。各种各样的车辆要与古代通行道路的宽度相适应，否则会因尺寸过大而无法通行。例如，木牛流马在被称为“五尺道”的栈道上通行，这就决定了木牛流马的宽度不应超过三尺（约1米），这样才能在栈道上会车通行（见图2–15）。

四、复原模型的制造

模型的结构、具体尺寸、工艺细节，是从纸上谈兵到实物制作过程中的几个关键要素，蕴含的技术含量极高，需要研究人员和经验丰富的制作技工共同探讨，摒除急躁情绪。需要特别强调，复原模型不能脱离历史，必须符合

图 2–15　木牛在栈道上通行

史料。

复原模型必须保证有足够的强度，制作时应考虑地区特点、加工难易程度、材料的价格以及推断古时当地操作人员的习惯，结合设计，边做边改，反复斟酌，直至成功。

古代机械模型的主材料采用木材，因而复原时，对木材的要求相当高，木材必须质地均匀、细密无节疤，具有韧性、硬度、强度兼容易加工。制作前一定要预先将木材进行烘烤，避免变形。

复原模型的尺寸规格还需满足陈列的要求。局部结构的尺寸可在一定范围内调整，以适应各种要求。还要注意展品美观与安全性兼顾，如战争器械中的刀枪，既要体现其锋利，更要避免它的杀伤力，不能造成意外。

复原机械能否运动是判定复原工作成功与否的重要指标之一。因此，复原研究是一项难度很高的工作，每一个环节的复原都需要反复推敲，其间或多有失败。必须坚持精益求精，直到最终完成。

模型要按一定比例尺寸制作，但尺寸并不具有唯一性。古代机械的尺寸受多方面因素的影响，彼此有一定的差别，有时相差较大，这种情况十分常见。近来，见到有人对古代机械零件的尺寸所言过于死板，也过于精确。这种要求古代机械零件尺寸接近现代标准机械零件尺寸的提法，其实没有必要，也不合情理。因此本书对古代机械的零件尺寸只推荐一定范围作为制作的参考，而不做具体规定。

尚需指出，如果完全按照现代的机械设计理论与制造精度要求，有些古代机械存在不尽合理之处，如有些平面加回转运动的连接，其中的某件又在一定范围内晃动。现在看来，这种设计完全不合理，但对古代机械而言却不影响其工作，原因是古代机械的运动速度不快，冲击力不大，加之古代制造误差相当大，木质零件又较易变形。

第四节 复原研究成果的评价标准

复原研究的成果一般都落实到模型，模型应具有三性：可靠性、科学性和多样性。扼要地讲，可靠性是指要有史料依据、符合史料记载、符合总的历史情况。科学性指要符合科学原理，不可随心所欲，避免闹出笑话。由于各研究者依据的史料和理解的角度不同，研究成果往往有多样性。复原研究成果评定的方式，一般通过会议鉴定、专家通信评价或委托单位验收。

一、可靠性

从事复原研究工作必须熟悉、了解历史，以史为据。要将收集到的资料汇总后综合研究、比对、相互补充、校正，使复原工作从历史角度经得起推敲，符合当时总的历史情况。对收集到的资料都要做具体分析，史有正史、野史之分，一般而言，正史的可信度较高。由于古籍的版本及流传的时间长短不同，其质量和可信度也会有所不同，有些史料可能存在片面性。记述史料以文人居多，常因掌握的内容或理解的角度不同，导致史料之间有较大差异。史料中的善本、孤本、珍本等价值较高。考古资料可靠性最高，但在利用时要注意考古资料的地区性、时间性，不可无限度地将其推广。

二、科学性

复原研究工作不能脱离科学原理，也要考虑古时的人文、科技水准。绝不能

图2–16　研制室为中国科技馆复原的立轴式风车带动龙骨水车模型

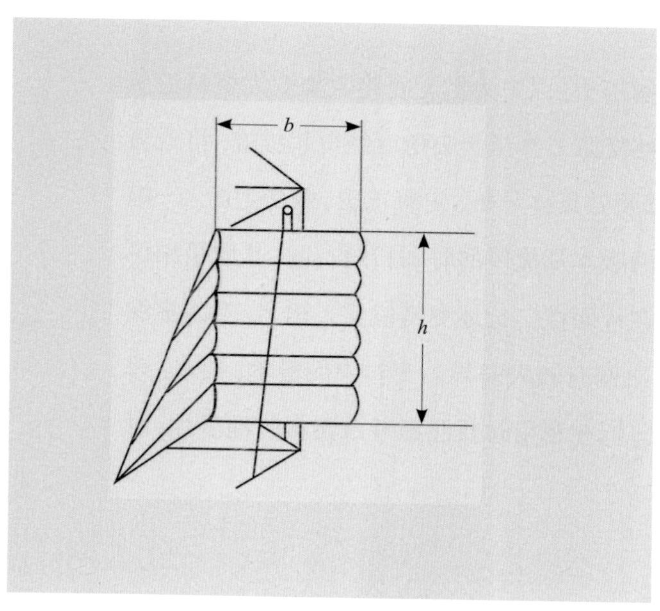

图2–17　立轴式风车的风帆受力图
h为风帆的高度，b为风帆的宽度。

将近现代科学套用到古代，从而歪曲历史。任何事物都处在一定的社会环境中，有其特定的时代性。从事此项工作的人，在应用专业知识和理论知识的同时，需要根据当时的历史条件，既重视该研究对象在历史上的价值和意义，也要了解其发展的脉络，使研究成果更具科学性、合理性和生命力。笔者研制室曾为中国科技馆复原立轴式风车带动龙骨水车模型（见图2–16）。在复原前，对立轴式风车的风帆受力情况（见图2–17）等作了严密的科学分析。

近年来，有两种不良倾向。其一，漠视中华五千年灿烂文明、辉煌的科技成果，否认中国古代科技曾处于世界先进行列的事实，错误地认为古代科技成果一无可取，否认其古为今用的价值。其二，夸大、拔高中国古代文明，不实事求是地评价中国古代科技成果，例如说个别古代科技成果的水准极高，甚至达到超越现时的水平。一般而言，古代科技成果不可能超过现代，任何事物都有一个循序渐进的发展过程。复原研究结果是专业发展史上的一环，应恰如其分、合情合理地评价研究成果。例如说东汉张衡所创制的地动仪如何精准，能正确地测知陇东的地震云云，后世的研究者也多以正确性为标准来推断张衡的地动仪。张衡的这一创造发明，在当时的确是一件很了不起的事，但要清楚看到张衡地动仪误差很大。如果只按有些古籍所言的“正确”记载来评价张衡的发明，甚至按古籍记述的地动仪之准确程度来评价复原工作，就违反了科学性。同理，如2000年前出现的指南车，《南齐书》说它“司南如一”，意即恒指南方。其实，古代的指南车误差也很大，使用它只是为了显示帝王的威仪。木牛流马“适机自运”的说法也违背了科学规律。其实，古代设备大多用木材作为主要材料，在计算机、发动机等出现之前仅依靠手工制造要实现自动化是不可能的。

宋代的水运仪象台上装有由苏颂研制，当时极为先进的擒纵装置和齿轮传动系统，这是中国古代天文仪器的最高成就。由于木材性能所限和历史条件的制约，其精确度达不到理想程度。然而也应看到，水运仪象台的擒纵装置——天衡（见图2-18）至今仍是机械钟表的核心部件，是意义巨大和影响深远的发明。学术界对水运仪象台高度重视，许多国内外博物馆陈列着其模型，李约瑟、刘仙洲、王振铎等许多学者都对它进行过专门研究，它的复杂性为研究者们提供了广阔的空间和研究课题。近年来，研究者有增无减，制出计时准确的复原模型时有所闻。

再次强调，复原研究工作不应离开史料与科学原理，若脱离了时代背景，脱离了当时的科技水准，复原研究工作将被引向歧途。

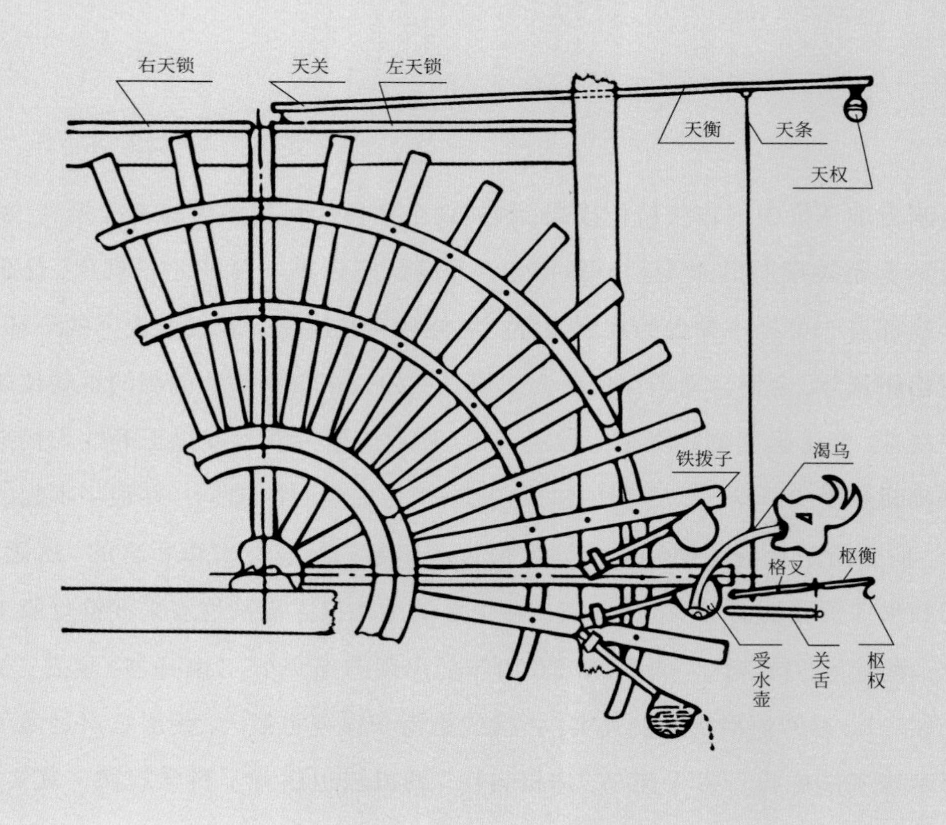

图 2-18　水运仪象台天衡装置的运转由流水来驱动

三、多样性

应当正确对待复原研究结果的多样性。由于古籍记载过于简略，更无内部结构等叙述（除《梓人遗制》外），当古代机械功能相同时，其内部构造有可能不同；当时间、地点不同时，差异可能更大。后世学者对历史上的重大发明创造尤为关注，对那些智慧结晶深感兴趣。因各研究者所从事的专业、受教育的程度、所据的史料、所处的人文环境、兴趣爱好等有别，研究工作呈现出纷繁多姿的局面，复原研究出现了多样性，甚至会产生很大的分歧。指南车、木牛流马、地动仪、水运仪象台等的复原都出现了这种情况。指南车一向受到中外研究者和广大民众的关注，现已见到多种古代指南车的模型，有些观众或已注意到中国历史博物馆与英国大英博物馆的复原品不同。应当说这是正常的，复原工作要提倡百家争鸣、畅所欲言。自由的学术气氛、活跃的思想，有利于开拓思路，有利于解决历史上长期悬而未决的学术问题。有的研究人员过分重视自己的观点而忽视客观环境，会致使研究之路越走越狭窄。

第五节　复原模型的动力问题

如果按等比例复原模型，有些模型的体积过于庞大，占用场地过多，会受到展出存放地及运输等条件制约。若将其按比例缩小，有可能会影响其动力性能。本书的计算则考虑到这种情况。

一、复原模型的驱动力矩$M_{模}$

古代机械大多是由风力和水力驱动的，驱动力矩$M=$力臂$L\times$驱动力Q。驱动力Q与两种量有关，如下两种情况都有可能引起驱动力矩M改变。

1. 驱动力与受力的面积有关

假设实物的驱动力$Q_{实}$与产生驱动力的面积$F_{实}=（长\times高）_{实}$成正比。这种情况在古代机械中很常见，例如风力机械中的风帆面积，部分水轮的翼板面积等。

举例：当模型的大小为实物的$\frac{1}{2}$时，则模型的力臂$L_{模}=\frac{1}{2}L_{实}$，驱动力$Q_{模}=\frac{1}{4}Q_{实}$，则驱动力矩$M_{模}=L_{模}\times Q_{模}=\frac{1}{8}M_{实}$。

由此推出适用于一般场合的公式：当模型的大小为实物的$\frac{1}{x}$时，则模型的驱动力矩$M_{模}=\frac{1}{x^3}\times M_{实}$。

可以看出，模型的驱动力矩$M_{模}$比实物的驱动力矩$M_{实}$明显缩小。如所制模型尺寸比例为1∶10，模型的驱动力矩$M_{模}$是实物的驱动力矩$M_{实}$的$\frac{1}{1\,000}$。由此可见，只靠风力、水力等自然力是无法驱动模型的。

2. 驱动力与体积有关

假设实物的驱动力$Q_{实}$与产生驱动力的体积$A_{实}=(长\times高\times宽)_{实}$成正比。这种情况在古代水力机械中也能见到，如两头水碓、水运仪象台中的擒纵装置（在《新仪象法要》中称其为天衡）等。当模型大小为实物的$\frac{1}{2}$时，即$L_{模}=\frac{1}{2}L_{实}$。此时，模型所产生的驱动力$Q_{模}=\frac{1}{8}Q_{实}$，则模型的驱动力矩$M_{模}=L_{模}\times Q_{模}=\frac{1}{16}M_{实}$。

由此推出适用于一般场合的公式：当模型的尺寸缩小至实物尺寸的$\frac{1}{x}$时，则驱动力矩$M_{模}=\frac{1}{x^4}\times M_{实}$。

如所制模型尺寸比例为1∶10，模型的驱动力矩$M_{模}$是实物的驱动力矩$M_{实}$的$\frac{1}{10\,000}$。由此可见，此时模型的驱动力矩变得更小了，更不可能仅靠自然力来驱动了。

以上两种情况说明，当模型比实物尺寸小，就会引起模型的驱动力矩$M_{模}$迅速减少，它减少的比例远超过模型尺寸减少的比例。但需说明，以上的理论计算是为了让读者了解模型驱动力矩变化的数量级。实际上，驱动力矩的计算十分复杂，因其受力面积或体积不规则，受力的个数时有变化，且实物及模型的工作条件有很大的差异。如果需要精确了解模型及实物的驱动力矩，可以用实测来获得数据。

二、复原模型的摩擦力

古代机械的摩擦一般都是发生在轴承处的转动摩擦，转动摩擦处的力矩M_f与轴承处的摩擦系数f、轴承上的正压力Q及摩擦半径（即轴承半径）r有关。当古代机械模型制成且使用场合确定后，轴承上最大的正压力Q、轴承半径r就确定了。M_f与Q、r成正比；M_f与f的关系则较为复杂，因为f的具体数值不易确定，数值变化较大。f与使用条件有关，如轴承所用的木材品种、加工情况、轴承处的松紧程度、轴承处木材的干燥程度等。这些因素又会互相影响，最终都影响M_f的数值，使其变化也较大。

如要精确了解模型的摩擦情况，也可通过实测来确定数据。力矩以及摩擦系数都是动态的，其数值大小会随时变化。

三、确保复原模型动力性能的方法

为真实地反映古代机械在历史上的作用，复原模型应能模拟实物的动作，体现实物的动力性能。若不能达到这一目的，复原研究也就失去了意义。如制作的风车、水轮都应当能转动，因为机械的特征是通过运动表现出来的，运动是一切机械的基本属性。

确保复原模型动力性能的方法有：在模型轴承处装载带有金属轴瓦的滑动轴承或滚动轴承，这样可以减少摩擦，但要注意防锈；在隐蔽处安装电动机；对风力机械设置风机以增加风力；设置水泵，保障水循环等。安放在室内的风力机械模型，因室内风力微弱，更应注意增加风机。此外，在考虑复原模型动力性能时，还应兼顾模型的美观。

木礱

第三章 传统文化与古代科技馆建设

第一节 传统文化与科技发展

中国传统文化博大精深，其中有不少涉及中国古代科技的内容。

一、传统文化的概况

经夏商周三代发展，中国进入以小农经济为主体的封建社会。尤其在春秋战国时期，经济繁荣、思想活跃，诸子百家争鸣。出现九个学术流派，即儒家、道家、阴阳家、法家、名家、墨家、纵横家、杂家和农家。各学派竞相宣扬自己的观点，互相影响，彼此渗透，学术上出现了丰富多彩、纷繁宽松、百无禁忌的局面。其中主张“以德化民”的儒家和主张“兼爱尚同”的墨家影响最大，两派被后世称为“显学”。墨家对科技尤为重视，其代表作《墨子》中记载了一些有关科技的内容，然而儒家对科技未置一词。秦始皇吞并六国统一中国后，实行焚书坑儒，禁锢人们的自由思想，依靠法家思想建立了强悍的封建王朝，直接导致大量的典籍和私学消亡。

汉武帝“罢黜百家，独尊儒家”。由于儒学更符合统治者维护封建政权的需要，历代统治者纷纷效仿，在儒学中随意添加有利于巩固其封建统治的内容，向百姓灌输服从意识，逐步形成统治者们的最高教条，成为封建文化的主体，其在中华大地盛行了两千多年，以至于不少人误将儒家学说作为传统文化的主要内容。

儒家学派创始人孔子（公元前551—前479年），名丘，字仲尼，鲁国陬邑（今山东曲阜）人，春秋末期的思想家、教育家。孔子力主“正名”“克己复礼为仁”“政即正也”，主张因循守旧、安于现状不僭越，维护旧的等级秩序，反对苛政和任意刑杀。由于这些主张脱离实际，因而他的政治抱负无法舒展，后周游列国专事教育。

孔子在教育上的贡献巨大，他提出“有教无类”，开创了平民化教育，颠覆了奴隶主对教育的垄断，是中国教育的开拓者和先驱。孔子重视道德教育、人格教育和技艺教育，要求弟子必修礼、乐、射、御、书、数六艺。他的因材施教、诲人不倦等主张，造就了大批人才，被后世尊为“万世师表”。然而，流传至今的孔子形象，经过历代帝王的“包装打扮”，与实际情况未必一致。

《论语》是儒学经典之一，记录了孔子的言行，是中国第一部语录体著作。孔子提倡的忠于职守、刻苦努力、淡泊名利、不断改进、精益求精，对每一个科技工作者都是必须具备的品质。

墨家学说是先秦诸子百家学说的重要组成部分。墨家学派的创始人墨子（约公元前468—前376年），名翟。相传他为宋国人，后长期住在鲁国。墨子是春秋战国之交的重要思想家、政治家。墨家以“兴天下之利，除天下之害”为目的，重艰苦实践、服从纪律，对自然科学现象的论述有深刻且独到之处，反映了当时社会的进步和有利因素。墨子门徒众多，大多来自社会中下层，他们在社会劳动中积累了大量的生产实践知识，对自然现象十分关注。西汉之后，因崇儒抑墨，墨学渐趋衰微，直至清代中叶，学者们才开始重视研究墨学著作。

《墨子》是墨家学说的总汇，《墨经》是《墨子》的重要组成部分，是内容丰富、结构严谨、具有实验科学萌芽的科学著作。墨家的优良传统及精粹淹没在历史长河中，墨家的科学研究长期中断，值得我们深思并应从中吸取教训。

历史上废黜百家、独尊儒术的教训警世当今，要避免一花独放、百花凋零的情况再次发生。需要明确传统文化不等同于儒家思想，应提倡百家争鸣，各抒己见。对待学术研究应同样如此，要慎重对待学术讨论，得出的结果要经过一定时间的检验，允许失败，耐心宽容。听从行政命令，采用唯上是从的态度来对待复原研究不妥。期冀丰富多彩的研究成果点缀盛世，人们思想活跃，学术氛围浓厚、生动、有趣。

二、历史上对传统文化造成的破坏

历史上多次由于战乱、政治活动等原因，传统文化受到了破坏，直接导致工农业生产的工具设备以及器物、古籍、艺术品等严重损坏或丢失，与此有关的各类活动也被迫停止。

1. 战乱

战乱造成的破坏往往很彻底，其影响的范围限于战区。现举出几项与复原研究有关的突出事例。宋代原建都开封，后由于抗金失败，匆匆南迁，遂丢失许多沉重庞大的辎重设备，皇帝大驾出行时用的车队也遭丢弃。皇室南迁后战局未定，指南车从此失传，造成几乎所有的旧日史家将指南针与指南车混为一谈，成为延时达千年之久的讹传，连近代著名学者章太炎先生在他的《指南针考》中也说,“当罗盘未作时,于古有指南车”“其后以作车不便,更作罗盘”。这一观点曾在国外产生了广泛的影响,并引发出一些千奇百怪的设想。

1092年,北宋宰相苏颂主持研制成水运仪象台,创造了中国天文机械的顶峰。它既可观察天体的运行,又能演示天象,还能自动地报时报刻,其擒纵装置更是以后机械表擒纵装置的鼻祖。但这一设备高约12米、宽约7米,体积庞大,战乱中自然不可能带上南迁,于是落入金人之手。金人将水运仪象台拆开后向北运送,途中势必有一些零部件丢失和损坏。运达目的地后无法安装,更无法运转。南宋人对水运仪象台念念不忘,询问苏颂的后人,希望将水运仪象台再次制造出来。此事谈何容易,水运仪象台就此消失得无影无踪。

2. 不当的政治活动

有些政治活动对传统文化的传承也会造成较大影响,举如下几例。

秦始皇于公元前221年吞并了楚、齐、燕、韩、赵、魏等国,建立了强大的封建王朝,颁布禁止民间藏书的挟书之律。于公元前213年实施“焚书令”,将收缴的书籍全部焚毁,还令“有敢偶语诗书者弃市”。这就是历史上有名的“焚书坑儒”(见图3–1)。秦代推行这一严

图3–1 秦始皇焚书坑儒

酷的思想专制，导致大量的典籍和私学、人才消亡，结束了先前思想活跃的局面，“竹帛烟销帝业虚，关河空锁祖龙居。坑灰未冷山东乱，刘项原来不读书”。秦朝仅仅持续了15年，然而诸子百家的思想却被保存下来。

历经战乱和不当政治活动的摧残，中华传统文化在“文革”“荡涤旧社会留下的污泥浊水”的口号下再次受到冲击，很多优秀的传统文化被作为“污泥浊水”而清除，“扫四旧”损毁了无数文物。如两千多年前留下来的许多悬棺和其他随葬品从高高的悬崖上被推下，集中后当众付之一炬。

战乱纷争和不当的政治活动，给优秀传统文化和文物造成了无法弥补的损失，也给今天的研究工作（包括复原研究）带来极大的困难。今天，应吸取历史教训，珍惜并保护性地利用这些为数不多的遗物，重现其价值，让它们发挥更大的作用。

三、传统文化优劣并存

面对传统文化大发展的形势，除欢欣鼓舞外，也需要明确传统文化也像一切事物一样需要一分为二来看，有精华也有糟粕，应区别对待，本书在撰写时就考虑了它与复原研究的关联度。

1. 防止简单化看事物

现常有一种不良倾向，就是看问题简单化，认为事物非黑即白，看人非好即坏。说好时一切皆好，天花乱坠；说坏时又是一切皆坏，一无是处。其实这不符合实际情况。须知真正处于极端状态的事物只是极少数，在黑白之间还有丰富的中间色彩，在好坏之间也有很多的中间状态，常常是非好非坏，亦好亦坏，好坏两部分的比例也不尽相同，这样才构成纷繁复杂而又绚烂多姿的社会。联想到孔子提倡的中庸之道就是力主人不要走极端，有人说这是哲学上的高境界，与辩证思维有共同之处。如果忽略事物非单一性这一点，就无法理解复原研究所碰到的许多问题，也无法与古人“沟通”。

2. 讲究排场与自尊自爱

古人很讲究排场，这并非只有华而不实的一面，也有出于自尊自爱的考虑。身份越高的人越是讲究，并为此付出昂贵的代价，但也因此衍生各种礼仪用品，其中许多内容都是科技史和复原研究关注的课题内容，如皇帝出行时豪华车队中的各种车辆。乘坐舒适、装饰华美、规模庞大等要求大大促进了车辆设计和制造的发展。车队前面的几乘前导车，包括指南车、记里鼓车等，用来显示皇家礼仪和至高无上的权威，没有指南车作前导是不被允许和容忍的。由史料得知，从西汉到南宋的一千多年间，有名有姓研制指南车的人就有15人之多，他们都是当时优秀的工匠，所设计制造的指南车外形大体不变（中国古代有着沿用旧制的习俗），内部结构各尽巧妙，无一不是辉煌炫目。

讲究排场的思想根深蒂固，往往上行下效。再举一例：铠甲是古代武士实战中个人重要的防护装备。铠甲的材质上佳、制造精良，在铜普及时用铜，铁出现后采用铁，铠甲的使用促进了古代金属冶炼、铸造和锻造业的发展。考古发现，从一西夏（与宋代相近时期）墓中出土的随葬品里有铜质鎏金的铠甲，这种铠甲不可能用于实战，只可能是为了讲究排场而造，而且便于保存。

还有一例更其可笑。据《文献通考》记载，宋代康定元年（公元1040年），陕西某地的士兵身着纸制铠甲，这种纸铠甲在实战中毫无作用，仅仅是为摆样子而已。

3. 因循守旧与固守底线

中国古时一向有因循守旧和墨守成规的陋习，持这种想法的人坚持以前有的应当有，以前没有的就不应当有。显然，坚持这一点不利于创新，但也要看到，这对于维护人格与尊严、对于古代史料的保存等却非常有利。

关于古代帝王出行时的车队留存了不少史料，有的十分有趣。据《南齐书·祖冲之传》载，南北朝的宋武平帝征服了关中一带，获得一具姚兴制作的指南车，可惜的是该车“有外形而无机巧”，其内已被破坏一空。每当皇帝大驾出行时，为显皇帝威严，就命人躲在车内转动车内机关，手动使木人指示方向。宋武平帝认为指南车是他出行的底线，当然“底线”应该划在何处，因人而异，因时而言。

《南齐书·祖冲之传》上还有一个故事：皇帝命祖冲之及北人索驭麟各造指南车的“机关”，让两人互相竞争。见祖冲之所造更好些，竟然将索驭麟的制造烧毁，十分可惜。现在看来这是不当的，皇帝之所以这样做，可能也是帮祖冲之守住底线。

4. 忠君爱国与刻苦勤奋

在中国古代，“忠君”与“爱国”的内容基本相同。帝王一言九鼎、言出如山，“朕即国家”“四海之内莫非王土”，臣民必须服从。古代有和珅这种贪官，但也有与他截然不同的忠君爱国之臣。在古代，忠君的思想有时会产生异常强大的力量。同样，在科技方面通过汇聚众人的聪明才智，征召能工巧匠，花费巨大的财力物力，亦会创造出惊人的科技成果。历史上，许多科技成果如宋代的水运仪象台就是这样产生的。

有的官员并不在帝王的身边，但其活动可能与帝王间接有关，如迎接帝王或向上峰进献，也会促使有关人员创造出科技史上的杰出成果。这些为复原研究提供了许多值得深入探究的内容。

四、传统文化促进了部分复原研究内容的发展

传统文化中有些内容对复原研究的发展特别有利，现简要举例。

古代帝王一般多重视农耕，信仰“民以食为天”，常祭天、祭先农，有时还摆摆样子做出耕种的模样，这无疑有利于农业机械的发展。中国古代的播种机械、灌溉机械、农作物加工机械水平都很高。

帝王大驾出行时都有一个豪华的车队，其配置要求促进了车辆设计和制造的发展，并留下了指南车、记里鼓车等宝贵史料。

古代朝野对天文现象十分重视，他们认为天文现象是即将发生的社会现象的征兆，为此极其注重天文机械的改良和制造，中国古代天文机械水平由此高超精湛。

古代官吏为了取悦上级，很重视研制巧妙的表演机械，张衡、马钧、祖冲之、郭守敬等人都有这方面的成果。

中国自古以来就有厚葬的习俗，由于随葬品珍贵，因此想方设法予以保护。为此，很多古墓中设有精妙的保护措施和防卫设备。

民间的能工巧匠常有许多巧妙的构思，例如制造出许多诱捕野兽的设备。

作为指南针的天然原料——磁石，战国时即已出现，但当时主要用作中药。这种材料在客观上被保存，直至宋代被制成指南针搬上船。指南针的发明让人们行走世界的愿望得以实现。

历代很多帝王都希望能长生不老，为此命道家在炼丹炉中炼制仙药。由于化学反应，意外爆炸屡有发生。为防止发生爆炸，发展了“伏”与“不伏”的理论，导致火药诞生，火药后被制成多种火器。火药与火器之后传到世界各地，影响极大。

传统文化对复原研究的影响难以尽说，以上所列可供参考。

第二节　形势呼唤更多更好的中国古代科技馆

现有中国古代科技馆的数量、规模与中国古代辉煌的历史不相称，也与美好先进的现代社会不相称，更与灿烂的未来不相称，形势呼唤更多更好的中国古代科技馆。

一、复原研究工作的现状与要求

与其他科研事业比，复原研究工作开展得不甚理想。近年来，各行各业都呈现出欣欣向荣的局面，不能让复原研究工作成为被遗忘的角落，也不能让复原研究工作拖大好形势的后腿。从实际情况可见，制约复原工作的不利因素大约有如下一些。

受经费制约，对复原研究工作投资经费过少。复原研究工作的周期很长，工作开展后会冒出大量在理论研究中未曾遇到、亟待解决的问题，且短时期成效不显著，令投资方顾虑重重。从整体上看，综合性博物馆所规划的科技内容较少；专业博物馆的范围不够宽；科技馆中现代科技较多，古代科技量少面狭。这样的现状与中国古代科技的鼎盛相悖。

历史在延伸，新的复原研究课题层出不穷，不少具有巨大影响的古代成果没有得到充分研究和反映，许多历史遗留下来的科技问题悬而未决，亟待通过复原工作正本清源。目前从事这项工作的机构和人员很少，力量单薄，工作水准有待提高。此外，受浮躁情绪影响，业界有“重理论研究，轻复原研究”的倾向。

坚持从事此项研究的工作人员，大多热爱中国传统文化，有较厚重的文化底蕴和宽广的阅历，兼具高度的责任感。这一领域的研究人员不需要很多，但必须有人坚持。要保持这个队伍人员不流失，须增强凝聚力，建议在政策上给予倾斜，给他们提供良好的研究条件和环境。同时，要增添新生力量，吸收多学科的研究人员，引导他们热爱中国古代文化、内敛沉稳、持之以恒、刻苦钻研，且甘守清贫、坚韧不拔，经得起挫折，耐得住寂寞。模型制作技工是复原研究队伍中重要的组成人员。他们除了需要具有较熟练的木工技能外，最好一专多能，有一定的文化程度（中学以上）和识图能力，还需有钻研精神。研究人员与制作技工可通过实践，逐步积累工作经验，建议他们多共同探讨一些历史和技术问题，精益求精地从事复原制作。总之组建、培养团队是一项具有战略意义的措施，有助于复原工作可持续发展。

中国古代机械文化凝聚着古人无穷的智慧，是中国文化宝库中的璀璨明珠，熠熠生辉。随着时代进步、生产力发展，依靠人力、畜力等作为动力的木制机械逐渐淘汰消失，这是历史潮流所趋。然而作为历史见证，那些历史文物、历史遗迹（包括传统机械）均有巨大的保留价值，也须认识到传统机械和现代机械将长期并存。复原工作有着无可替代的作用，应让复原研究成果及时发挥作用，这是每个复原研究工作者义不容辞的职责。

应致力于科技馆和博物馆的建设，希望凡是有条件、有能力的地方，都有古代科技成果方面的陈列，让科技、文化知识宣传形成遍地开花的局面，直观地表达科技是生产力的观点。可在现有的博物馆中适当地增加科技的比重，如条件成熟，建成专门的科技馆更好。

以往有关科技内容的展览，常有一个通病：注重学术性却令观众感到枯燥无味。原因之一是观众对展项不理解、看不懂。因而建议，在有科技内容陈列的同时，也展出相关的古画、文物、现场情况和原理图等，采用“互联网＋”等形式让陈列内容丰富生动，使参观者趣味盎然，萌生想亲自参与体验的想法。例如木牛流马，传统的展示仅体现出它是一种独轮车，但如用沙盘或古画展示木牛流马在栈道上通行时的情景，观看体验就大为不同了。甚至还可将一些错误观点或天马行空的奇思妙想作为对比一并展出。

建议在复原研究中积极灵活使用先进的科技手段。虽然研究的对象是古代机械，须尊重历史、努力做到还其本来面目，但借助高新技术，用现代化的检索、计算、化验、分析、鉴定等手法，可以事半功倍。这是站在前人的肩膀上，通过先进的手法获得卓有成效的结果。笔者研制室在计算和校核古栈道的宽度以及木牛流马的结构尺寸，测算巢车的稳定性、砲车（发石机）的射程、撞车的冲击能量等时都使用了计算机等先进工具。用计算机进行资料检索，既迅速又正确。有单位在研究中采用先进的科学技术揭示了部分古代秘密。2010年上海世博会的中国馆中最为引人注目的展品是“清明上河图”。清明上河图是展现一千多年前北宋都城汴梁城繁华景象的名画。上海世博会通过现代技术手段，使画面依稀“可动”，这幅千年古画“复活”了。这幅动态的名画深深地吸引了广大观众，大家啧啧称奇。

可动，正是古今一切机械的特点。古代所有的精品机械都是可动的，如西汉的指南车及记里鼓车；东汉的水排、连机水碓、各种水车；北宋的天文机械最高成就——水运仪象台；明代的水轮三事，不胜枚举。如果这些机械在展示中都动起来的话，或可让参观者操作，科普教育效果一定会更好。

复原研究制作是项基础研究。历来得到资助的科研经费较少，单纯依靠拨款难以维持，经费匮乏成为该项工作发展的瓶颈。需要适应市场经济，把复原研究从潜在的生产力转化为现实的生产力，以复原养复原，走出困境。其实，复原成果有着巨大的市场和广阔的发展前景。例如，可以古代砲为原型开发出儿童玩具发石机，以古代的弩为原型开发出玩具弩，这些既简单易造，又具传统文化知识的玩具，寓教于乐，深受儿童及家长的欢迎。

科学技术是生产力，复原研究在没有被应用于生产时，呈现的是知识形态的属性，是潜在的生产力；当它被应用于生产并物化后，就转化为现实的生产力。复原研究成果如何转化成产品，值得深入探究。研究人员必须放弃“阳春白雪”的坚持，尽心为复原研究打造产业链，使复原研究成果从书斋、实验室迈向市场。

为争某某名人故里称号的事件常常见诸报端，因而复原研究工作也可以顺应潮流，如多在博物馆、高等院校、旅游胜地举办各种文物、复原模型展览，以满足民众的文化需求，并借此提高他们的文化素养。在条件允许的情况下，建立多座中国古代科技馆，使它们成为进行科技史研究和复原制作的中心及学术交流的基地，以弘扬中华民族灿烂文明及古代科技的辉煌成果。

第一座中国古代科技馆已在山西运城夏县建立，在弘扬中华民族灿烂文明、普及历史知识和青少年科普教育、爱国主义教育方面发挥了很好的作用，深受公众的欢迎。可惜的是，其地理位置先天不足，未能发挥最佳作用。

著名学者、中国机械史研究开拓者刘仙洲在机械史这片几乎荒芜的园地里辛勤耕耘40多年，著作等身、硕果累累，令世人瞩目敬仰。在“文革”中，他的工作被迫中止。之后，由于种种原因，许多笔记、手稿因他的离去而尘封或遗失，遗憾地留下了文明古国只有半部机械史的尴尬局面，造成了难以弥补的极大损失，后人应引以为戒。

二、建什么样的中国古代科技馆

1. 建馆的内容

一般而言，关于历史（包括科技史）的著作或展览常以两种形式予以展现：一种是以时间为序，这种形式有利于反映各个时间段的发展情况；另一种以门类和专业发展为序，这种形式有利于介绍各个领域的发展过程。中国古代科技馆的建设可以将以上两种形式结合起来：以时间为纲，介绍总的发展过程，突出影响社会的杰出成果；对于具体的杰出成果，则详细阐述其科学原理、来龙去脉、前因后果等，体现它对相关学科及社会的影响，旨在说明该成果的出现自然而然有其合理性，所具有巨大意义也有其必然性。

机械在古代的科技成果中虽占比较大，但远远不是中国古代科技的所有内容。因此，古代科技馆展出的内容不能仅是古代机械复原品，而应涉及更多领域。这样做难度增加不多，因为现已复原的古建筑、桥梁、水利、道路等模型比较多，相关的模型制作技术已发展得较为充分。

常言道，"内行看门道，外行看热闹"，实际上这是指人的层次有内行与外行之分。层次有差别，既可能因为教育程度不同，也可能由于专业不同。目前，实际情况是现在许多自然科学博物馆不够"热闹"。建馆的目标应该是，既让内行看出门道，感到热闹；也让外行既感到热闹，也能看出些门道。换言之，古代科技馆要兼有科学性和趣味性，参观者从中既获得知识，又得到愉悦的艺术享受。总之，要把看门道和看热闹结合起来，尽量使展览既有知识内涵，又有娱乐互动。优秀的古代科技馆应寓教于乐，展览内容生动、有趣、深刻。

此外，不同古代科技馆的模型应体现不同的学术理念，因为学界对科技史上的许多重大问题看法并不统一。例如，中国历史博物馆与大英博物馆展出的指南车，无论是外形，还是内部结构都完全不同；关于张衡地动仪的内部结构和工作原理，历史学家所持意见也不统一；木牛流马等也存在许多不同观点……这些在学术上长期有争议的问题都不可能速战速决，因此不应轻易肯定或否定某种观点。复原模型的多样性可以客观地体现这些研究观点，通过中肯的评述，帮助观众了解实情，展现复原研究百家争鸣的局面。

2. 表现形式

在确定展出以时间为序后，应围绕各阶段的杰出成果作全面展示，尤其要突出各个时期的标志性成果，简要介绍其意义和作用，以及发明过程和一些相关的故事、文艺作品等。对部分重要的展品可以增加展出规模，突出其作用，也可通过创新技术增加可看性，使人有耳目一新的感觉。除模型外，在文物、古籍、绘画、书法中都会蕴涵一些有价值且有趣的东西，有待收集与整理后作进一步展出。

模型　此处指的是复原模型。如果展出的内容好比是一个人的灵魂，复原模型就是骨架和肌肉，有了它们，才能形成人的轮廓，若缺乏它们，则不足以反映展览主题。这是因为科技文物原本十分罕见，科技古籍也不多，而与科技有关的绘画、书法等只能作为装饰和点缀。因此，模型不但要有一定的数量，还要精致美观、悦目得体。

文物　文物的实物常常是博物馆的镇馆之宝。总体上讲，科技文物不多，因此显得更加可贵，应注意收集保存。古代科技馆也应刻意求之，尤其要关注新发现的科技文物，对于已有的科技文物则应有选择地收集其复制品。如在介绍瓷车的结构和尺寸的同时，可展出一些由它制造的精美瓷器；在介绍古代冶金鼓风的同时，也展示古代一些重要的冶金成果。

古籍　古代的科技名著是科技成果的重要总结，也应是古代科技馆重要的展出内容。这些科技古籍，更能显示中国辉煌的历史，可惜的是，这方面的书籍为数不多。

绘画　绘画是重要的展出内容之一，可使展出精彩纷呈。古代绘画中常有反映古代科技的部分（见图3-2至图3-6）。观看此类画作，观众既能欣赏到隽秀精美，又会感觉新奇有趣。这类画作的绝对数量并不少，但非常分散，收集有关内容的工作量很大，需逐步积累和汇总。当然还可邀请现代画家、书法家专门创作些介绍古代科技成果的作品，也可使用卡通的手法，增添画作的趣味性，加深观众对科技成果的印象。

图 3–2　清代雍正年间《耕织图》中的桔槔和龙骨水车

图 3–3　清代乾隆年间《御题棉花图》中的纺车

图 3–4　元代《熬波图》
（引自杨宽《中国古代冶铁技术发展史》）

图 3–5　通行于后宫的羊车

图 3-6　宋代绘画《文姬归汉》中的少数民族车队

宜充分利用古代科技馆的室外空间, 摆放有关展示内容, 这样既增加科技的气氛, 扩大展示规模, 又吸引了观众, 更便于他们参与互动。如古代农耕现场、古战场、云梯登高、独轮车（新媳妇回娘家）、踏车或筒车（水循环）等均可在室外展示。

展出形式也应与时俱进, 需要充分利用新技术使古代科技焕发新貌。之前提及的2010年上海世博会中国馆的镇馆之宝——动态的宋代绘画“清明上河图”, 给观众留下非常深刻的印象, 并受到大家热烈的欢迎。其实像“清明上河图”这样的长卷古画还有一些, 古代科技馆可充分利用新型展示及互动技术展现与科技有关的局部画作。总之, 这方面的探索大有可为。

古代科技馆的商品与礼品大致可以分为两类: 一类作为高品位、高文化层次的精美礼品或收藏品; 另一类满足大众的文化需求, 普及科技知识, 可作为公共场所或家庭的摆饰, 营造文化氛围。

馆内亦可放映一些关于古代科普故事、古代科学家的励志影片。影片内容若与展出内容衔接，甚至是拓展，那么效果更佳，影响更大。

2014年11月，在美国纽约举行的秋季艺术品拍卖会成交总额达4.22亿美元，这是苏富比有史以来成交额最高的一场拍卖。成交价位最高的拍品是贾科梅蒂的“两轮战车”，近1.01亿美元（见图3-7）。这具战车是艺术品，并非根据某时某地的实物而制。可以肯定的是，尽管这具战车完全不适用于战争，但艺术家的灵感和构思来自古代的成果。由此联想到，复原古代的科技成果亦能激发艺术家以及社会各界的智慧和灵感，促进他们产生创作欲望，创造出更加引人注目的作品。当然也需认识到艺术品与科技成果的要求是不同的。为更好做出成绩，艺术家似要多了解些科技，科技工作者也要多懂得一些艺术，双方增加沟通与交流，减少彼此间的隔阂与成见，实现科学与艺术有效融合。

3. 与建馆有关的几个问题

（1）持之以恒必有所成

建设一座优秀的古代科技馆的工作量庞大，非一朝一夕就能完成，需要持之以恒。根据已有博物馆的经验，藏品的收集由少到多，再从多中选少，轮换展出。在这一过程中，可有目的地优先发展某一方面或门类，注重特色，发挥所长，因为全部涵盖、完美、样样都领先一般很难做到。

（2）真品与赝品

科技真品是各个博物馆“争夺”的对象，这些真品对科技史的展现非常重要，各博物馆对已获得的真品不可能轻易放手。因此在这种情况下，没有真品的博物馆要有选择地使用复制品，丰富陈列内容。但是需要着重指出，这些复制品必须如实地反映真品，具有真实可信度；还必须说明是复制品，不能以假乱真，否则就变成赝品了。

图 3–7　贾科梅蒂的“两轮战车”

（3）建设古代科技馆可否创新

古代科技馆的建设也有宽广的创新空间，对展出的内容、古文的解读等完全可以有与众不同的独特见解，鼓励挖掘反映古文与文物之间相互关系的新证据，进而促进理论研究工作。除内容外，还应该从观众角度思考表现手法如何创新，如何显得更新颖别致，这样有利于科普工作的开展。

三、关键是人才

在社会上常能看见这样的情况：在同一行业或同一规模或条件相似的单位，有的欣欣向荣、兴旺发达，有的却气息奄奄、濒临倒闭，为何会如此呢？重要原因之一是有无人才。同样的道理，有了优秀的人才，才会有优秀的中国古代科技馆。

1. 历史经验

现述两件与人才有关的历史例证。

汉高祖刘邦不拘一格选用人才，因而得以推翻秦朝，战胜项羽，建立了延续400多年的汉王朝。他写的《大风歌》，“大风起兮云飞扬，威加海内兮归故乡，安得猛士兮守四方”，说的是“大白话”，并无艺术性，却流传千古。原因在于，它道出了一个开国帝王的心声：在战局甫定的情况下，他最想办两件事。一是回家乡探望朝思暮想的亲人与休戚与共的乡亲，即衣锦荣归；二是感叹人才难得。在刘邦的家乡——江苏沛县留有“歌风台”古迹，相传是刘邦当年大宴乡亲，即席吟诵《大风歌》之处。

唐代形成了科举制度（科举开始于隋代，但只是偶尔为之）：分乡试、会试和殿试，经过由皇帝主持的殿试后录取的进士金榜题名。唐太宗李世民看到这些新科进士后非常高兴地说：“天下英雄入吾彀中矣！”“彀中”是指古时弓箭的射程，李世民网罗天下英才的意愿溢于言表。任贤纳谏的他开创了大唐盛世。

如今，各行各业仍非常需要优秀杰出的人才。

2. 热爱工作才能将其做好

《论语》记录了孔子的原话："知之者，不如好之者，好之者，不如乐之者。"这句话的意思是，知道一件事，不如喜好一件事，而喜好一件事不如热爱一件事。这个道理对于今天专业的选择有一定的帮助。孔子这句话把人对待某一事物的态度分为三个阶段：知之—好之—乐之。"知之"是对事物先进行全面深入的了解，在此基础上才能喜好这一事物，即"好之"，从工作中得到极大的乐趣，感到快乐才能"乐之"，即现在所说的热爱。有了真正的热爱，才会有勇气运用智慧，战胜一切困难；才会有力量长途跋涉，勇往直前；才能历经失败和挫折，百折不挠。从事复原研究工作也应如此。

3. 对复原研究人员的要求

与其他工作相比，对从事复原研究工作的人员并无特殊要求，只是稍有不同。希望从事任何工作的人员都有较深厚的文化素养和较为丰富的知识，不要成为只有专业知识而无文化的人，这是因为专业知识只在一定时间范围内发挥作用，而文化素养则贯穿一辈子；专业知识只在工作中起作用，而文化素养在任何时间、任何场合都起作用。从事复原研究工作的人员知识面应更广些，力争文理兼通。这可以通过实践循序渐进地提高，即在学中干，在干中学。

4. 心无旁骛、专心研究

要做好研究工作的条件之一是心无旁骛，没有后顾之忧，不为柴米油盐发愁。对于科研工作人员来说，经济收入不应是首要的追求目标。对于大多中国古代科技馆来说，作为非营利性的公益场馆，不应以谋取高收益为前提。

直言之，中国古代科技馆是一个容易被人们遗忘的角落，尽管它很小，还未得到足够的重视，但它确实是社会不可缺少的文化及科研重地。

煉錫爐
點鉛勾錫
流入鐵盤

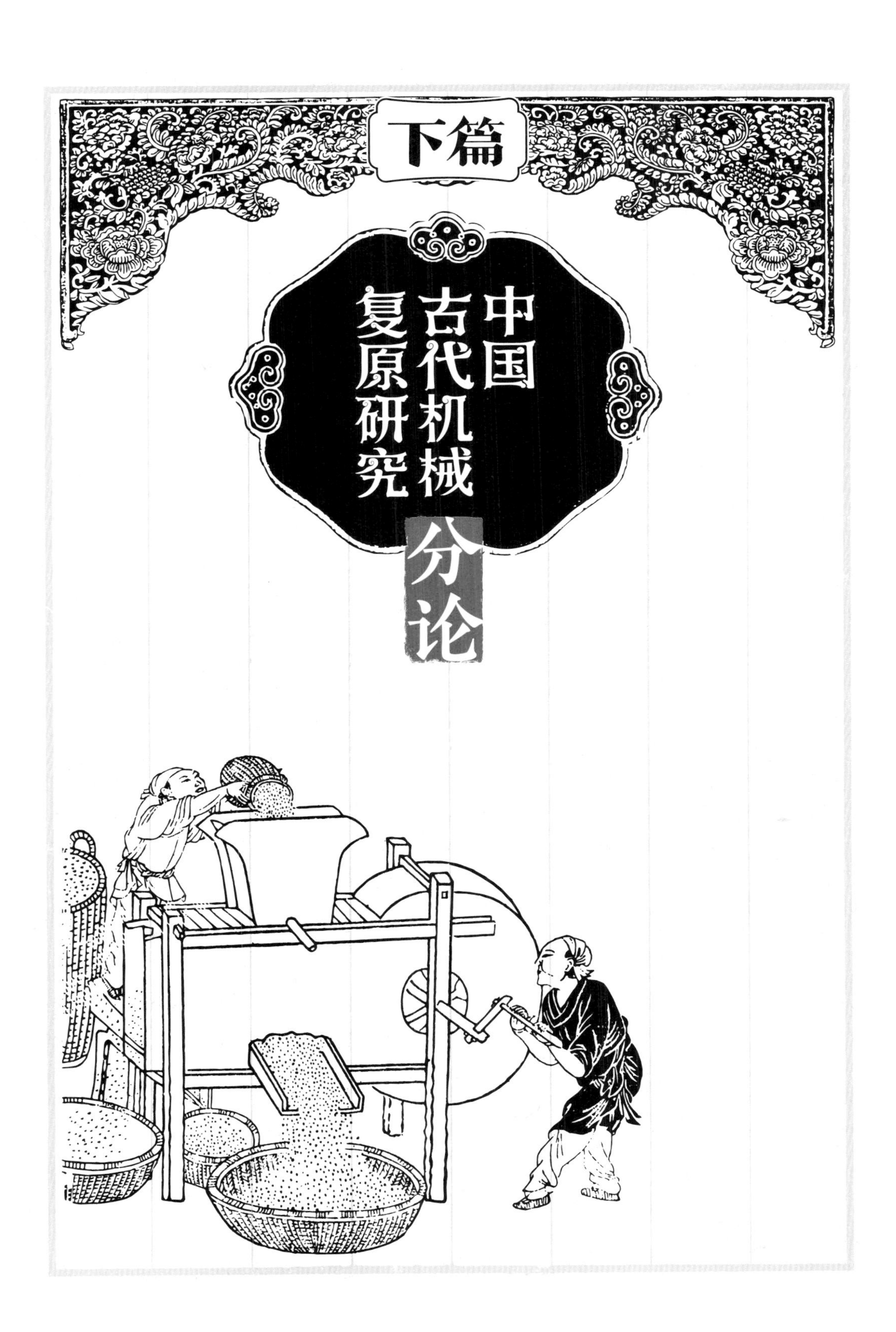
下篇
中国古代机械复原研究
分论

笔者从事古代机械复原研制这项工作迄今已30余载，除重病住院外从未中断，深感中国古代机械为复原研究工作提供了广阔的天地，这项工作有着巨大的发展空间。30多年的研究仅是有限的一小部分。按不同用途所制作的大小模型近百种，约150具。尽管它们未能呈现中国古代机械的全貌，更远未展现中国古代科技发展的盛况，但大体上可反映中国古代科技曾长期处于世界先进水平的概况。现将研究成果分农业机械、手工业机械、运输起重机械、战争器械及自动机械五大类介绍如下。

第四章 农业机械

中国是一个历史悠久的农业大国。俗话说民以食为天，中国经历了几千年的农业社会，历朝历代自然而然对农业机械极为重视。因此，农业机械发展得十分充分，形成了一套小型多样、因地制宜、行之有效的体系，满足农业生产各个环节的需要。据《农书》记载，每逢春耕即将开始时，许多皇帝都会在所谓的“耤田”上亲耕（见图4-1），虽然这只是一个仪式，但足以看出当时社会对农耕的重视。机械史上许多具有代表性、水平很高的机械是农业机械，众多的农业机械均是复原研究的对象，现按农业生产的程序介绍如下。

整地机械：犁（直辕犁和曲辕犁）以及碎土机械。

播种机械：耧车及覆土机械。

中耕机械：锄类工具。

灌溉机械：桔槔、辘轳、筒车、龙骨水车。

收割机械：镰刀类工具和脱粒机械。

粮食加工机械：碓（踏碓、漕碓、连机水碓等）、水磨（两头水磨、连二水磨、水转九磨、牛转八磨等），以及清选粮食用的风扇车。

图4–1 《农书》“耤田”图中皇帝执耒耕田

有些农业机械构思巧妙、效率很高、影响巨大，如由卧轴式风车、立轴式风车所带动的灌溉机械和粮食加工机械，更有堪称农业机械上的最高成就——明代的水轮三事，本章以它们为农业机械的总结，而中耕机械和收割机械使用的大多是简单工具，只作简要叙述。

第一节　整地机械

农业生产的第一步是整地。犁是重要的整地机械。

一、犁的形成

中国耕犁是由木棒发展而成的。古人用削尖的木棒掘地松土播种，开始了定居的原始农耕生活。继而，掘地的木棒发展成为耒耜。从图4–2中能看到当时耒的形状，它应是木质，其柄长1米多，铲土部分宽近20厘米，长二三十厘米。神农是古代部落首领，部落首领往往是本领过人的劳动能手。

图4–2　神农执耒图
（引自刘仙洲《中国古代农业机械发明史》）

考古发现新石器时代的石犁犁头，大约在殷商时期出现铜制犁头，铁制犁铧约在周代出现。

关于犁的形成时间尚无定论，历来有两种不同的说法。

1. 犁是由向前翻土的耒耜发展而成的说法

不少学者认为犁的发展过程如图4–3所示。

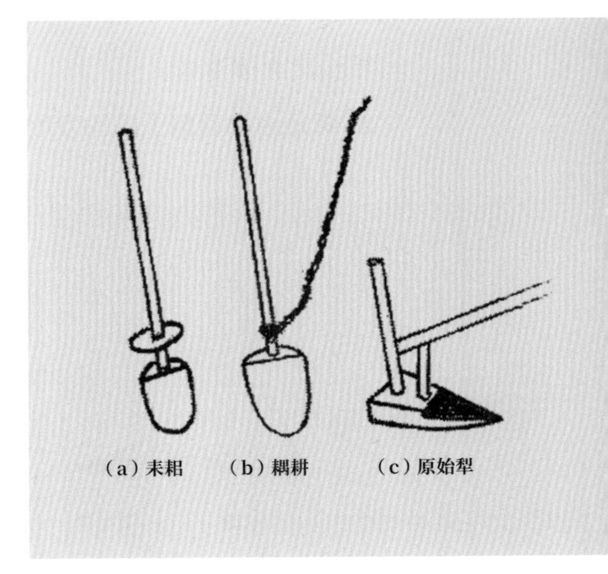

图4–3　犁是由向前翻土的耒耜发展而成的观点

第一步：耒耜翻土。耒耜的形状如图4–2所示，操作时，手握耒耜柄，脚踏横木，令耒耜刺入土中，利用手臂力量向前翻土。

图 4-4 采用耦耕方法耕种
（引自刘仙洲《中国古代农业机械发明史》）

第二步：两三个人共同翻土。为提高效率，一人在耒耜后操作使耒耜入土中，再由一两个人在前用绳拉耒耜翻土，耒耜可比原来大些，每次翻土数量较多。

历史上称两三个人共同翻土为“耦耕”。这种耕种方法，在现代中国仍有采用，见图4-4。

第三步：连续翻土。这是由耒耜到犁的关键一步，也是重要突破，间歇动作变成连续动作，效率显著提高，翻土器的结构发生较大变化：入土部分更向前，耜板就演变为犁铧，翻土器的强度大幅提高，操作更为方便。刺土的犁铧初始为石质，后为金属。

犁至此大体形成。

2. 犁是由向后翻土的锄发展而成的说法

其发展过程可参见图4-5。

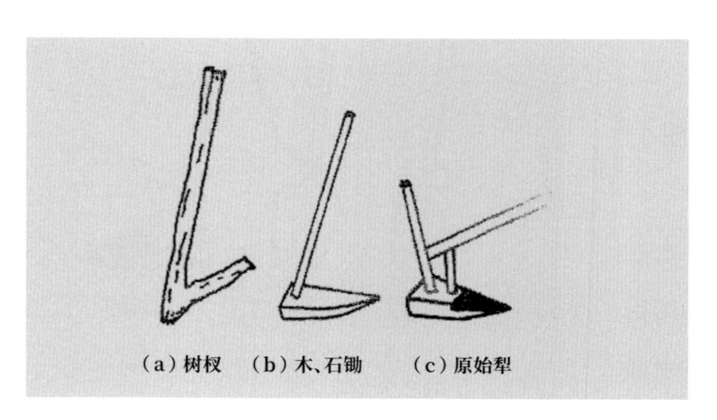

图 4-5 犁是由向后翻土的锄发展而成的观点

第一步：最早的木锄应是树杈，用它向后翻土。

第二步：锄只能间歇翻土，但它提高了翻土器的强度与刚度，加大了翻土面积，提高了效率。

第三步：犁形成。经过改

进，锄的角度更合理，强度与刚度都更高，刺土部分的前端形成了犁铧。

目前，在陕西杨凌地区仍然在使用一种倒拉犁（如图4–6所示）。它对人们理解耕犁是由锄发展而成的看法或有帮助。

图4–6　陕西杨凌现仍在使用的倒拉犁

图4–7是耦耕发展为人耕、牛耕的示意图。

图4–7　耦耕发展为人耕、牛耕的示意图

二、直辕犁及其受力分析

从考古资料得知，汉以前的犁都是直辕犁。复旦大学杨宽教授所著的《中国古代冶铁技术发展史》中，有六幅汉代直辕犁的图画，其中江苏睢宁汉墓画像石上的牛耕图（见图4–8）最为清晰。图中，一具直辕犁在耕种，大体可以看出其结构。杨宽已将其复原，复原示意图见图4–9。

1. 直辕犁的结构

直辕犁大致由七个部分组成：专门刺土的犁铧；用于翻土

图 4–8　江苏睢宁汉墓画像石上的牛耕图

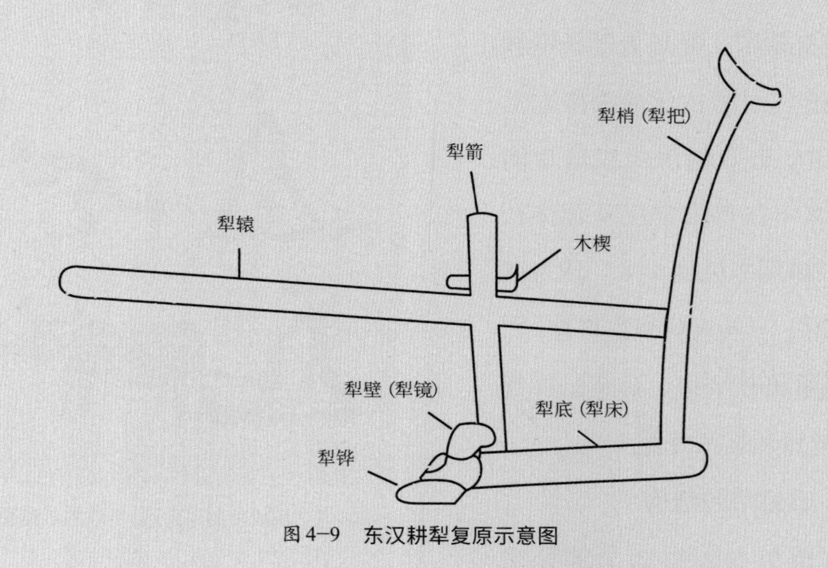

图 4–9　东汉耕犁复原示意图

的犁壁（又称犁镜）；犁底（又称犁床）；犁辕；木楔（用于控制犁辕的高低）；犁箭；由耕作人操作的犁梢（即犁把）。从图中可看出，汉代的直辕犁很长，有的用一条牛拉曳，有时用两头牛拉曳；还可看到，汉代直辕犁已有木楔，通过木楔进入犁箭的深浅来控制犁辕的升降，以适应牲畜的高低。中国的耕犁在此时已大体齐备，后世的犁就沿着这种形制发展演变。

2. 直辕犁的受力

由于犁在耕作时受力情况不断变化，无法对其进行精确分析，只能作大体分析。耕牛对犁的拉力用Q表示，犁铧耕地时产生的阻力用P_1表示，操作人的臂力用P_2表示。从图4–10可以看到，Q明显大于P_1。为保持直辕犁平衡，必须有相当大的P_2，也就是说在操纵直辕犁时，耕作人很费力。由于各力都不稳定，耕

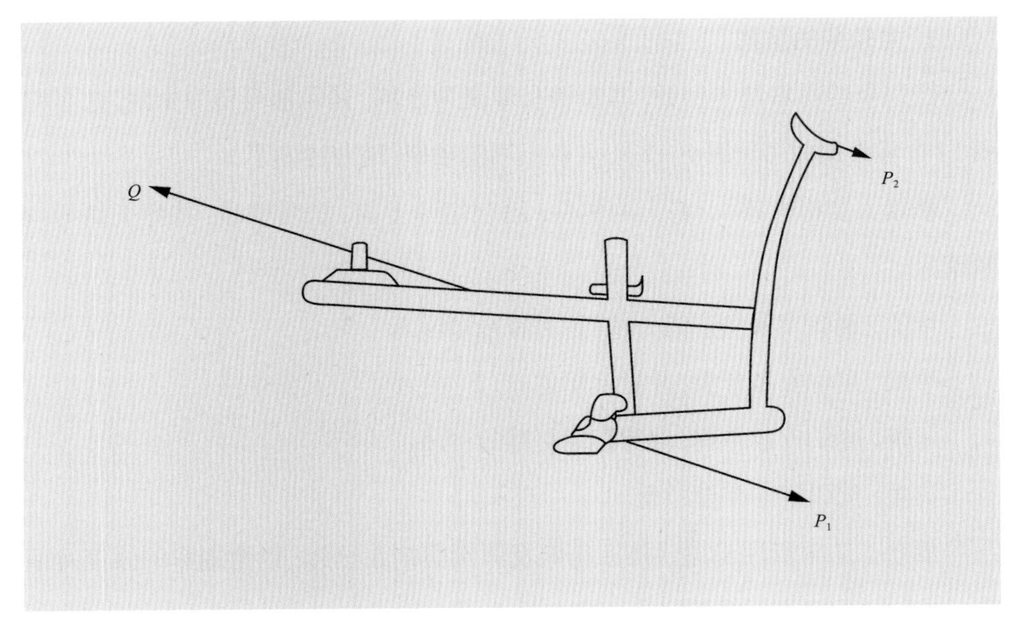

图4–10　直辕犁的受力
P_1：耕地阻力；P_2：手臂受力；Q：耕牛拉力。

作时，耕作人还要不断地调整自己的力量，可见直辕犁的耕作不仅费力，而且很不方便。

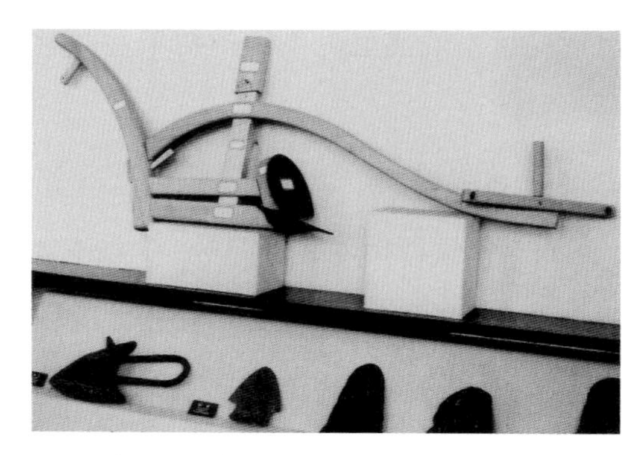
图 4-11　中国历史博物馆复原的江东犁

三、曲辕犁及其受力分析

唐代陆龟蒙在《耒耜经》中详细记述了江东犁，因这种犁的犁辕是弯曲的，所以它也称为曲辕犁。江东犁标志着犁有了长足发展并趋于定型。中国历史博物馆和笔者研制室都复原了这种犁。图4-11为中国历史博物馆的复原品。

1. 曲辕犁的结构

江东犁的材料是木和铁，其犁镵和犁壁为铁制，其他部分皆为木制，江东犁由11个零件组成（见图4-12），各有不同的功用，现分述如下。

犁镵（又称犁铧）：刺土的零件，用它切开土块、切断草根，并把土块导向犁壁。

犁壁：翻转犁镵切开的土块，也可将杂草埋入土中。

犁底：用以安装犁镵，并稳定犁体。

压镵：辅助安装犁镵，兼有稳定犁壁的作用。

策额：用以固定犁壁位置。

犁箭（又称犁柱）：把犁底、压镵及策额固定在一起，以增加犁的强度及刚度。这种零件像箭一样贯穿在孔中。

犁辕：犁上用来牵引牛的部分。

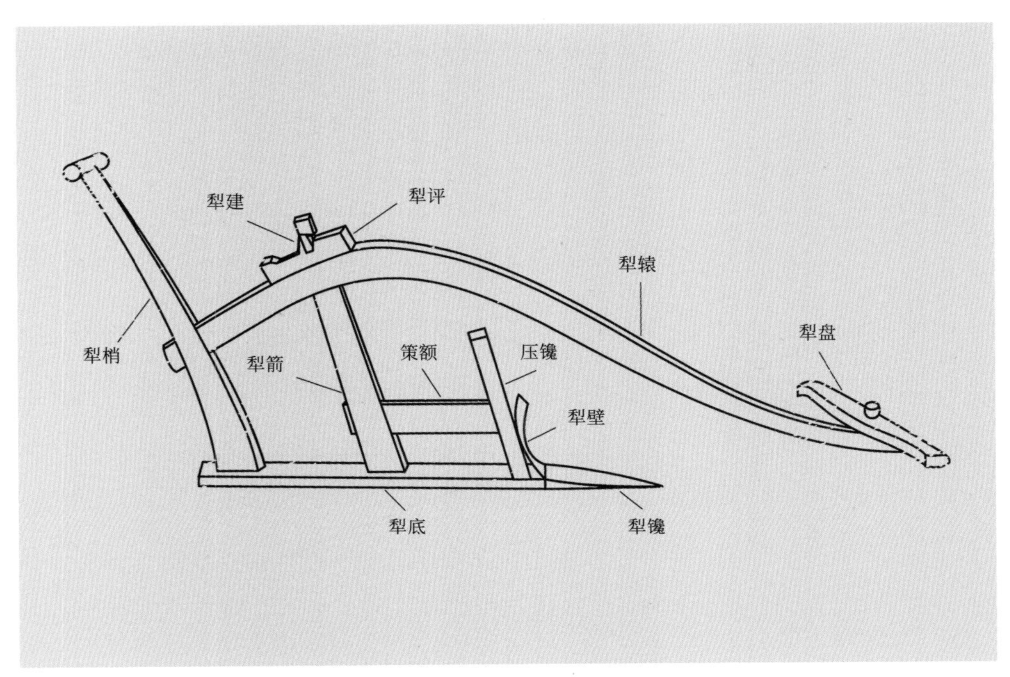

图4-12　江东犁（曲辕犁）各组成部分示意图
（引自《传统机械调查研究》）

犁评：调节耕深，并将犁的耕深固定。

犁建：将犁箭同犁辕、犁体固定在一起。

犁梢：供耕作人手握的部位，便于操纵犁身的平衡及前进的方向。

犁盘：协助操纵犁身，一般在犁转向时才使用。

从受力情况看，曲辕犁比直辕犁有很大的改进。

值得注意的是，各个朝代所使用的犁由于不同的习俗、原材料、土质、牲畜等，常呈现很大差异，各有精妙之处。

2. 曲辕犁的受力

曲辕犁工作时（其受力情况见图4-13），牲畜的拉力仍用Q表示，土壤的阻力

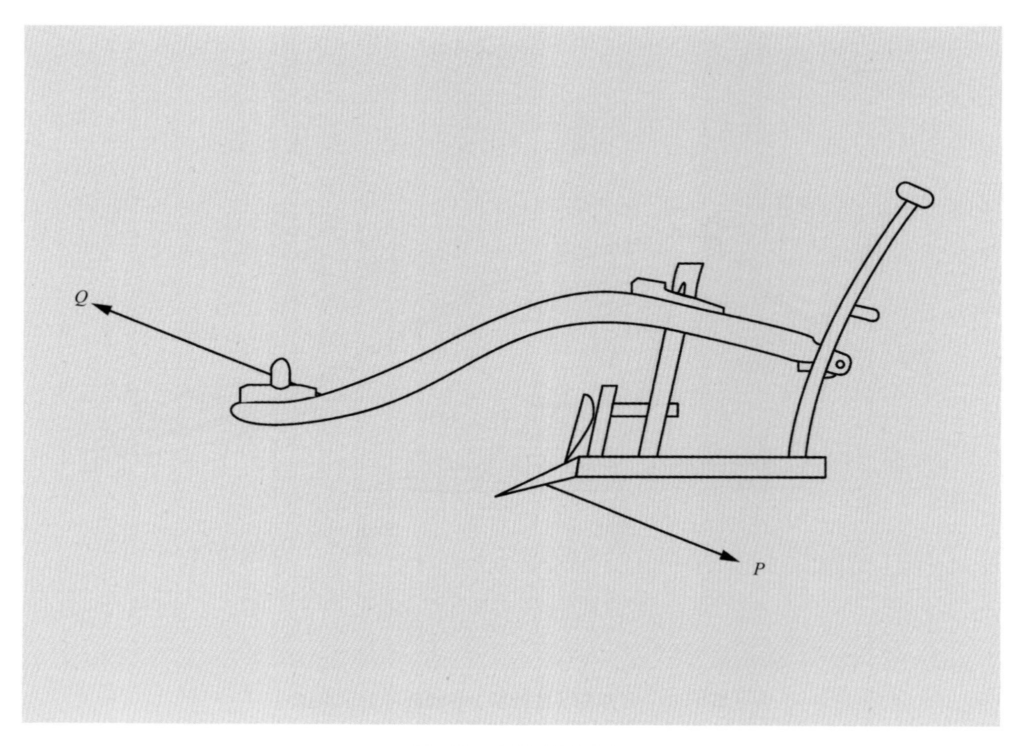

图4-13　曲辕犁的受力
P：耕地阻力；Q：牲畜拉力。

为P。因为曲辕犁的辕端位置较低，Q与P的方向近乎处在一条直线上，使得牲畜的拉力Q能够很好地平衡土壤的阻力P，理想状态是Q等于P，耕作人并不需要用力。当然，实际上由于Q和P都在不断地变化，耕作人仍要用些力，但相比用直辕犁工作时要轻松得多。

四、碎土机械

土地经过犁耕之后，需要进行碎土和平整，这样土壤更易保持水分，播种后有利于农作物发芽生长。这个阶段使用的机械和工具很少，简介如下。

耰类：即木榔头，由人操作，将土壤打碎摊平。这种工具现在仍有应用。

耙类：陆龟蒙的《耒耜经》上记述“耕而后有耙”，用于耙碎土块。耙的应用很广泛，北方旱地常用木制耙，南方水地都用铁制耙。按《农书》记载，耙的长度约五尺（约187厘米），耙齿长约六寸（约22.4厘米），其形状有方形，也有人字形。耙的结构如图4–14所示。图4–15所示为清代使用的耙。

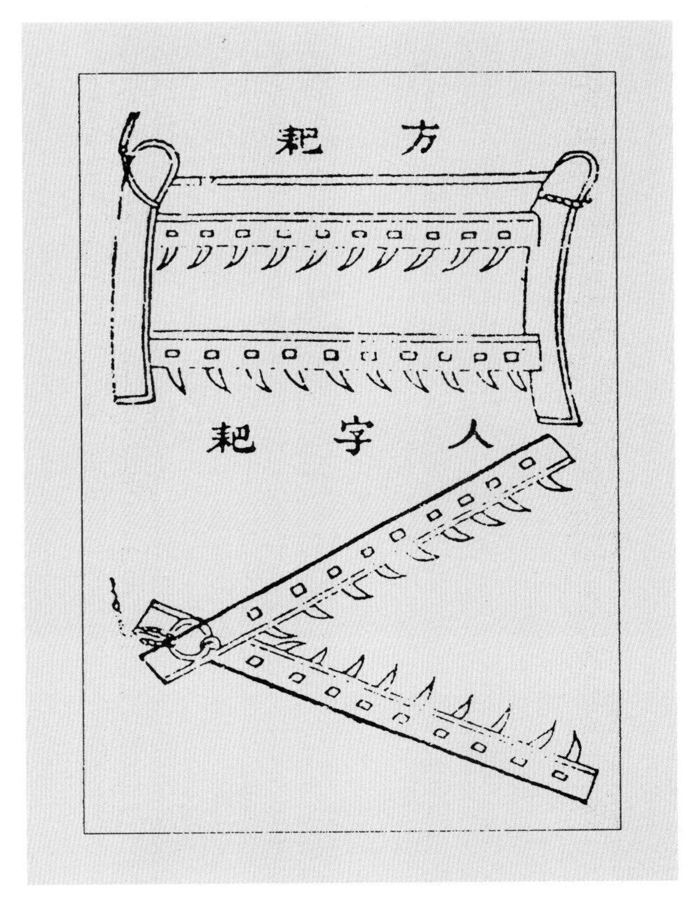

图4–14 《农书》中的耙

耖类：一般在水地中使用，用于抹平水地中的泥块。按《农书》记载，其长约四尺（约149.68厘米），高约三尺（约112.26厘米）。图4–16所示为清代使用的耖。

礰礋：即石质或木质大滚子，由牲畜拉着前进，用以压碎土块。另见有的地方在木质滚子上装上大铁钉，碎土效果更好。

各地使用的碎土机械五花八门，本书不再赘述。

图4–15　清代雍正年间《耕织图》中正在工作的耙

图4–16　清代雍正年间《耕织图》中正在工作的耖

第二节　播种机械

播种有多种方法,相应也发展出不同的播种机械。

一、播种方法

播种方法按照点播—撒播—条播演变。

点播:最初用木棒,后用石质耒耜在地上掘个坑,放入若干粒种子。这种播种方法在人类定居之初即开始使用。

撒播:随着生产力发展、工具改进、耕地扩大,操作者在耕地上漫撒种子。

条播:随着生产力的进一步发展,其间出现了条播的耧车,播种的质量和效率有了很大提高。耧车有一脚耧、二脚耧、三脚耧、四脚耧等。从考古资料得知,三脚耧出现得最早(西汉时),它最具代表性。播种包括开沟、下种、覆土和压实等多个工序,而耧车可完成前三个工序。这是一项重要发明,直到现在仍在应用。

二、三脚耧的结构和使用

三脚耧即三行播种器(见图4–17),除耧脚为铁质外,通体为木质。耧车由牛拉动行走在耕地上。它能在耕地上开沟、播种,当它走过后,便自行将沟覆土,工作效率极高。据《政论》记载,它可"日种一顷",工作量与多个犁相当。《齐

图4–17　山西平陆汉墓壁画上的三脚耧

民要术》提及，当耧车传到敦煌后，可以“所省用力过半，得谷加五”，即劳力节省一半，产量增加五成，改变了原先落后的播种方法，提高了整个农业生产的效率。中国历史博物馆已将其复原（见图4-18）。

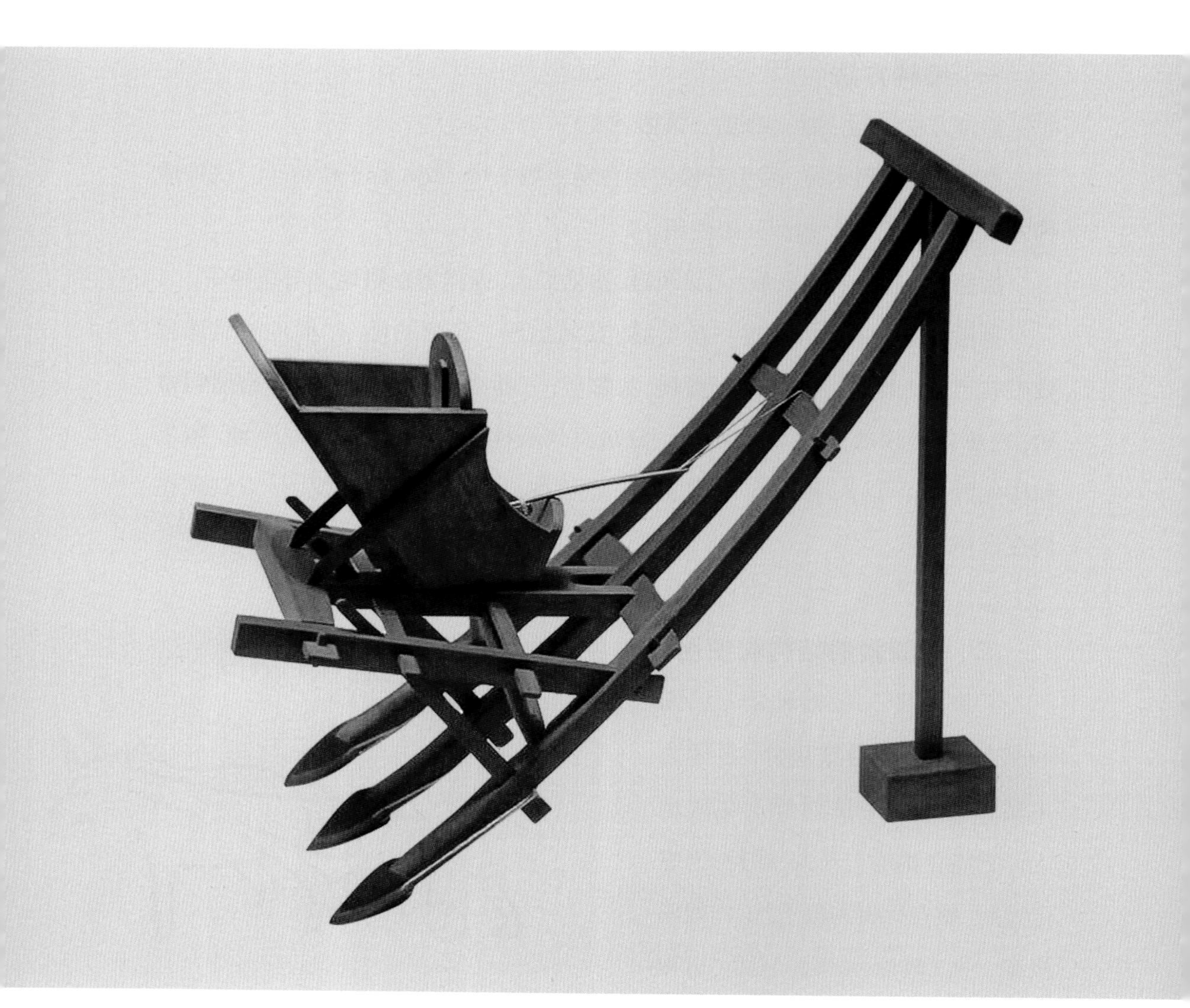

图4-18　中国历史博物馆陈列的三脚耧

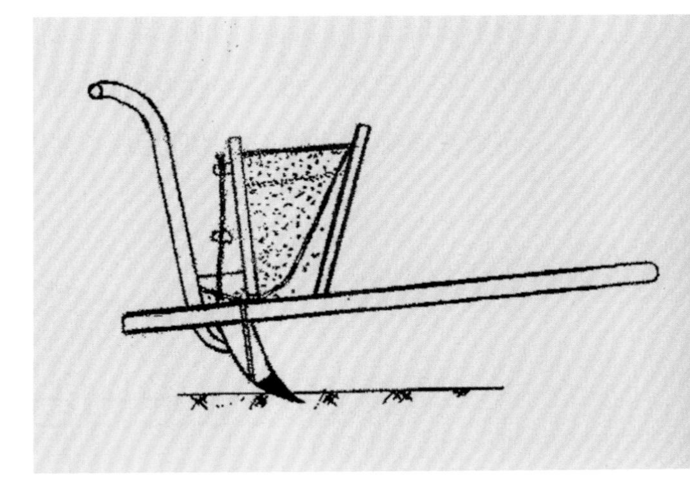
图4–19　耧车工作示意图

耧车的耧脚（即开沟器）用铁制成，既保证了耧脚的耐磨性，又增加了耧车的重量，使耧脚可以刺入土中。耧车工作（见图4–19）时，由牛牵引前进，播种深度由扶耧人控制。在随耧车前进时，他摇晃耧车，使耧脚与土壤间的压力可大可小，当压力小时，种子即可播入土中。扶耧人通过改变摇耧的力量，来控制耧脚刺入土中的播种深度。在耧车耧脚的上方有个耧斗，用于存储种子。耧斗下面有开口，与耧脚相通，耧斗开口的大小由闸板控制，种子从开口漏往耧脚。此外，用一根竹签保证开口不被种子堵塞，竹签由一根绳索拴住。扶耧人摇晃耧车时不断拉动绳索，带动竹签，保证管道畅通，种子落下，同时完成开沟及播种两个工序。

耧车耧脚的后面还常用绳子拴有一根木棍。当耧车行走时，木棍随耧车一同前进，为播下的种子覆土。

耧车播种时，牛在前牵引，人在后扶耧，并且凭经验摇晃耧车，因此这种播种方式也称为“摇耧”。

三、压实机械

《农书》记述，压实土壤可“使垄满土实，苗易生也”。三脚耧能开沟、下种、覆盖，但不能压实土壤，要压实土壤必须采用其他工具或机械。压实土壤的方法很多，各地不尽相同，有在耧车脚后捆绑一重物，在耧车前进时随即压实；也有单独用重物压实；还有制成砘车（见图4–20）来压实。砘车的轮子采用石制作，“径可尺许”。砘车由牲畜拉着在播种过的土地上压实，它可以是单行的，也可是双行或三行的，石砘的间距应与耧脚间距相等。

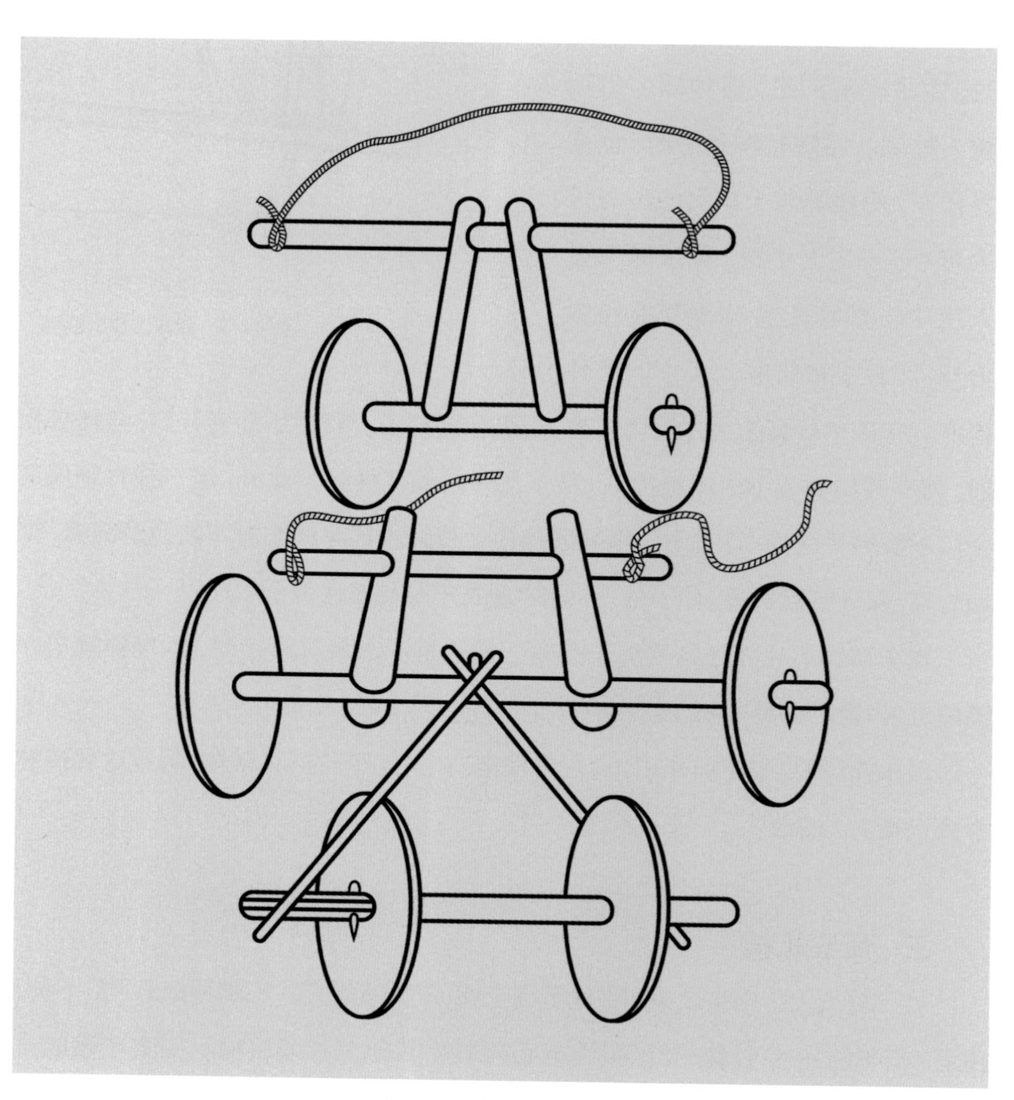

图4–20 《农书》中的砘车

第三节　灌溉机械

作物从播种到成熟，一般会经历为期几个月的生长期。其间需要不松懈地进行田间管理，主要是反复松土与灌溉。松土和除草常同时进行，松土不可太深，以免伤及作物的根，通常只使用简单的工具，如锄类（包括耨、镈和锄）和铲类（包括铲、铫和钱）。

对作物来说，灌溉非常重要，这一工作分漫溢灌溉与机械灌溉两种。漫溢即“水往低处流”的流淌，不需要许多人力，只用简单工具在田间“开口”“封口”就可完成灌溉。机械灌溉则因各地情况不同差异较大。中国古代有多种多样巧妙的灌溉机械，为复原研究工作提供了广阔的空间。下面对它们作详细介绍。

一、桔槔

《周书》记有“黄帝穿井”，并记载桔槔在商代初期成汤时就已出现，迄今已有3 700年的历史，堪称中国最早的灌溉机械。

桔槔（见图4–21）是杠杆原理应用的一例。将一根粗大长杆从中间架起或悬挂起来，横杆前后两端长度相差不大，一般前端短。杆的前端有一直杆，下系汲水器（如水桶）；后端捆绑一块重石。悬吊汲水器的直杆一般为竹质，木质也可。当汲水器空时，绑石块的后端较重，打水人在前端用力才能将汲水器放入井中汲水，此时后端石块上翘，升入空中。汲水器装满水后，打水人向上拉直杆，连同石块向下的压力，共同将汲水器提起。石块的重量一般是装满水的汲水器的重量之半，打水人只要使出原先一半的力就可以完成打水，因而比较省力，但工作时间延长。桔槔的受力分析如图4–22所示。桔槔在古代应用很广，现在仍有不少地方使用它打水。

图4–21　桔槔

也见桔槔用于起重，如在矿山中用桔槔搬运矿石，在码头上用桔槔从船上装卸货物。

关于杠杆原理，早在墨子的著作《墨经》中有精辟的论述。书中称杠杆的横杆为“横”或“桥”；横杆支撑的前端即重臂称为“本”，其所承受的物重称为“重”；横杆后端的力臂称为“标”，所施的力称为“权”。这些词汇很有意思，与现代所说的“标本兼治”“标准”“平衡”都有一定的关系。

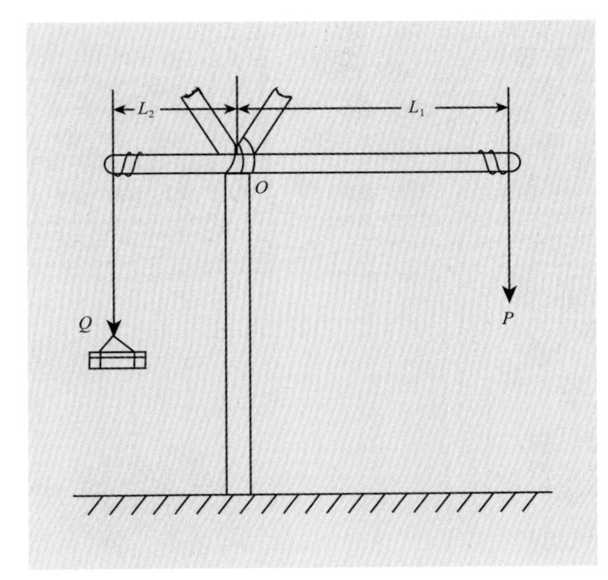

图4–22　桔槔的受力分析
O：支点；Q：物重；P：配重；L_1：力臂；L_2：重臂。

二、辘轳

在辘轳发明之前，先出现了滑轮，因滑轮只能改变力的方向，不能改变其大小，故滑轮并未广泛地用于灌溉，而辘轳可以省力。至于辘轳出现的年代，明代罗颀的《物原》上有记载，“史佚始作辘轳”。史佚是周代初年的史官，以此为据，辘轳当有3 000年左右的历史。

关于辘轳的结构，《农书》上有记载，可以从辘轳图（见图4–23）看到，摇手臂的直径明显大于缠绕绳索之卷筒的直径。辘轳的受力分析如图4–24所示。假定辘轳上卷筒半径为r，手柄半径为R，手柄半径是卷筒半径的$\frac{R}{r}$倍；水桶盛满水的重量为Q，手臂施加在摇手柄上的力为P，

图 4–23 《农书》中的辘轳

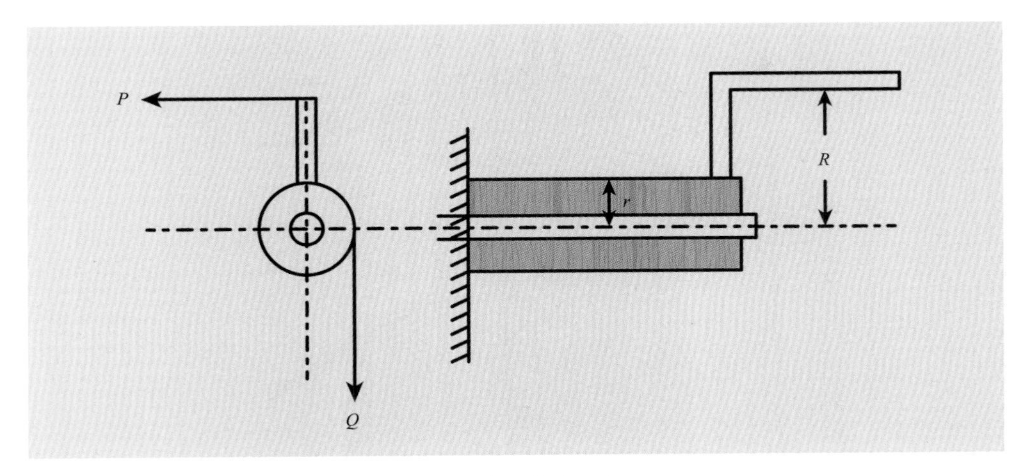

图 4–24　辘轳的受力分析
P: 臂力; Q: 物重; R: 力臂; r: 重臂。

如不计摩擦，辘轳处于平衡状态时，$P \times R = Q \times r$，即$P = r \times \frac{Q}{R}$。以上公式说明，手柄的半径是卷筒半径的n倍，应用辘轳使出的力是不应用辘轳使出的力的$\frac{1}{n}$。因而，用辘轳取水既可省力，又可改变力的方向。但需要说明，手臂活动的直径受打水人手臂长度的限制，否则无法操作。

有时在井口安装有两三个甚至更多的辘轳，它们同时工作（见图4–25），令一个水井的采水量与几个水井相当。

辘轳在绞车出现后继续发展，出现了双辘轳。双辘轳（见图4–26）与上面同一井口装有两三个辘轳不同，它是在同一辘轳下面挂两个水桶。上升的水桶从井中汲满水，下降的水桶是空的，到井中汲水。双辘轳将一个水桶的工作行程与另一个水桶的空回行程合并，提高了汲水效率。同时，空水桶可平衡盛水桶的一部分重量，操作者比较省力。

《农书》上记有这种辘轳，说它可分“逆顺交转”“虚者下，盈者上，更相

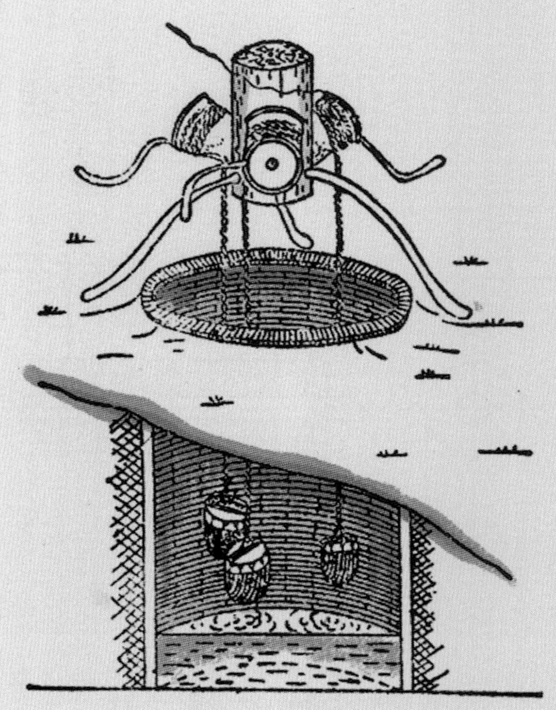

图 4–25　同一井口安装有三个辘轳
（引自刘仙洲《中国古代农业机械发明史》）

图 4–26　双辘轳结构示意图

上下，次第不辍，见功甚速”。以此为据，可以判定双镳铲已有700多年的历史了。

三、龙骨水车

龙骨水车自东汉出现以来，迄今已有1 800多年，它是我国农村应用最广泛、效果最好的一种农业排灌机械。在水田区域，龙骨水车更显重要。李约瑟曾说它是中国的重要发明之一。也正因为龙骨水车应用广泛，所以在不同的时代、不同的地区，它的名称很不一致，有“翻车”“水龙”“水蜈蚣”等；用手转的被称为“拔车”；用脚踩的被称为“踏车”。本书以龙骨水车作为这类水车的总称，因为这一名称最能反映其基本用途及外观。

1. 龙骨水车简介

龙骨水车（见图4-27）发明于东汉。据《后汉书》记载：中平三年（公元

图4-27　苏南龙骨水车正在工作
（引自《传统机械调查研究》）

186年）时，掖庭令（掖庭令是皇宫中嫔妃居住地的主管，常由宦官充任）毕岚发明了龙骨水车，使用起来更加省力，“用洒南北郊路，以省百姓洒道之费”。它与原有的提水机械——桔槔、辘轳等相比，可以连续提水，具有明显的优越性。

之后，随着龙骨水车应用日益广泛，其性能变得更加优越，尺寸不断变大，所使用的动力也更加多样，先后出现水转和牛转的龙骨水车，它在农业生产中的作用也愈加重要。

2. 龙骨水车的结构和尺寸

在各种农业机械中，龙骨水车最为复杂，零部件最多。实际上，它是一种刮板运输机。龙骨水车上下各有一个链轮，两个链轮的大小可以一样，也可以不同。从所见得知，为制造方便，链轮上的齿可以是8、16或32个。结实的木板镶嵌在轮毂上构成了链轮。两链轮大小不同，应是上大下小，上为主动，下为从动，上面链轮通过链节带动链条运动，每一链节的中部安装有刮水板。龙骨水车制造的关键是上下轮的轮缘必须与链条上的链节相符合，龙骨水车下层为密封的刮水道，上层为开放的空回道。当所施加的动力使上链轮回转时，链条随之上升，把水提升到上链轮处进行排灌，而后放空的链条空回道运动，直到下链轮处入水，再行刮水。当链条和刮水板进入刮水道时，应考虑导向以防破坏刮水板。此外，下面的链轮进入水中不可接触水底的泥沙，在水车底部要加支撑装置。刮水道及刮水板的尺寸，如按《农书》所言：“阔则不行等，或四寸，至七寸，高约一尺。”由此可知，刮水道的剖面形状即刮水板的形状为长方形，其高度大于宽度，宽度为四至七寸（5 ～ 26厘米，有人认为四寸小了一些）；高度约一尺（约27厘米），这个高度与七寸的宽度比例较为恰当，如宽度较窄，一尺的高度就显得高了。

龙骨水车的材料一般为木质，不同部位采用的木材不同：承受巨大拉力的核心部件——链节采用硬木，甚至采用檀木，这类木材可以保证强度，又不易变形；而水车的其他部分常用杉木等木材，这类木材质地较轻，也不易变形。要根据零部件的尺寸和强度要求，选择合适的木材。

小型水车的长度一般有数尺，大的水车车身有两丈左右（约748厘米）。因为龙骨水车无法避免漏水情况，所以它的扬程不能太高。一般放置龙骨水车的倾斜角α不超过30°，例如当其长度为二丈，倾斜角α为24°时，其扬程应是八尺（约299.4厘米）。假如所需的扬程在三丈以上时，则如《农书》所言，“可用三车”，也就是用三部水车接力，此时倾斜角α为30°。水车接力处需挖掘小池。

龙骨水车的动力多种多样，最小的由人的臂力驱动，大一些的用人脚驱动，也可用畜力和水力驱动。

由于龙骨水车的结构复杂、关键环节颇多，制造较困难，复原制作应有专业人员参与。尚须指出，龙骨水车不宜逆转，这是因为刮水板在下链轮处进入刮水道时，刮水道入口处的结构有导向作用，使得刮水板较易进入刮水道，不会造成损坏。常见因观众的好奇，作为展品的龙骨水车的刮水板被逆转，致使刮水板在上链轮处进入刮水道，造成刮水板或链节损坏。在模型缩小或选用的材料较差时尤应注意避免逆转刮水板。

《农书》称赞龙骨水车，“水具中机械巧捷，惟此为最”。宋代诗人苏东坡曾作诗称赞它：“翻翻联联衔尾鸦，荦荦确确蜕骨蛇。分畴翠浪走云阵，刺水绿针抽稻芽。洞庭五月欲飞沙，鼍鸣窟中如打衙；天公不念老农泣，唤取阿香推雷车。”

3. 拔车

拔车（见图4–28）是由人用双手操作的龙骨水车。操作时，人面向水车站立，双手握住拐木的把手，往复推拉，通过曲柄使上链轮不停转动，以此提升水。当人向上拉动手柄时，刮水板即向上运行，像拔萝卜一样，因此这种龙骨水车被称为拔车。由于人力有限，因而拔车是最小的一种龙骨水车，《天工开物》记载，“则数尺之车，一人两手疾转，竟日之功，可灌二亩而已”。图4–29为复原的拔车。

拔车十分轻便，因此可推测，毕岚发明的龙骨水车就是拔车，而他发明的目的是“以省百姓洒道之费”，可见拔车也可用作其他用途。

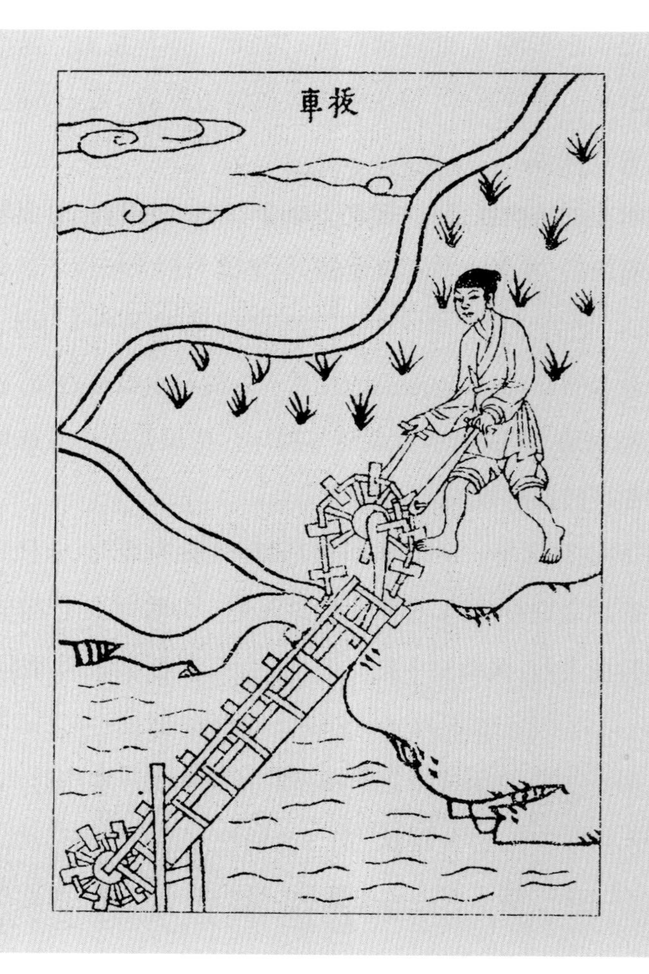

图4–28 《天工开物》中的拔车

图 4-29　复原的拔车
（引自《中国古代科学技术展览》）

4. 踏车

踏车也是以人力为驱动力的一种龙骨水车。它利用了人的重力踩踏、脚蹬，使得连接上链轮中心的长轴不断旋转，水车由此不停地工作。按龙骨水车转动方向不可逆的要求，踏车上的人必须背向水车站立。踏车上工作的人数可以是一至六人，但较为常见的是二至四人，人数的多少关系所产生的驱动力大小；所需驱动力的大小则取决于踏车的长短和大小。踏车的主要结构与拔车并无不同，只是将拔车中的手臂操作部分改制成四个脚蹬的踏脚（适于左右脚蹬踩的

图 4–30 《天工开物》中的踏车

各两个），结构如图4–30所示。《天工开物》记载，“大抵一人竟日之力，灌田五亩”，踏车的效率与它的大小和人力有关。《便民图纂》中的踏车（见图4–31），即是由三人同时驱动的。图上还载有吴地民谣《竹枝词》:“脚痛腰酸晓夜忙，田头车戽响浪浪。高田车进低田出，只愿高低不做荒。”

关于龙骨水车的发明另有不同的观点。《三国志·魏书·杜夔传》裴松之注说，龙骨水车是马钧所作，“城内有地，可以为园，患无水以灌之。乃作翻车，令童儿转之，而灌水自覆，更入更出，其巧百倍于常”。见有的著作也引述这一说法。笔者认为，东汉时毕岚发明了龙骨水车是事实，可能马钧对它进行了创新性的改进。此事引出一个问题：马钧所创是否就是踏车？ 这尚待进一步研究与讨论。

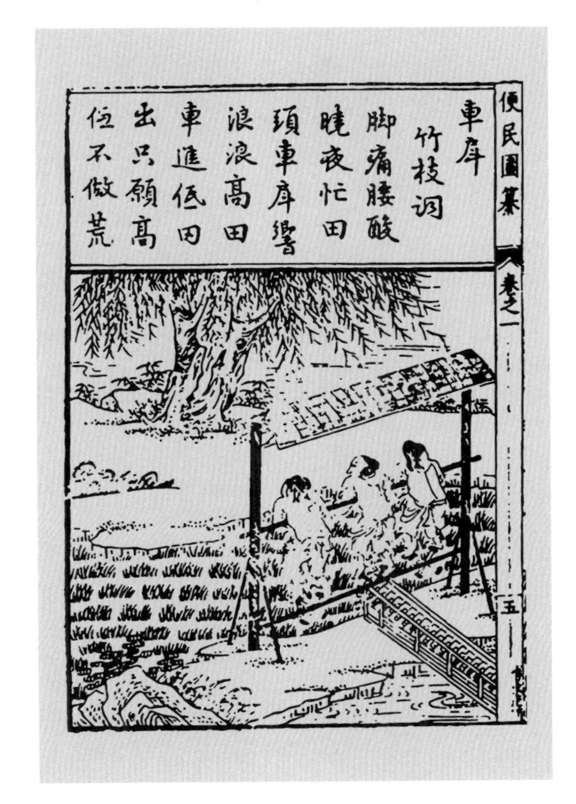

图4–31 《便民图纂》中的踏车

事物发展过程往往遵循由简到繁的原则。考虑到耕畜在农村十分常见，与农民很贴近，畜力龙骨水车可能出现在水力龙骨水车之前。因此龙骨水车的发展过程应是拔车—踏车—畜力龙骨水车—水力龙骨水车。

5. 畜力龙骨水车

畜力龙骨水车的盛水部分与拔车和踏车的盛水部分并无二致，只是更大些，效率更高些。《天工开物》记载，“大抵一人竟日之力，灌田五亩，而牛则倍之”，就是说，用牛驱动的龙骨水车（见图4–32），一天可以灌田十亩左右（约6 105米^2）。畜力龙骨水车的与众不同之处是采用庞大的木质齿轮驱动，牛带动木质卧轮，卧轮随即带动立轮，立轮又通过长轴带动上链轮工作。因牛的步履较慢，该齿轮传动为增速传动。为制造之便，传统的木工常采用双数齿，故卧轮的齿数可以是32，而立轮的齿数可以是8或16，轮齿安装在轮缘上，齿形为木销，卧轮直径可达1.2 ～ 1.8米，立轮的直径是几十厘米。传统木工制作的齿轮等物的圆周率π ≈3，“周三进一”，齿侧间隙很大。其制作误差很大，这是因为古代齿轮是木质的，容易变形，好在齿轮的转速很慢，因而受到的冲击并不严重。复原的畜力龙骨水车参见图4–33。

图 4–32　《农书》中的畜力龙骨水车

南宋初年马逵画的《柳阴云碓图》(见图4-34)上已有由牛驱动的畜力龙骨水车，以此推算，畜力龙骨水车已有800多年的历史了。

图4-33 复原的畜力龙骨水车

6. 水力龙骨水车

水力龙骨水车是由水力驱动的，其水车部分与前述各类并无不同，只是其规模和效率由水力的大小而定。工作原理是，先由水力冲击卧式水轮转动，通过竖立的长轴带动上面的卧式齿轮，进而带动立式齿轮，然后通过卧放的长轴带动龙骨水车的上链轮工作。其结构与制作要点亦如前述。

图4-34 古代绘画中的畜力龙骨水车

尚须指出，《农书》上水力龙骨水车(见图4-35)所绘的方向有误。按图所示，下面的卧式水轮在水力的推动下，逆方向运转，以此推断，龙骨水车也会随之逆转。这样的话，非但抽不上水，还可能损坏水车，正确的转向当如图4-36所示。

图4–35　《农书》中的水力龙骨水车

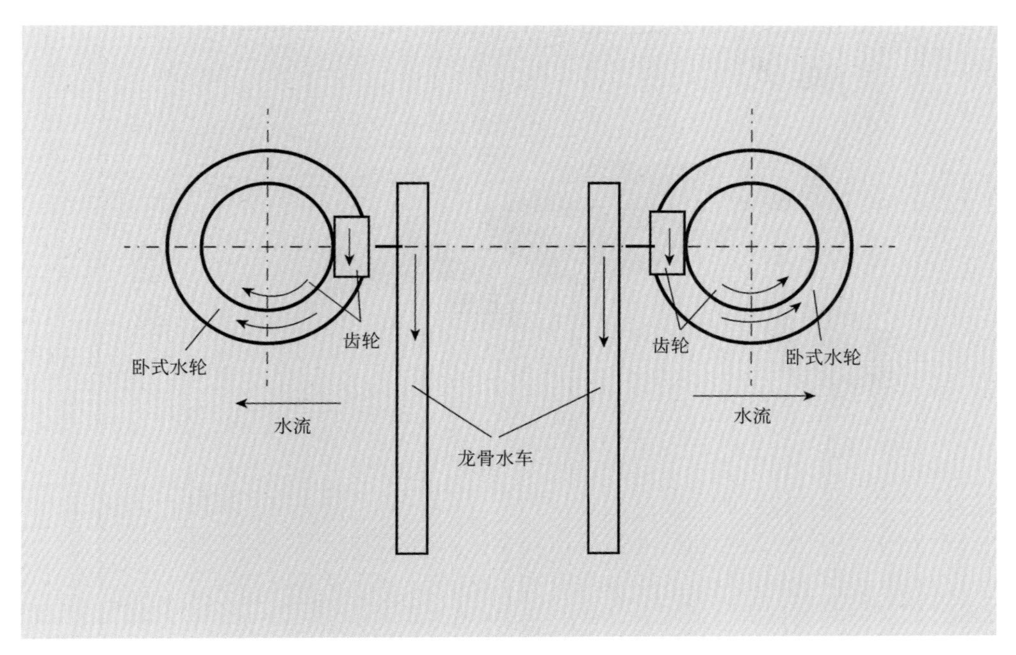

图4–36　水力龙骨水车正确的转动方向

四、筒车

筒车（见图4–37）主要用来从流水中取水。它的设计和制造都体现了因陋就简、因地制宜的原则。

1. 普通筒车

除支承大立轮的中心主轴比较坚固以外，筒车的其他部分均用竹木捆扎而成。轮缘四周遍布小竹筒或小木筒，每个筒可装一至三斤（400～1 200克）水，轮缘处还均匀分布着受水板，受水板和小筒都能承受流水的阻力。通过水流冲击这些小筒和受水板，驱使轮子转动。随着大立轮的转动，小筒入水，在装满水后上升到达大立轮的高处时，水从小筒被倾倒入安装在适当位置的天池中，之后，重新再进入水中盛水，如此循环往复。这些轮缘上的小筒，既是盛水

图 4–37　《农书》中的筒车

工具，又是驱使大立轮转动的受水零件，不需要其他动力就能保证大立轮不断运转，并连续取水。大立轮越大，所产生的驱动力矩就越大；大立轮重量越小，则动力性能愈好。筒车是一种可以自行提水的灌溉机械，除靠流水冲击驱动外，亦可由畜力带动。

所见筒车的直径从几米到十几米，常见的轮缘宽度为几十厘米，也有宽至1米多的。这些尺寸根据流水的提升高度、流水产生的冲击力大小及其他条件而定。筒车的工作效率在《天工开物》中有记述，“百亩无忧”，这就是说，一个筒车大概可提供百亩（约80 000米^2）田地的用水。在不用水时，可把筒车拴住，使其停止运转。

关于这种筒车的出现时间，未见明确的记载，按刘仙洲推断，唐代刘禹锡所作《刘宾客文集》的《机汲记》一文中，所记似乎是筒车。如根据这一推断，筒车应有近1 200年的历史。图4–38为复原的筒车。现筒车仍在继续使用，图4–39是宁夏黄河边的筒车，图4–40是广西凤山的筒车。

2. 驴转筒车

用驴、牛或其他牲畜来驱动的筒车，适用于因水不流动、水流量有限或水流动不快造成的水力无法驱动的情况。因筒车结构简便、制造较易，不必担心损坏。《农书》称这类筒车为驴转筒车，其实它就是畜力筒车。至于是否如图4–41所绘，用两头驴拉动，则是根据当时的实际需要。

驴转筒车的筒车部分与普通筒车并无二致。运作时，由驴子驱动水平大齿轮，进而带动垂直小齿轮，小齿轮则带动立轮连同小筒转动，完成提水灌溉。驴转筒车的立轮不能太大，因为立轮越大，牲畜越费力。要提高效率，立轮必须较快转动，因此齿轮就必须加速传动。现给出齿轮制作的参考参数：主动大齿轮直径$d_1 = 1.2$米，齿数$z_1 = 24$；从动轮$d_2 = 0.8$米，齿数$z_2 = 16$。

图4-38　复原的筒车

图 4–39　宁夏黄河边上一组正在使用的筒车

图 4–40　广西凤山的筒车
（引自《传统机械调查研究》）

图 4–41 《农书》中的驴转筒车

3. 高转筒车

这种筒车适合在水位较低、堤岸较高、扬程大的场合下使用，它提升水的高度超过其他筒车。按《农书》记载，高转筒车提升水的高度可以达“高以十丈为准”。

《农书》等书籍对高转筒车的结构（见图4-42）有较详的记载。其上下都有木架，各装一个木轮，轮径约四尺（约1.3米），轮缘旁边高、中间低，当中做出凹槽，令其更加凹凸不平，以加大轮缘与竹筒之间的摩擦力。下面木轮半浸入水中，两轮用竹索相连。竹筒长约一尺（30多厘米），竹筒间距约五寸（约16厘米）。在上下两轮之间，上面的竹索和竹筒下方用木架及木板托住，以承受竹筒盛满水后的重量。高转筒车的上轮由人或牲畜转动（其结构和参数均可参照驴转筒车）。绑着竹筒的竹索是传动件，当上轮转动时，竹索及下轮都随之转动，竹筒也随竹索上下移动。当竹筒下行到水中时，水就灌满其中，而后竹筒随竹索上行；竹筒达到上轮高处时，将水倾泻到水槽内，如此循环不已。图4-43为复原的高转筒车。

据《农书》记载，高转筒车也可用水力驱动，但估计其使用范围很有限，只能用在水力大、水提升高度不高的场合。当用水力驱动时，其结构和参数可参考前述水力龙骨水车。

图 4–42 《农书》中的高转筒车

图 4-43　复原的高转筒车

五、井车

井车是用于井上、按垂直方向提升水的灌溉机械，有时也称其为水车。前文提到的能够垂直提水的辘轳、滑车、绞车等都只能间隙工作；龙骨水车虽能连续提升水，但它须倾斜放置，无法垂直提升水。井车的出现克服了这些缺陷，它能从较深的水井中提升水，适用于干旱的北方地区。而且它能避免漏水，效率很高，在北方应用广泛。唐代大诗人刘禹锡歌颂了井车："栉比栽篱槿，咿哑转井车。"

有关井车的记载见《太平广记》二五〇卷引《启颜录》："邓玄挺入寺行香，见水车，以木桶相连，汲于井中……"若依《旧唐书》一九〇卷载"邓玄挺卒于唐武后永昌元年（公元689年）"的记述，可以推断井车出现至今，已有1 300多

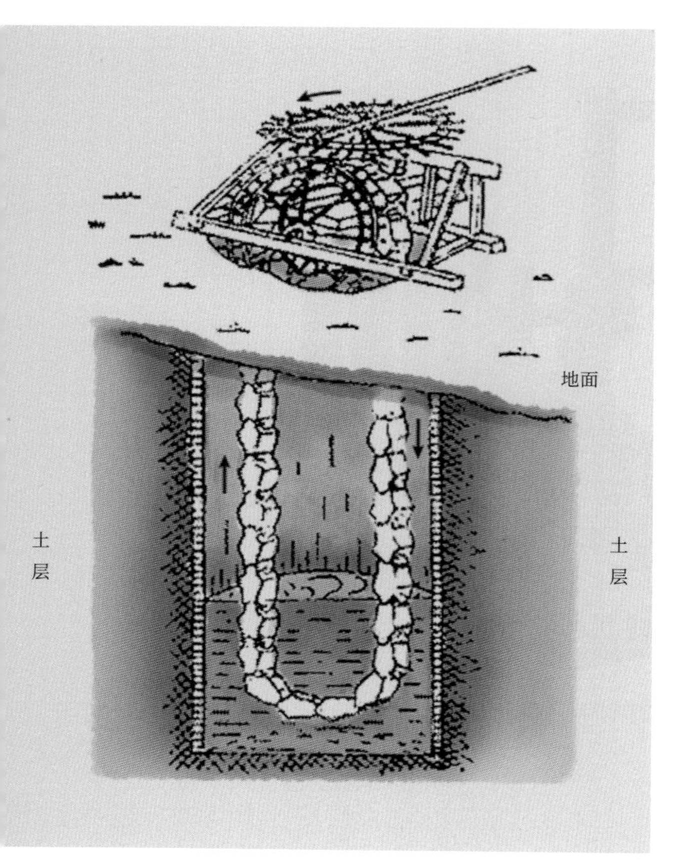

图4–44　井车的结构
（引自刘仙洲《中国古代农业机械发展史》）

年的历史了。

关于井车的结构如图4–44所示。它的盛水工具是水桶，将众多的水桶连在一起，组成一根可以活动的大链条，上方的链条套在井上的大立轮上。大立轮安装在一根卧轴上，卧轴的另一端装有一个立齿轮，这个立齿轮与一个水平放置的卧齿轮啮合，卧齿轮可通过套杆拉转。当牲畜（马、驴、骡子等）或人转动套杆，卧齿轮通过齿轮啮合，带动立齿轮转动，由水桶组成的大链条也随之运动，水就从井底被提升。当水桶通过最高处后，将水倾泻到安放在大立轮下的石槽或木槽中。井车立、卧两齿轮的直径和齿数都可以相等，即直径$d_1=d_2=80$厘米，齿数$z_1=z_2=24$，其他尺寸根据结构定。另需说明，当水桶装满水时，木桶相连组成的大链条受力很大，因此对其材料和制造都有着很高的要求。图4–45是复原的井车。

井车除可灌溉田地外，还可供应饮水。从元代古籍《析津志》对当时首都大都（今北京）的记述中可知，当时大都设有17处“施水堂”。从《析津志》的记述分析得出，“施水堂”的结构就是井车，用它将水从井中提出并放入石槽中，以解人员、马匹等的干渴。

图 4–45　复原的井车

第四节　收割、脱粒和清选机械

图4–46　《便民图纂》中的收割图

农业生产最终目的在于收获，其中重要的环节就是收割，它关系到农业生产的成败，因此收割工作必须及时、快速，正如《汉书》所言，“收获如寇盗之至”。《农书》载，“收麦如救火”，从明代《便民图纂》的收割图（见图4–46）中可看见乡间收割时的繁忙景象。

一、收割方法与工具

收割方法分三种：一是只收成熟的禾穗；二是收割成熟的禾秸；三则将成熟的作物连根收获。

1. 只收禾穗

禾穗用手握工具割取。在石器时代，收割工具是石刀、陶刀、蚌刀，以后发展为金属材质的刀具。这种金属工具称作铚，《说文解字》解释，“铚，获禾短镰也”。之所以称铚，汉代的词典《释名》作出解释，“铚，获禾铁也，铚铚，断禾穗声也”。各地铚的形状略有不同，叫法多样，除了称短镰外，有些地方称其为“爪镰”“捻刀”，这些名称也反映了当地铚的形状和使用特点。

2. 收割禾秸

收割禾秸使用的也是种简单工具，称镰。它比铚出现稍晚，有石质镰和金属镰两种。人类使用镰的历史很长，直到现在仍在使用。镰的类型很多，除普通的镰刀外，还有长柄镰、推镰等。用镰将禾秸收割后，地上留下的一小段作物称为“茬”，它在耕田之后被翻入土中，腐烂成肥料。

3. 连根收获

连根收获的好处是可以多得到一部分燃料。常用的方法是用锄类或铲类掘土，有时不用工具，直接用手拔作物。

无论采用哪种收割方法，劳动强度都很高。

二、脱粒方法与机械

几乎所有的农作物如谷类、豆类、高粱、玉米等，在收割之后都须经过脱粒。古代所用的脱粒方法和机械介绍如下。

1. 用石碾脱粒

把作物摊在场圃上，等晒干后，由牲畜或人拉着石碾反复碾压。其间作物也需经反复翻动和挑选，直到作物籽粒外壳脱净为止。按《农桑辑要》（元代司农司编辑）记载，“如此可一日一场”，可见要求之细。

所见石碾的尺寸直径为六七十厘米，长度为七八十厘米。

2. 用稻床脱粒

在稻床上摔打稻谷，可以在田间，也可以在场圃上进行。图4–47展现了稻谷在田间脱粒的场景，图中，稻床的形状和尺寸一目了然。

3. 用连枷脱粒

可利用连枷反复转动拍打谷物使其脱粒。连枷的出现也相当早，按照《国语》的记载，“管仲对桓公曰，‘农之用耒耜枷芟’”。管仲为春秋初期齐国政治家，说明连枷在春秋时已有使用。

图 4-47 《授时通考》中的稻床脱粒

连枷的结构如图4–48所示，其尺寸在《农书》上有记载，“其制：用木条四茎，以生革编之，长可三尺，阔可四寸”。尚需指出，连枷使用的时间很长、应用范围很广，所以各地连枷的形状、结构、尺寸和材料有所不同，如形状有矩形有扇形，材料有木也有竹，等等。

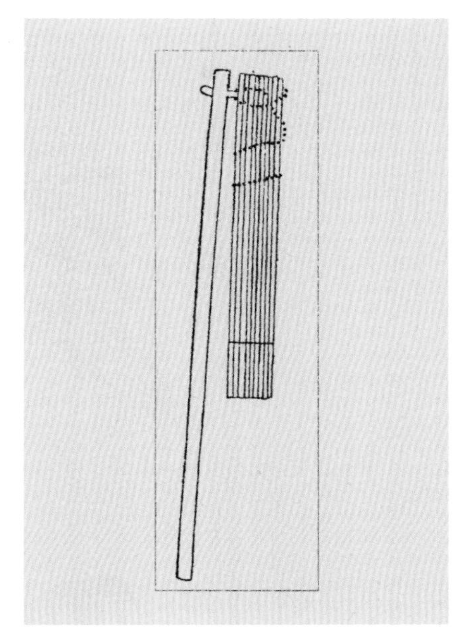

图4–48 《农书》中的连枷

三、清选机械

谷物在脱粒之后，混杂有谷壳、尘土、草屑等物，必须将籽粒清选出来，这项工作所用的机械主要是风扇车。

1. 风扇车的出现

风扇车（见图4–49）是利用自然风的典型发明。中国古代对自然风的利用可能是从风帆开始的。明代罗欣的《物原》中记述，“夏禹作舵，加以篷碇帆樯”，指出夏禹发明了风帆。应用扇的时间与应用帆的时间相近，据《竹书纪年·帝尧陶唐七十年》（古代编年体史书，因写在竹简上而得名）记载，“其薄如箑，摇动则风生”。这里“摇动则风生”，显然说的是扇子。扇与帆有所不同，帆是利用自然风，而扇靠人力产生间隙风。扇的应用促成了风扇车的发明。

最初，利用自然风清选，之后发明了风扇车，它运作时产生风以清选谷物。清代雍正年间的《耕织图》中有簸扬的场景（见图4–50），从中可得知簸扬清选谷物的方法。有些地方也采用扬场法，即用木锨把脱粒后的谷物抛向高空。簸扬和扬场都是利用谷物籽粒与混入其中的谷壳、尘土重量不同，将它们分开，从

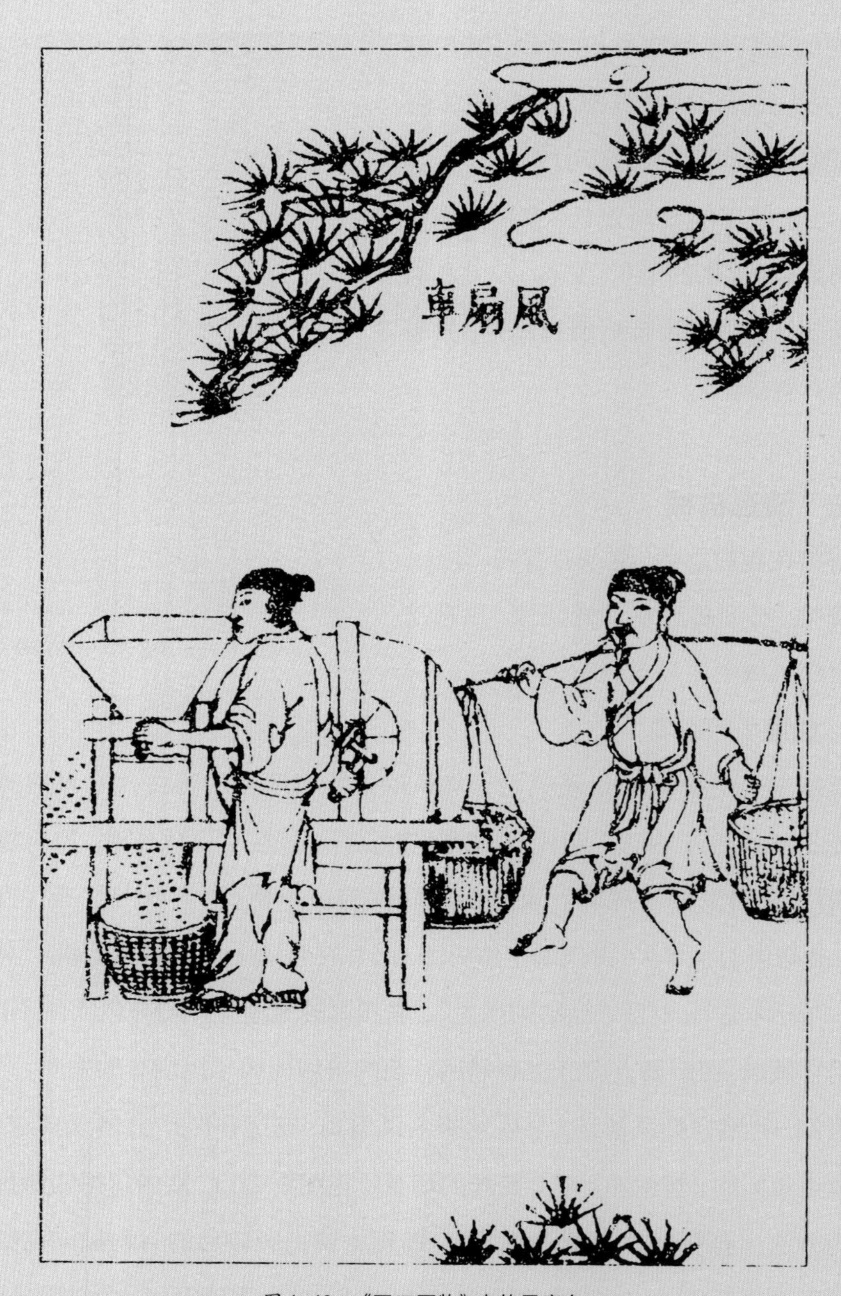

图 4–49　《天工开物》中的风扇车

图 4–50　清代雍正年间《耕织图》中的 簸扬场景

而收集清洁的谷物。在风扇车出现之前，普遍采用簸扬和扬场，有些地方至今仍有应用，相比之下，风扇车的清选效能高多了。

风扇车的出现不晚于西汉。《急就篇》（西汉元帝时史游编）记载，“碓硙扇隤舂簸扬”，句中说的几种农业器具包括碓、舂、磨等，其中扇应是风扇车。1969年，河南济源一座西汉晚期墓葬中，出土了一个陶扇车和一个舂碓模型，旁有摇扇车的陶俑及踏碓俑，这充分说明了西汉时，风扇车已有应用。《农书》

记载，除稻谷之外，“凡蹂打麦禾等稼，穮糠相杂，亦须用此风扇”，并说“比之杴掷箕簸，其功多倍”。“杴掷”是指，在风力不大时，用箕簸向上泼洒以加大谷物的行程，达到较好的清选效果。《农书》引诗歌颂风扇车的功效之佳：“飏扇非团扇，每来场圃见；因风吹糠籺，编竹破筠箭；任从高下手，不为寒暄变。去粗而得精，持之莫言倦。”

2. 风扇车的结构

从《天工开物》中的风扇车图可知其结构。它的右侧是能产生离心风力的风扇，往左边的漏斗加入待清选的谷物，谷物通过漏斗下的轨道徐徐漏下，由于谷物与杂物重量的不同，二者被风力吹至不同的地方分别收集。图4–51是复原的风扇车。其工作原理如图4–52所示：操作人用手摇动手柄，带动离心式鼓风机产生风，风通过风扇车内的风道吹动待清选加工的谷物。风扇车高不逾人，这样的高度便于操作者向漏斗中添加谷物。风扇车总长为1.5～1.6米，宽为5～6米，风扇直径1米左右。《农书》记述，其轴上装有叶片，有4或6片（也有更多的）。按《天工开物》的记载，即使是好的稻谷也会“九穰一秕”（即不饱满的谷粒会占总量的$\frac{1}{10}$），欠佳的年成则“六穰四秕”，风扇车能清选掉其中的秕。

各地所使用的风扇车的结构和外形有所不同，现介绍一种有两个出粮口的风扇车（见图4–53）。靠近人手摇风的地方，是第一收集出粮口，专收集好的谷物（分量较重）；在它的旁边，离风扇稍远是第二出粮口，收集较次的谷物（分量较轻）；风道尽头留下的则是吹出的杂物。这种风扇车对操作人员的要求较高，须严加控制手柄摇动的快慢，因为好的与较次的谷物之间往往差别不大，如风力控制不好，便不能达到较好的清选效果。

风扇车是中国古代的重要发明，使用效果好，应用时间极长。风扇车可能脱胎于离心式风泵。此外，风扇车的出现可能与卧轴式风车有一定的关系。二者

图 4-51　复原的有一个出粮口的风扇车

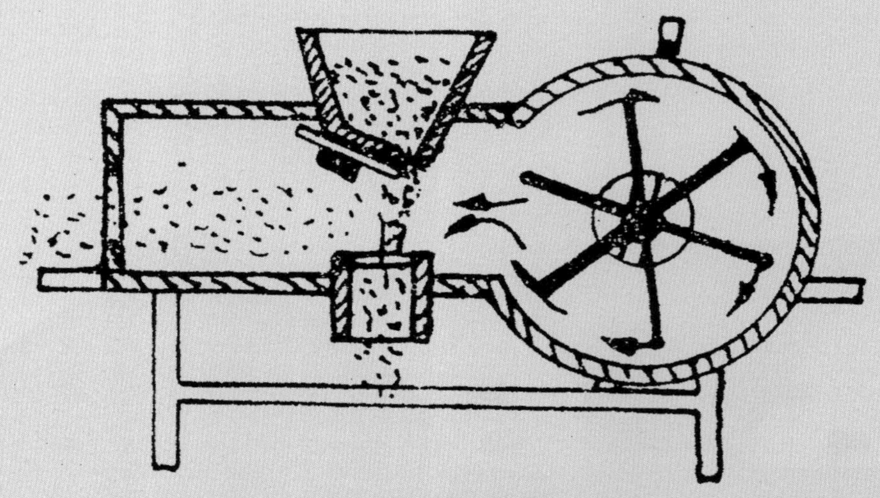

图 4–52　风扇车工作原理图

（引自《传统机械调查研究》）

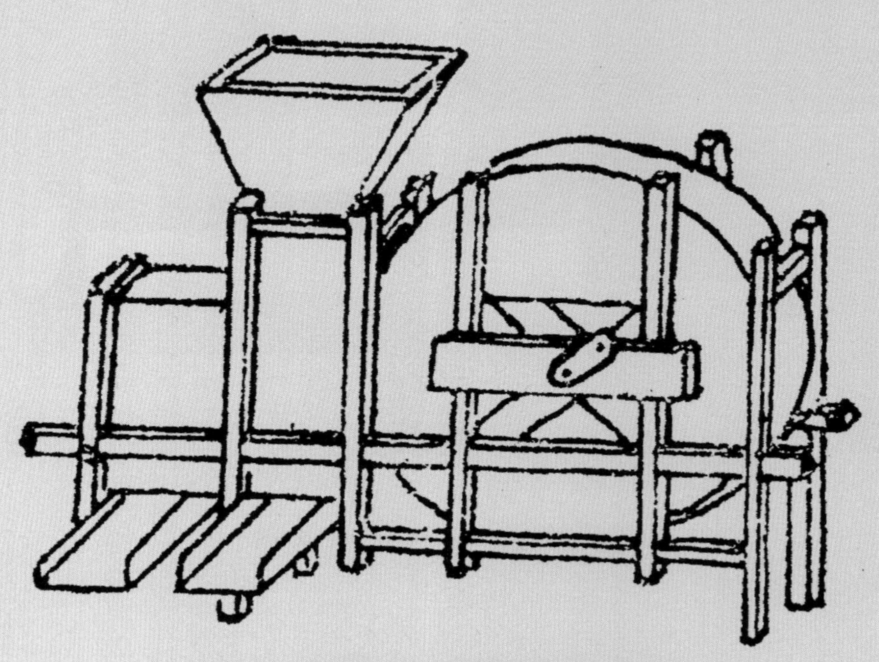

图 4–53　目前农村仍有使用的有两个出粮口的风扇车

原理相同，风扇车通过圆周运动产生直线运动的风；直线运动的风则驱动卧轴式风车的风轮作圆周运动。

第五节　粮食加工机械

粮食作物通常在收割之后经过脱粒、清选等环节即行入库，要食用时再对其进行加工。对谷类去除糠皮得到大米、小米，再经磨、碾等粉碎方能得到面。中国古代进行粮食加工的机械主要有各种碓（臼）、磨和碾，这三类器械都是由新石器时代的石碾棒和石碾盘发展而成的。

一、石碾棒和石碾盘

原始人在新石器时代走向定居，在进入农业社会后，较多地以谷物作为食物。为了加工谷物，他们将获得的谷物籽粒放在石盘上，用手或石棒用力地搓碾，使其脱去糠皮，再经吹簸得到较为精细的粮食。在新石器时代后期，石碾棒和碾盘都比较多见，图4-54为甘肃兰州出土的石碾棒和石碾盘。

图4-54　甘肃兰州出土的石碾棒和石碾盘
（引自刘仙洲《中国古代农业机械发明史》）

二、碓

碓类包括杵臼、连机水碓、踏碓、臼数各不相等的水碓、槽碓等。

1. 杵臼

杵臼的形状如图4–55所示，它在形成之初的结构更为简单原始，它由原始的石碾棒和石碾盘发展而成。用杵棒连续击捣臼内谷物，并不断地搅和，后经吹簸得到净粮。

图4–55 《天工开物》中的杵臼与舂（踏碓）

关于杵臼的出现年代,《易经》上记有,“黄帝尧舜氏作,断木为杵,掘地为臼,杵臼之利,万民以济”。考古发现与这一记载基本一致,以此断定杵臼出现迄今已有4 000多年的历史。

各种碓都是用碓头反复击打石臼内的谷物来进行粮食加工的,现在仅以人的臂力工作的杵臼已不多见,大多使用水碓和畜力碓。碓的具体构造因其使用动力的不同而有所区别。碓头和碓杆的尺寸关系到加工谷物的要求、碓工作的效果。碓杆长约1米,支撑部位在当中,形成一等臂杠杆。古代的碓头大多为石质,直径为十几厘米,长五六十厘米。碓头的下端为圆形,与石臼的形状吻合,现也见有些碓头用不同材料制成,如内为木质、外用钢铁。石臼内部直径60厘米左右,深三四十厘米。

2. 踏碓

《农书》说:“碓,舂器,用石。杵臼之一变也。”从发展过程推断,踏碓应在西汉之前出现。它借助人的体重和腿力来工作,比杵臼更省力,效率更高。在《天工开物》的踏碓图(见图4–55)上,一个人两手扶住一根木杆,另一人执棒搅动臼内的谷物;而在《农书》的踏碓图(见图4–56)上,一个人扶住两边的木杆,同时翻动谷物,两书的绘图稍有不同。

《农书》上还曾记载用陶器制作存放谷物的臼,这被称为陶碓,考古中也有相关发现。

根据考察所见,踏碓总长2米左右,杠杆部分前后各约80厘米,为等臂杠杆。

3. 连机水碓

连机水碓(见图4–57)也称机碓、水碓,它利用水力工作。水力驱动水轮及其横轴,同时驱动横轴上的拨板,进而拨动横杆末端,使横杆头部的碓头(即

图 4-56　《农书》中的踏碓

图 4-57　《农书》中的连机水碓

重锤）不断上下运动，反复击打石臼中的谷物，使其脱粒。

连机水碓出现的年代，见汉代桓谭著《桓子新论》所述："宓牺之制杵臼，万民以济，及后人加巧，因延力借身重以践碓，而利十倍杵舂。又复设机关，用驴骡牛马及役水而舂，其利乃且百倍。"桓谭述说碓的发展过程为，杵臼—踏碓—水碓或牛马带动的碓，从而断定，连机水碓在汉代已出现，迄今至少有2 000多年的历史。

关于连机水碓的结构，《农书》和《天工开物》两书分别有记载："贴岸置轮，高可丈余"，可见水轮十分庞大，是下击式水轮;“今人造作水轮,轮轴长可数尺,列贯横木,相交如滚枪之制,水激轮转,则轴间横木,间打所排碓梢”,是说轴比较长,轴上的横木即拨板在轴转动时拨动碓头,碓头从而一上一下击打石臼内的物体。轮轴上的拨板必须交错排列,各碓头才能交错工作。以四头的连机水碓为例,经计算得知,每两拨板间相差22.5°时,水轮的受力更加均匀。连机水碓的复原模型如图4-58所示。

图4-58　复原的连机水碓

4. 八头水碓及两头水碓

连机水碓的头数有所不同,按《天工开物》记载,“设臼多寡不一,值流水少而地窄者,或两三臼,流水洪而地室宽者,即并列十臼无忧也”,可见还有用十头

图4–59　安徽黄山新安江上游使用的八头水碓

连机水碓。连机水碓的头数都是视水力及场地的大小而定，因此，头数不同的连机水碓结构也必然不同。在黄山新安江上游，笔者曾见到八头水碓（见图4–59）。此水碓用在水的流量和冲击力都很大的场合，水轮直径达十几米，轮轴直径有三四十厘米。实验室已将此八头水碓复原（见图4–60）。另在浙江省四明山地区见到用两头水碓粉碎香料，其水轮为上击式，此两头水碓也由实验室复原（见图4–61）。

图4–60　复原的八头水碓

图 4–61　复原的两头水碓

两头水碓可用于水位较高而水流量不大的场合，如山间小溪等。粉碎瓷土也是用两头甚至用一头的水碓。

上击式水轮工作时会水花四溅，这在粉碎香料、瓷土时问题不大，但如果粉碎粮食，则需要加一些防护措施。

5. 槽碓

就形状而言，槽碓（见图4-62）的臼杆末端是一大木勺，可能由于大木勺

图4-62 《农书》中的槽碓

中的水是通过水槽而来，因此将其称作槽碓。水槽在木勺顶上，随着水注入木勺，木勺重量增加，逐渐下沉，石锤由此上升。当木槽内的水达到一定量时，水流外泄，木勺重量迅速减轻并快速上翘，同时石锤迅速向下击打石臼内的谷物。而后，大木勺复又接水，开始下一个循环。槽碓适用水位较高而水流量不大的场合，如山间小溪等。据《农书》记述，槽碓的效率可达“日省二工”。

槽碓具体出现的年代较难定，它的工作原理与踏碓相似，结构则比连机水碓的结构简单，从而推断槽碓出现的年代应介于踏碓和连机水碓之间。

6. 畜力碓

《桓子新论》引桓谭著：“又复设，用驴骡牛马及役水而舂”，推断利用畜力碓臼米的时间，不晚于用水力臼米，也应是在汉代出现。畜力运动当是平面运动，而拨动臼杆的运动应是垂直运动，不难推断力须经过一对齿轮传动。因此，推测畜力碓的结构如下：牲畜（用牛更合适）运动时，带动立轴及其上的大平齿轮（如齿轮的参数直径d_1=3米，齿数z_1=60）一同转动，大平齿轮再带动小立齿轮（齿轮的参数d_2=1米，齿数z_2=20）和水平轴转动。这一实例是增速传动，轴上的拨板拨动臼杆上下工作，石臼应是四个，如同连机水碓，否则就有点浪费畜力。从而也可推断，齿轮的出现时间不晚于汉代。

《农书》《天工开物》《农政全书》和《古今图书集成》等古籍上均未提到畜力碓，可见这种碓的应用似乎并不广泛。

7. 舟碓

在江西上饶一带，古时应用过一种舟碓。《天工开物》对此有一段记载：出现这种碓是因为连机水碓的位置高低很难决定，如连机水碓位置过低，会有洪水为患；如连机水碓位置过高又会远离流水，舟碓的出现解决了这一难题。

《天工开物》记述了舟碓的造法：“即以一舟为地，橛椿（桩）维之。筑土舟中，陷臼于其上。中流微堰石梁，而碓已造成，不烦椓木壅坡之力也。”从书中记载可知，它比较强调工作场合的稳定性，对水碓本身则无特殊要求。舟碓和船只的大小以适中为宜，采用的是常见的连机水碓。船只过小时，容不下连机水碓，且操作不方便；船只过大时，既不经济，也不实用。

三、磨

上述各种碓都是间隙工作的，而磨可以连续进行粮食加工。磨还有其他名称，如硙、礳、磑等。它一般用于把谷物、豆类等农作物磨成粉。通常采用花岗岩之类的坚硬石料制作磨，也见到过陶磨。

《说文解字》《方言》《世本》《古史考》等古籍的记载都认为磨是鲁班（即公输般）发明的，以此为据，可知磨已有2 500年的历史。但推测最初磨不会很大，估计用人力操作。

1. 磨的简介

磨一般由上下两扇圆形磨盘组成，中间贯穿一根金属（如铁质）立轴。磨的下磨盘和磨架、立轴都固定不动，磨的上磨盘绕立轴旋转。为了加大摩擦力，在磨上下磨盘的接触面凿出很多沟槽，使其高低不平，上下两磨盘结合部稍有空腔，上磨盘另开一个或两个通孔，俗称磨眼。工作时，下磨盘不动，上磨盘转动，待加工的粮食由磨眼漏下，到上下磨盘接触处被磨成粉末，粉末从上下磨盘的夹缝流到磨架上。

磨的动力最初为人力，以后才发展到畜力、水力和风力。

由于磨的应用地区广泛、用途多样，其大小尺寸差别很大。用手推动的手磨，一般直径为二三十厘米；如用一两个人或一两匹牲畜推动的磨，常见直径为七八十厘米；特大型的磨，在动力十分充足的情况下，直径可达1米多。如《闸口盘车图》(见图4−63)中用卧式水轮带动的石磨尺寸就很大。

上磨盘的厚度为直径的$\frac{1}{5}\sim\frac{1}{3}$，小磨上磨盘的厚度比例大些即上磨盘相对稍厚，大磨上磨盘的厚度比例小些即上磨盘更薄，以使其重量均衡；下磨盘可厚可薄。图4−64是复原的卧式水磨。

图4−63　宋代名画《闸口盘车图》中的水磨

图 4–64　复原的卧式水磨

磨应用广泛，之后为提高效率，出现了同一动力带动较多的磨同时工作，下文介绍几种较为特殊的磨。

2. 连二水磨

《农书》图文介绍了连二水磨。从图4–65上可看到它的结构：轴的一端安装有一个水轮，轴的另一端安装在底层一个磨上，水轮转动时便带动底层磨工作；轴的中部安装有一个齿轮，将运动传至上层，驱动另一个磨工作。用一个水轮带动两个磨同时工作，其工作效率比仅用一个磨工作提高了一倍。图4–66为复原的连二水磨。

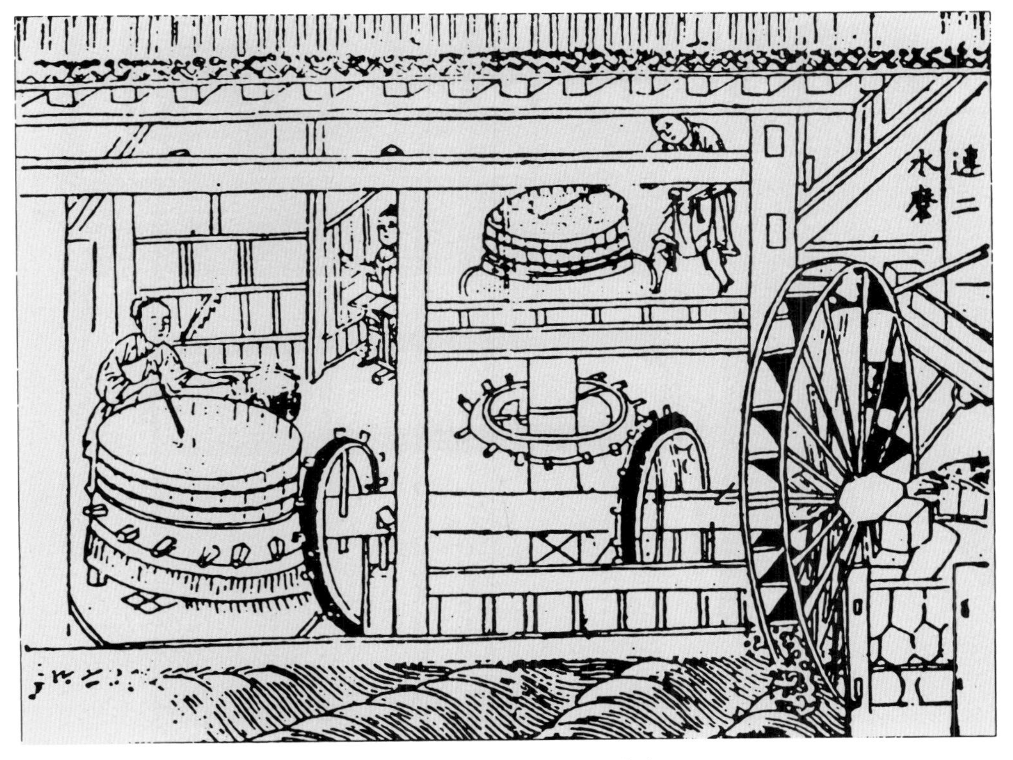

图4–65 《农书》中的连二水磨

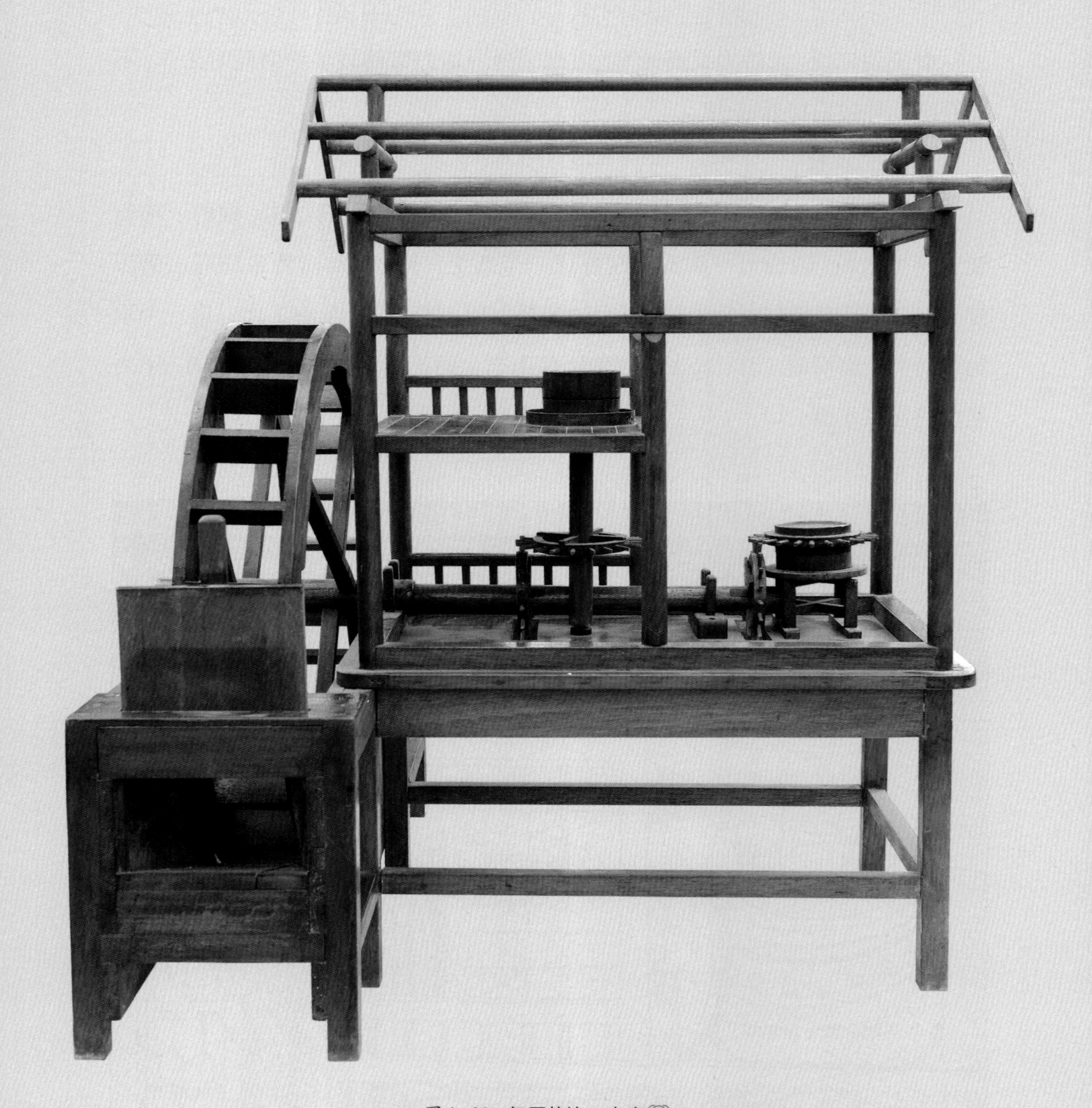

图 4–66　复原的连二水磨◎

3. 水转九磨

《农书》中记载有用一个水轮带动九个磨同时工作，其效率非常高。

《农书》对水转九磨的结构作了介绍，参见图4-67。一个又大又宽的水轮放在湍急大河中，被水流冲击转动后带动一根大轴，轴很粗，"轴围至合抱"；轴的长短根据结构需要而定。大轴上有三个齿轮，每一个齿轮先带动一个磨的上层齿轮，当这个磨转动时，就会带动左右两个磨同时转动。这样，同一个大水轮，就带动了九个磨同时工作。《农书》中还引诗歌颂水转九磨。复原的两种水转九磨如图4-68所示。

图4-67 《农书》中的水转九磨

（a）齿轮在下的水转九磨

（b）齿轮在上的水转九磨

图 4–68　复原的两种水转九磨

水转九磨适用于水流充沛、水力大的场合。立式水轮很庞大，直径可以达十几米；齿轮的传动可以等速传动，也可以减速传动，以保证水轮带动九个磨同时工作。

《农书》中还介绍了由一个水轮带动六个磨同时工作的水转六磨，它的工作原理与上述水转九磨相同。

4. 牛转八磨

晋代的《八磨赋》有如下叙述：有人看到一种磨“奇巧特异”，它是由一头牛带动八个磨同时工作。文中用“赋”来歌颂这种磨，但仅凭简略的记载，无法确切知道它的结构。

《农书》中记有它的具体结构（见图4–69）。中间装有一根立轴，轴上套有一个“巨轮”，这是个巨大的齿轮。在这个大齿轮的周围，呈“轮辐”状均匀分布八个磨，各个磨的上层齿轮都与中间大齿轮啮合。大齿轮直径应在2米以上或更大些，八个磨的上层齿轮直径应有1米左右。中间大齿轮，用力少而做功多，效率很高，在使用时可能只要用一至两头牛就能拉动。复原的牛转八磨如图4–70所示。

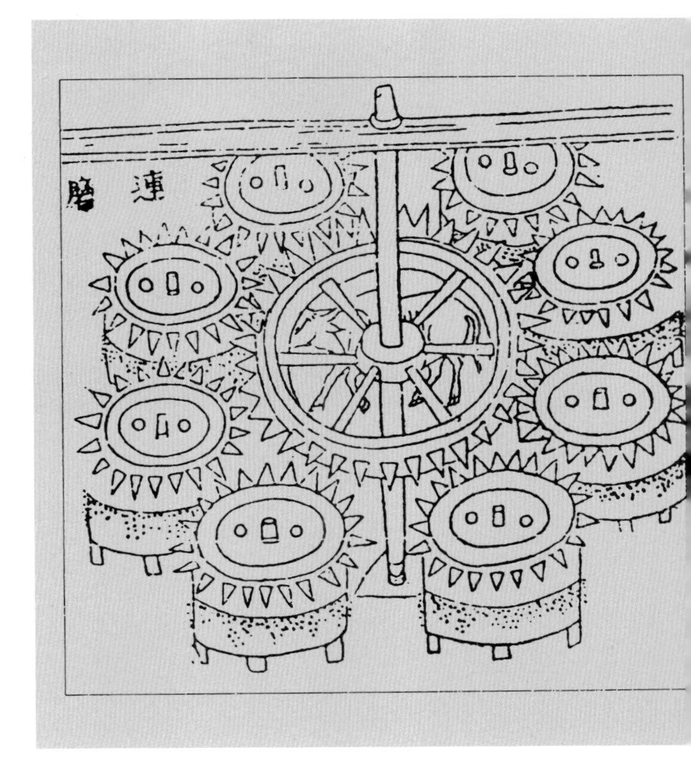

图4–69 《农书》中的牛转八磨

《农书》记载，三国曹魏时已有

图 4-70 复原的牛转八磨

这种发明，并且称赞它“有济时用”。以此为据，牛转八磨约在公元3世纪就已出现。

《农书》的牛转八磨图上，将齿轮的齿形绘成三角形，这不合理。因为古代机械是木质的，强度原本不高，齿顶若是尖端很易折损，而且三角形齿形的加工制造很麻烦。三角形齿形估计是绘图时希求简便，不应将其作为复原研究的依据，也不能据此说古代齿轮的齿形是三角形。

5. 船磨

《农书》还记载了一种巧妙发明——能够磨面粉的船磨，并叙述了它的结构（见图4–71）：将两条船并联在一起，中间安置一个大水轮；每条船上有一扇

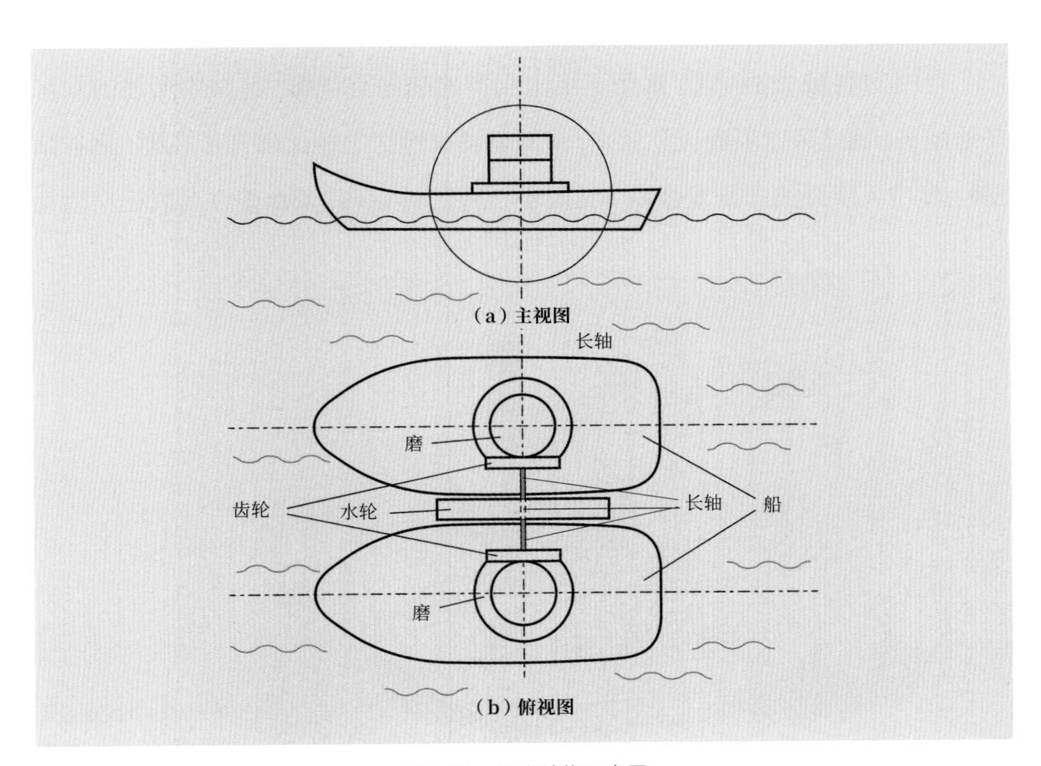

图4–71　船磨结构示意图

磨，通过横置的长轴将动力传至两条船，带动船上的磨同时工作。轴两侧的船起到平衡作用。

船磨有很大的优越性，可根据需要灵活、充分地利用水力。当水力不大时，将船磨置于水流湍急之处，也可在上游放置木板挡水以增大水流；而遇洪水泛滥或涨水时，船磨又移近河岸，河岸阻力可减小水流。

我国近现代还有关于黄河中船磨的记载，说船磨“每一昼夜可制面粉千斤”。很明显，船磨的成本比设置水磨房低。

双体船在中国出现很早，古代将两船相并称为“方”。双体船可增加船的承载能力和稳定性。《国语·齐语》载“方舟设泭”解释：“方，并船也，编木曰泭。”之后，定义又有发展，《武备志》将其称为“鸳鸯桨船”。

曹植的名篇《洛神赋》歌颂了洛水女神的美丽与优雅，其文中所述的女神是他嫂子、魏文帝之妻甄氏。后来，南北朝画家顾恺之据此创作了名画《洛神赋图》，画中人所乘的即是双体船（见图4-72）。这说明，双体船在当时已广为流

图4-72　南北朝名画《洛神赋图》中的双体船

行。因此，之后船磨出现也顺理成章。

四、碾

1. 碾的简介

碾的功用与磨大体相同，通过反复碾压，使谷物脱壳或被粉碎。它也是可以进行连续加工的粮食加工机械。直径很小的碾就称作小碾（见图4–73）。

碾的大小变化不大，常见的碾分为滚碾和槽碾两类。

碾出现的时间可能是在南北朝。

2. 滚碾

滚碾主要由碾盘和碾棍两部分组成，其结构如图4–74所示。碾滚可由一两人推动，也可由一头牲畜带动。

滚碾每天可碾数百千克谷物，为了保证碾压的质量，有时还需要多碾压几遍。

碾棍的直径常见为六七十厘

图4–73　《天工开物》中的小碾

图4–74　我国北方现仍使用的滚碾
（引自《传统机械调查研究》）

图4–75 我国北方现仍在使用的槽碾
（引自《传统机械调查研究》）

米，其长度与直径相差无几，碾盘的直径有2米多。

3. 槽碾

槽碾（见图4–75）的碾盘上有一个环形槽，用石或铁制成的圆棍在槽内连续滚动，完成谷物的脱壳。《农书》记载了它的效率：“日可毇米三十余斛。”槽碾可以由人力推动，也可用畜力拉动。

如是石质或陶质的碾盘，直径两三米。组合的碾盘的直径可达六七米，槽内设土台，人和畜可在土台上走动，槽外围用石头拼成。滚子的直径约1米，厚度为三四十厘米，轮子的边缘为圆形。现常见用于粉碎陶、瓷土、纸浆等物的碾，其尺寸更大些。

第六节　风力机械

中国古代用于农业生产的风力机械，按照风车轴向放置位置可分为两类：第一类是轴线基本为水平放置的卧轴式风车；另一类是轴线垂直的立轴式风车。

一、风力机械的功用

风力机械在农业上的功用是可灌、可排。《天工开物》记载：“此车为救潦，欲去泽水，以便栽种。盖去水非取水也，不适济旱。”

风力机械可用于海滨盐场，它带动龙骨水车提取海水、晒制海盐。风力机械还可用于加工粮食。在《湛然居士文集》卷六《西域河中十咏》其六中，有“……冲风磨旧麦（原注：西人作磨，风动机轴以磨麦），悬碓杵新粳”的句子。《湛然居士文集》是耶律楚材（1190—1244年）的著作，似金末元初已有利用风力的磨，迄今已700多年。

二、卧轴式风车

卧轴式风车大致起源于汉代。在辽阳三道壕东汉晚期汉墓壁画上有儿童玩具风车，从而确定玩具风车至少有1 700多年的历史，估计卧轴式风车出现时间应距此不远，具体年代还有待确定。

从图4–76中可看到卧轴式风车带动龙骨水车工作的情形。卧轴上的风帆

图4–76　北方农村使用的卧轴式风车

有三面、四面等，常采用六面。风帆迎着风向，风来时风轮连同卧轴旋转，通过一堆齿轮将运动和动力传递到立轴上，立轴上的另一齿轮又将运动和动力传递给龙骨水车或其他工作机构，令其工作。整个传动系统可以是等速，也可以是稍为加速。图4–77是复原的卧轴式风车。图4–78为卧轴式风车的齿轮结构图。

考察中听到农民表述，也曾有卧轴式风车通过绳带传动带动工作机构工作。选择绳带的优点是结构简便、材料易得、适应性更广。

图4–77　复原的卧轴式风车

图 4–78　卧轴式风车的齿轮结构图
（引自《传统机械调查研究》）

三、立轴式风车

立轴式风车可能起源宋代。由于这种风车尺寸庞大，它又被称作“大风车”；又因为其转动起来形似走马灯，故也名“走马灯式风车”。其结构如图 4–79 所示。

周庆云所著的《盐法通志》在卷三十六中记述了立轴式风车的构造原理：“风车者，借风力回转以为用也。车凡高二丈余，直径二丈六尺许。上安布帆八叶，以受八风。中贯木轴，附设平行齿轮。帆动轴转，激动平齿轮，与水车之竖齿轮相搏，则水车腹页周旋，引水而上。此制始于安凤官滩，用之以起水也。”文中的水车指的是龙骨水车。

图 4−79　江苏盐城地区的立轴式风车
（盐城市农机所提供）

书中还记述:“长芦所用风车, 以坚木为干, 干之端平插轮木者八, 如车轮形。下亦如之。四周挂布帆八扇。下轮距地尺余, 轮下密排小齿。再横设一轴, 轴之两端亦排密齿与轮齿相错合, 如犬牙形。其一端接于水桶, 水桶亦以木制, 形式方长二三丈不等, 宽一尺余。下入于水, 上接于轮。桶内密排逼水板, 合乎桶之宽狭, 使无余隙, 逼水上流入池。有风即转, 昼夜不息。……”书中另记载了这种风车的功率,“一风车能使动两水车”。

从图4-80和上述文字可知立轴式风车的结构。它最外面有一个粗大的木质方框，中置立轴。立轴上载有可以转动的八棱柱，每一棱柱上张挂一个风帆，风帆状如船帆，接受风力以驱动八棱柱转动；通过立轴下的水平大齿轮可驱动卧轴上的小齿轮，进而带动龙骨水车引水或卤、灌溉或排水等。图4-81为复原的立轴式风车带动龙骨水车工作。

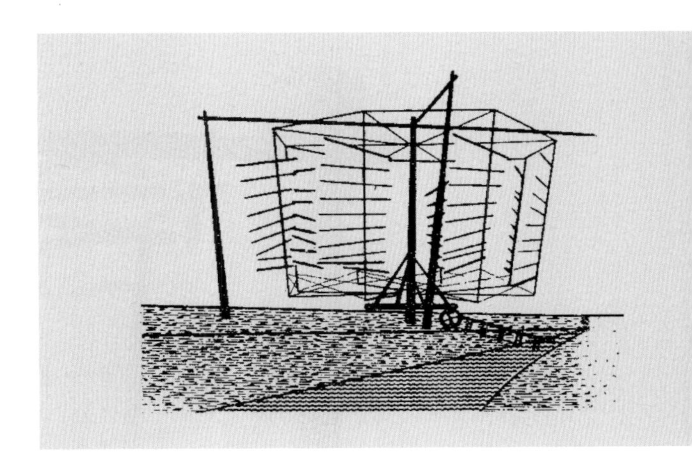

图4-80 立轴式风车带动龙骨水车工作示意图

立轴式风车的优点很多，概括为三：

第一，风车上有巧妙的风向调节系统，能自动适应各个方向的来风，丝毫不会因风向的不同而影响其工作。

第二，风车的转速及受力都较稳定。当风速改变时，能方便有效地控制风帆的升降，改变风帆的受风面积。当风力过大或遭遇台风时，风帆就全部降下，停止风车工作，免受损坏。

第三，由于风车的各个方向基本对称，因此各方向上的体积及重量基本平衡。据古籍记载，立轴式风车体积庞大，转动体可以大到两丈多（6～7米），为防止它占地过多，常将这种风车架设得很高。这样，人可以不受影响地在风车架下进行各种操作；此外，高处风力较大，更有利于风车工作。

中国古代立轴式风车的这些优点引起了国内外学术界的广泛关注。

立轴式风车具有结构简单的风向自动调节系统，这一调节系统由绳索组成。适当的绳索长度就能使风帆自动调节，适应各个方向来风，不需消耗人力和任何

图 4–81　复原的立轴式风车带动龙骨水车工作

能源，立轴式风车就可正常工作。

现介绍立轴式风车的风向自动调节系统（如图4–82所示）。假设风向由南向北，从纸面上看即由下往上，风车会逆时针旋转。风车的风轮上有八个棱柱，代号分别为Ⅰ、Ⅱ、Ⅲ、Ⅳ、Ⅴ、Ⅵ、Ⅶ、Ⅷ。风车的右半边为顺风，左半边为逆风，八个棱柱各有风帆悬挂在棱柱附近。以棱柱Ⅲ上挂着的风帆为例，此帆与风向垂直，可获得最大的驱动力。*A*是风车的风轮，风帆中心*C*安装在风轮横梁*B*处，风帆内侧*D*处用数根绳索固定。当受风时，风帆就会立即与风轮上的横梁方向一致，绳索被拉直。当逆风时，风帆则在风力的作用下翻至风轮外，与风向保持一致，受到的阻力最小。这种巧妙的设计是立轴式风车高效的关键所在。

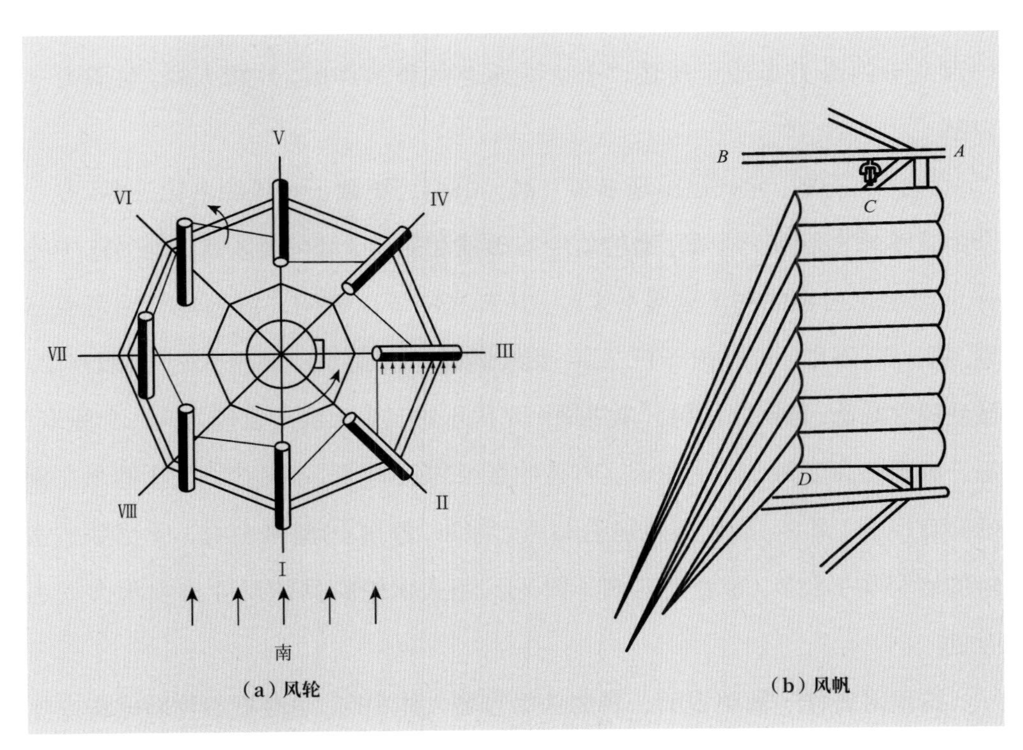

图4–82 立轴式风车上的风向自动调节系统

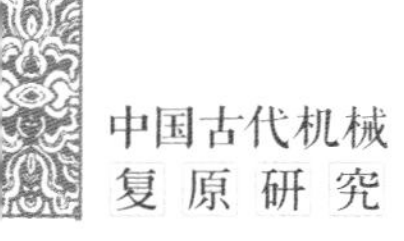

第七节　水轮三事

水轮三事用一个水轮带动多个工作机构运转，可完成一种或几种不同的工作。它属于多用水轮。

一、中国多用水轮的发展简况

多用水轮大约起源于南北朝，迄今约1 500年。据《南史》记载，南北朝时，祖冲之曾“造水碓磨”。意思是祖冲之制造水轮，并利用水力同时带动水碓及水磨工作。

至唐代，已发展到一个水轮带动多个水碾同时工作，见《旧唐书》卷一百八十四高力士传记所述：“于京城西北截澧水作碾，并转五轮，日破麦三百斛。”

《农书》记载，元代已出现水转九磨。书中还记载了元代的水轮三事：在一个卧式水轮上层装一个磨，磨的周围有碾槽和碾轮；磨可换成砻。《农书》中绘有元代水轮三事的图（见图4-83），并有文字予以说明：“谓水转轮轴可兼三事，磨、砻、碾也。……夫一机三事，始终俱备，变而能通，兼而不乏，省而有要，诚便民之活法，造物之潜机。”据推断，元代水轮三事上磨的直径为八九十厘米，每一磨扇的高度为二三十厘米。竹砻的直径约50厘米，高度为六七十厘米。碾槽的直径为1米多，碾轮的直径为七八十厘米，厚度10厘米左右。下层卧式水轮的直径有1米多，厚度为三四十厘米。卧式水轮的具体尺寸当视水力大小而定。

这里对砻作一简单说明。砻的功用与磨大体相同，也是把谷物磨成粉或除稻壳，只是砻所得到的粉稍粗些。这是因为砻的齿是由竹子组成的，其硬度和

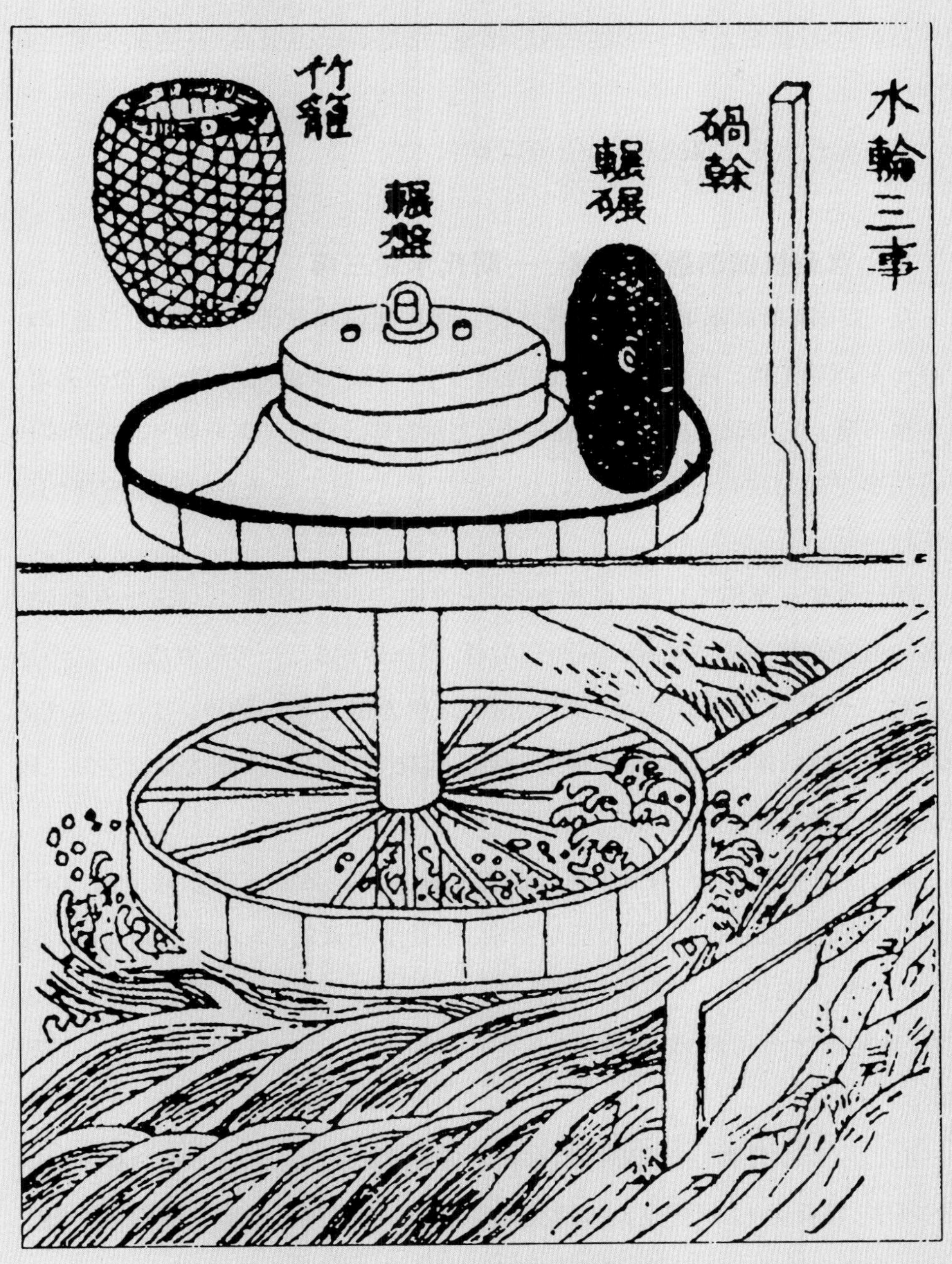

图 4-83 《农书》中的元代水轮三事

粗糙度都比石磨要差些。为增加砻的重量，常把砻做得很高，甚至加些泥土在其中。

后在元代水轮三事的基础上出现了明代水轮三事。

二、农业机械的最高成就——明代水轮三事

从《农书》所载即可看出，元代水轮三事不能同时进行三项工作，只能同时开展一至两项工作：碾可常用，磨及砻只可用一种。磨面时用磨；谷物去壳时，用砻换下磨。它的动力由卧式水轮提供，力量有限。而《天工开物》记载的明代水轮三事可同时进行三项工作，动力可达很大，突破了元代水轮三事应用的局限性。

明代水轮三事用途广泛、结构复杂、水准高，制造工作量大。《天工开物》对于这一重要的叙述是："又有一举而三用者，激水转轮头，一节转磨成面，二节运碓成米，三节引水灌于稻田，此心计无遗者之所为也。"遗憾的是，书中没用插图予以说明具体结构，给复原工作带来一定的困难，但留下了广阔的复原空间。现根据复原工作具体情况提出如下意见。

第一，要考虑《天工开物》中的水轮是卧式的还是立式的。经分析，由于轴被分成三节，理应很长，不可能是立轴，因此是卧置轴，而水轮必须立放。该轴必定是粗大的长轴，才能满足需要。鉴于水流的冲击力大，要求水轮的尺寸庞大，直径应达十几米，宽度也有1米左右甚至更大，其他机构的尺寸则无特殊要求。

第二，《天工开物》未明确说明水轮三事的排列程序。理论上有六种不同的排列顺序，各有优劣，须根据具体情况确定顺序。考虑到碓及磨这两种粮食加工机械工作环境相似，宜相邻，可同处室内；而龙骨水车宜放在最后，有利于取水

和送水。图4-84是水轮三事的一种排列复原模型。

第三，明代水轮三事虽可以同时干三件事，但并不意味着每一时间都需要同时干三件事，有时可能只需要干一件或两件事。这就要求每种机构上都应有离合装置。例如，可以把碓杆尾部吊起来，使其与拨板脱离；对于磨，可以在两扇石磨之间加一金属套环，使磨齿脱离接触；龙骨水车在齿轮与轴间拔出销子，即可使轴停止转动。当然，这种离合装置不应该影响系统的工作。

明代水轮三事既继承了传统，又有创新发展，具有很强的生命力和巨大的实用价值，在机械史上有着极为重要的意义，被尊为中国古代农业机械的最高成就。

图4-84　明代水轮三事的一种复原模型

風車

第五章 手工业机械

中国古代的手工业机械得到了充分发展，涵盖了衣食住行的各个方面。它与中国科学技术的高度发展密切有关，产生了众多影响重大的成果，流传下许多精湛的传统技艺，通常具有典型的中国特色。正如《汉书》所言，“以贫求富，农不如工，工不如商”。由于中国古代手工业有大发展，因此促进了农业和商业的发展，继而促进了社会的进步。

可复原的手工业机械包括如下。

钻孔工具：舞钻、牵钻。

冶金鼓风机械：皮橐、水排与木扇、风箱。

陶瓷机械：陶车、瓷车。

纺织机械：轧车、手摇纺车、脚踏纺车、水转大纺车。

深井钻和汲卤：两种简单的钻井机械、复杂的钻井机械、古代的汲卤方法。

轧蔗取浆。

采玉技术与磨玉车。

活字印刷与活字架。

手工业机械门类繁多，难以尽述，但以上种类足以反映中国手工业高度发展的盛况。

第一节　钻孔工具

钻孔工具能够在木材、金属、石质材料上打孔，可以说钻孔技术和钻孔工具是一切手工业发展的基础。

钻具发明的时间难以准确论定，但可推断出它出现得很早。它与孔加工技术的发展直接有关，可能还与远古"钻木取火"的技术有关。

考古出土的一些新石器时代晚期的石器和玉器上钻有细长的孔，如甘肃永昌鸳鸯池曾出土一个上面有孔的管状石器，其孔直径不足1厘米，长却有22厘米。这种细长孔不太可能仅用手直接加工而成，需用专门工具才能完成。对其所用工具的工作原理与组成尚须专门考证，若参考已知的古代钻孔工具，则有助于这一问题的解决。

古代常用牵钻和舞钻两种钻孔工具，因它们的钻头形状呈扁形，故俗称扁钻。钻尖部比钻杆稍粗大些，可减少钻动时的摩擦力。可以推测，钻头开始是石质，后才采用金属。

一、牵钻

牵钻的结构见图5-1，其钻杆与横木杆原本不相连，用绳索将钻杆缠绕在横木杆上。工作时，钻头对准钻孔位置，由操作人员一手向下揿住以固定钻杆；另一手向左右牵动横木杆，横木杆上的绳索就带动钻杆作往复转动，钻头

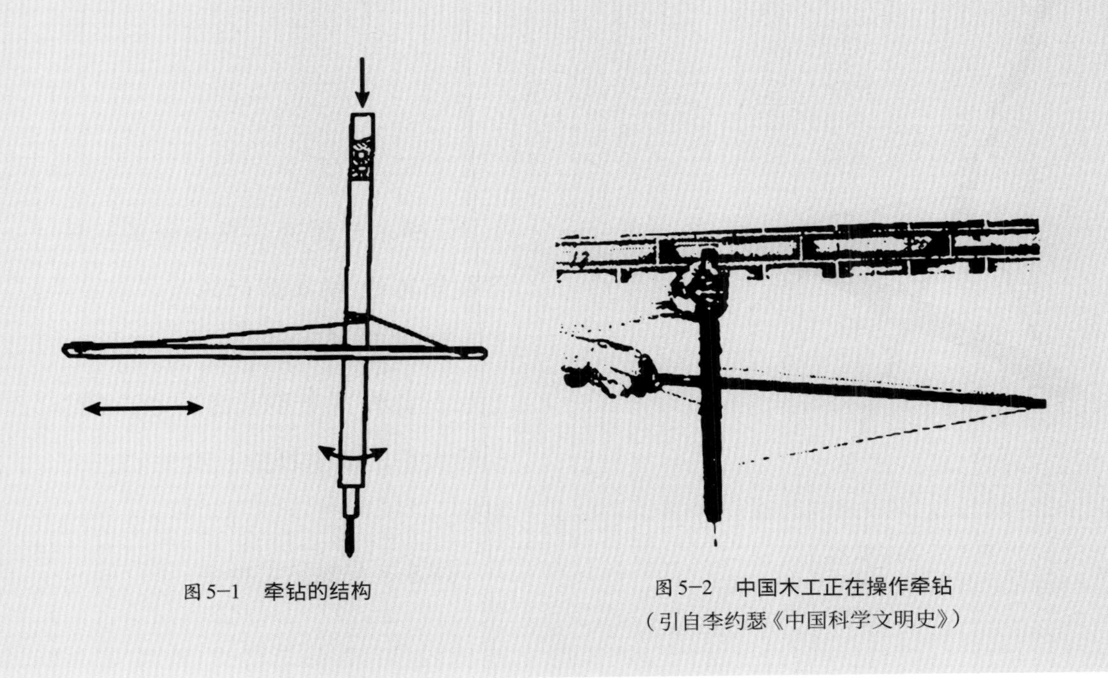

图 5-1　牵钻的结构

图 5-2　中国木工正在操作牵钻
（引自李约瑟《中国科学文明史》）

便向下钻出了孔。其工作情况见图 5-2。

所见的牵钻钻杆长约50厘米，横木杆稍长，为六七十厘米。

二、舞钻

舞钻的结构见图5-3，钻杆下装钻头。钻杆上有个大木块，其转动惯性较大，能起到飞轮的作用。钻杆套有横木杆，允许其沿着钻杆轴的方向上下作往复运动。工作时，钻头对准钻孔位置，操作人员不断用两手推动横木杆

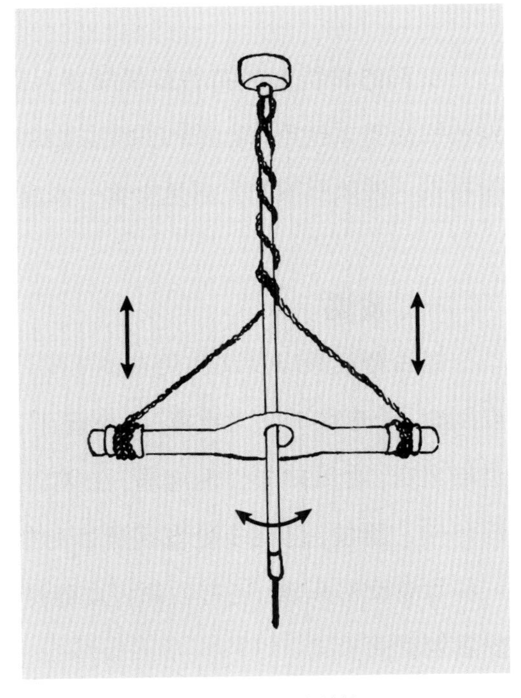

图 5-3　舞钻的结构

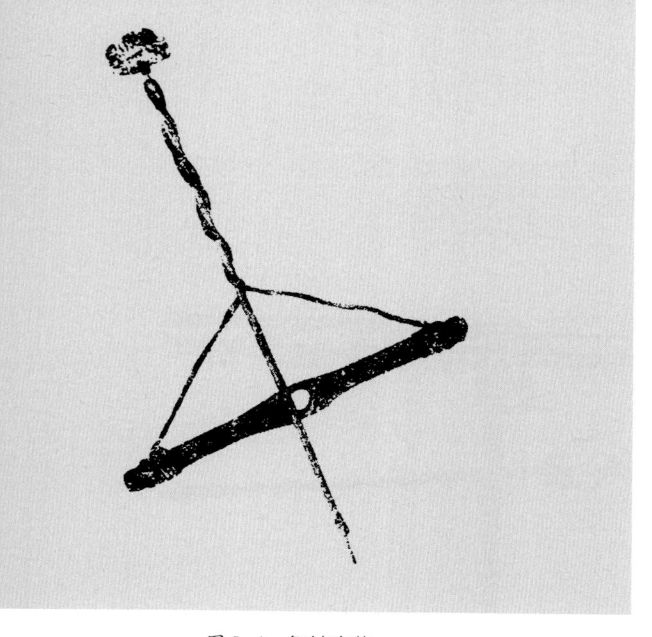

图 5-4　舞钻实物
（引自刘仙洲《中国机械工程发明史·第一编》）

上下，横木杆即通过皮条带动钻杆作往复转动，钻头即行钻孔。

舞钻比牵钻稍大，其钻杆长七八十厘米，钻杆的长度决定了所钻孔的大小。横木杆的长度达四五十厘米。

图 5-4 是舞钻实物图。

第二节　冶金鼓风机械

工具的材料由最初的石逐渐变为铜和铁，材料的变化促进了社会的发展。铜和铁能得以使用，取决于鼓风技术的进步，可以说有了人工鼓风，才能冶炼出铜和铁。鼓风机械的发展是皮橐—木扇风箱—活塞式风箱。

一、皮橐

据古籍记载以及现代仍在使用的皮橐，可知其结构。橐由羊皮、马皮或牛皮制成，外形像一个大皮囊，上有便于手掌控皮橐开合鼓风的把手。皮橐上有进出风口，进风口与外面连通，出风口通过风管与冶炉相连，风由此被送入冶炼炉中。目前，已在多处发现殷商时的陶质风管。《老子》说皮橐很像当时的一种竹管吹奏乐器，还有古籍说皮橐像骆驼峰，这些说法都有助于研究者推断皮橐的样式。

古代把鼓动皮橐的操作称为“鼓”，把冶炼铸造称为“鼓铸”。汉代画像石上有橐（见图5–5），从中可以看出橐的形状及工作情况。中国历史博物馆后将其复原（见图5–6），只是其上的皮橐是用于锻打的。

为了提高炉温，需要加大送入炉内的风量，因此有时将皮橐做得很大。据西汉刘安（汉高祖之孙，袭父封为淮南王）《淮南子》说，“马之死也，剥之若橐”，可知当时的大橐是用整张兽皮制作而成的。

为增加风量，又减少间隙时间，古代曾采用多个橐送风。不少古籍中有“排橐”的记述，从而可知皮橐被成排使用。东汉赵晔所撰的《吴越春秋》上说，为炼宝剑，“童男童女三百人鼓风装炭”，就是用许多橐轮流操作鼓风的。

图 5–5　山东滕县（今滕州市）汉画像石上的皮橐

图 5–6　中国历史博物馆复原的皮橐
（引自王振铎《科技考古论丛》）

二、木扇及水排

在皮橐之后，金属冶铸及锻打鼓风都使用木扇。

1. 木扇

木扇是个上薄下厚的箱体，高1米左右，宽为70～80厘米，厚有30～50厘米。木扇门的上端连在木扇的箱体上，能够内外开合。当木扇门向外转动时，木扇即可充气；木扇门向内转动时，即可向炉内鼓风。木扇门一开一合，便达到鼓风的目的。木扇可以由人操作，也可以由水力推动。图5–7是复原的木扇炼铁。

如果是一个木扇工作，只能间隙向炉内鼓风；若要连续向炉内送风，必须两个或两个以上的木扇同时工作，即成排使用木扇。

冶金技术进步与冶金质量提高有赖于冶金炉温的提高，而炉温的提高需要依靠鼓风技术的进步，水排无疑是冶金鼓风技术的一大改进。

2. 水排

水排出现在东汉。

它是中国古代的一项杰出发明，是一种以水为动力的冶金鼓风设备，通过传动机械，使皮制鼓风囊或木扇等鼓风器开合，将空气送入冶铁炉以铸造农具。因用水作动力，又因常成排地使用，故名水排。从壁画（见图5–8）、绘画上可以看到，鼓风器有时也成排使用。

水排的发明在《后汉书》及《东观汉记》上都有记载。建武七年（公元31年），杜诗任南阳太守，曾“造作水排”“用力少而见功多，百姓便之”。这一发明早于欧洲1 100多年。

（1）卧轮式水排

《农书》对水排有较详的记载。该书介绍了卧轮式水排和立轮式水排两种水排，并绘有卧轮式水排图（见图5–9）予以说明。水流冲击主轴下部的卧式水轮使其转动，卧式水轮通过主轴带动其上部的大绳轮同时转动，再通过绳索

图 5–7 复原的木扇炼铁

图 5–8 安西榆林壁画中的锻铁图
（引自杨宽《中国古代冶铁技术发展史》）

使小绳轮随之转动，接着由小绳轮端面上的偏心通过连杆及曲柄带动一卧轴作往复回转，卧轴另一端的曲柄推动一连杆，该连杆的另一端连接木扇门，即带动木扇门开合，从而向炉内鼓风。

从图5–9和图5–10看出，卧轮式水排的传动链很长，也很复杂，但其首尾尺寸都可确定。传动链首尾尺寸确

图 5–9 《农书》中的卧轮式水排

图 5-10　复原的卧轮式水排

定后，整个传动链上各零件的尺寸就可随具体情况而定。传动链始于卧式水轮，它由水力驱动，从而带动整个传动链，所以卧式水轮的大小应根据水力大小而定。木扇用于向冶金炉鼓风，尺寸与冶金炉相近。冶金炉的高度不能太高，以便操作人员向炉内添加原材料，因此炉的高度与人相近，由此得知木扇的高度。此外，木扇门起鼓风的作用，其行程也就随之而定。需要指出的是，在图5-9中，木扇门画在木扇之外，其实这是错误的，因为当木扇门在木扇之内才会起到鼓风的作用。

（2）立轮式水排

《农书》上只有关于立轮式水排简要的文字叙述，没有绘出其图形，后人只能通过研究来进行推断。立轮式水排的结构大致如图5-11所示，图上未绘立式水轮。

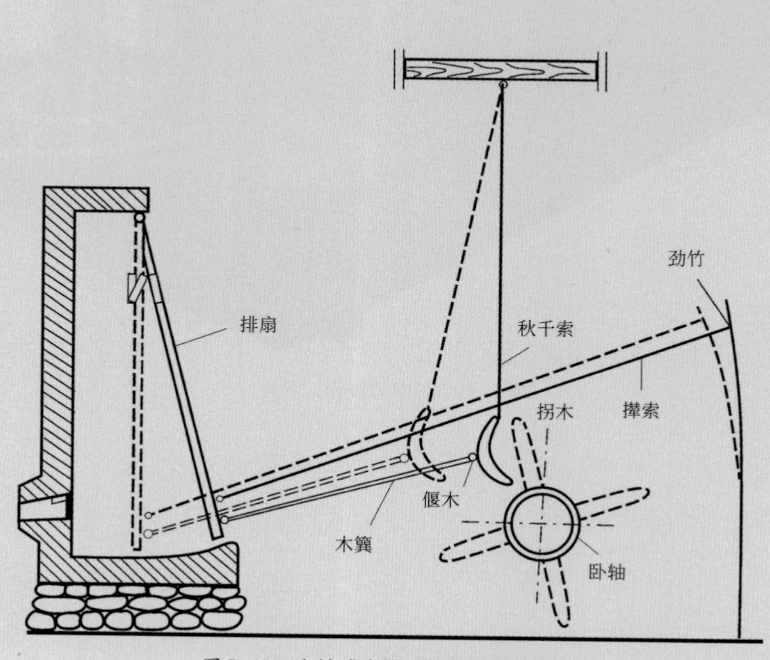

图5-11　立轮式水排结构的推测示意图

立轮式水排的立式水轮装在卧轴上，水轮及卧轴转动，卧轴上的凸轮（拐木）推动从动件（偃木），从动件再通过连杆（木簨）带动木扇门开合向炉内鼓风。秋千索的作用是稳定从动件及连杆的动作。借助硬竹片（劲竹）的弹力及绳索（撵索），从动件、连杆回到原来位置，在空回行程中立轮式水排复位。

关于立轮式水排的尺寸，《农书》上只说："木簨，约长三尺"，只能以此为据推断其他零件的尺寸。值得注意的是，卧轴上拐木的直径需要选取恰当的值，若直径太小，木扇的行程就会很小；若直径太大，木扇的工作就会很不稳定。而劲竹及撵索的长度主要根据劲竹的弹力来确定；秋千索长更利于木扇工作的稳定。木扇与化铁炉的尺寸应与上述卧轮式水排的尺寸相近。

在对立轮式水排进行复原时发现，拐木推动偃木时，由于摩擦力忽大忽小，木扇的工作很不稳定；劲竹的弹力也不可靠，有时弹得起，有时弹不起。这些问题有待进一步研究解决。

（3）水排的末端是皮橐还是木扇

前述卧轮式水排的插图引自《农书》，《农书》是元代古籍，而水排出现于东汉，时间要早得多。那么，水排刚出现时，传动链的末端究竟是皮橐还是木扇？这是水排研究长期存疑的问题。对此难以给出确定回答。因皮橐及木扇的动作相近，对传动系统的要求大体相同，因而从功能上考虑，传动系统的末端是皮橐或木扇都可。另从古代的情况考虑，用木扇取代皮橐进行冶金鼓风应是一个很漫长的过程。在这段相当长的时间内，既有用木扇，也有用皮橐，因而最初的水排使用木扇或皮橐皆有可能。事实上，水排末端使用何种鼓风器，并不影响水排的结构和功能。

（4）结语

水排出现后，冶金的质量得到了提高，成本也大为降低。如《三国志》述及，应用水排“利益三倍于前”，意思是水排代替了一百匹马，工作效率大大提高。水排发展很快，应用极广，在许多古籍上都能看到关于它的记载。

顺便提及将在地区主政官员称为“父母官”的说法，这与水排的发明者杜诗大有关系。此说源于《后汉书》记载，西汉末年，南阳太守召信臣治理南阳，使百姓“民得利，蓄积有余”“吏民亲爱信臣，号之曰召父”。另据《后汉书》记载，杜诗担任南阳太守时，将南阳治理成“小天府”，百姓将杜诗与召信臣相比后说，“前有召父，后有杜母”。“父母官”一词由此而来。

三、风箱

活塞式风箱出现的年代，比较可信的说法是宋代。

用皮橐鼓风，风量、风压较小；用木扇鼓风则密封很差，影响风压，而且皮橐、木扇送风间隙大。活塞式风箱克服了以上缺点，其风量和风压都较大且稳定。大型的活塞式风箱需要四个人拉曳才能工作。

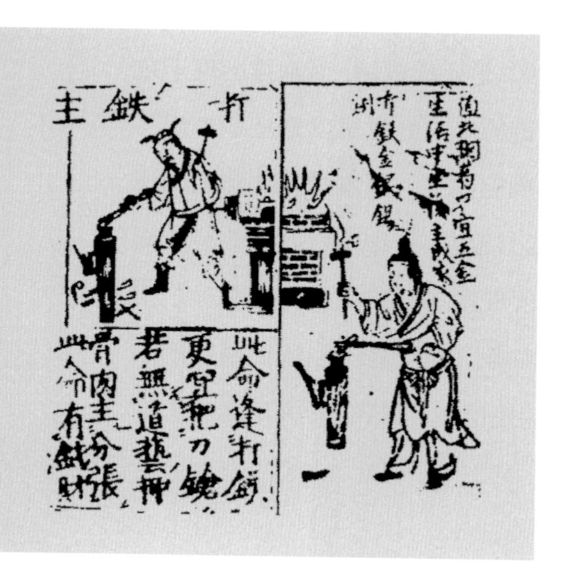

图 5–12　最早用于锻造的活塞式风箱

古代活塞式风箱（见图5–12）的外形由木扇箱体发展而来。风箱有两个冲程，活塞作往复运动，上面的活门（即阀门）设计十分巧妙，保证了向一个方向送风。《天工开物》上有活塞式风箱外形及工作情况的记载，见图5–13。

活塞式风箱的内部结构则如图5–14所示。当把手向右移动时，右面阀门打开，风进入后，从风道送入炉内；当把手向

图 5-13 《天工开物》中的活塞式风箱

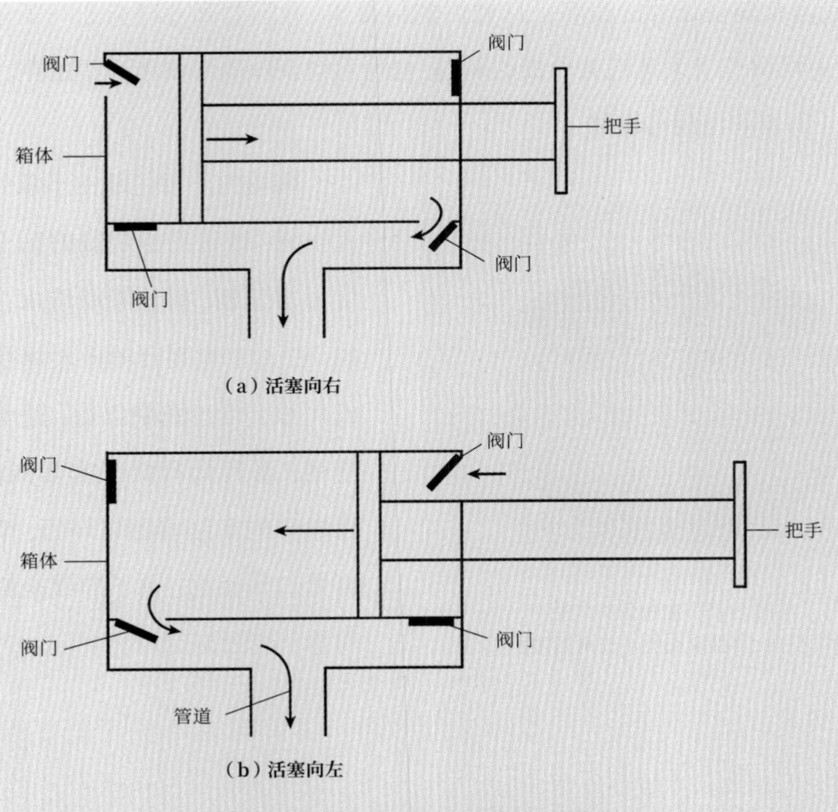

图 5-14 活塞式风箱的内部结构示意图

左移动时，左面阀门打开，风进入后，从风道送入炉内。

古代活塞式风箱有方形和圆形两类，方形活塞式风箱像一个长方形箱子，其尺寸长度多为60～80厘米，个别长的有1米多，短的为50厘米左右。其高度和宽度比长度稍小，高度一般大于宽度。偶见圆形的活塞式风箱，这是活塞式风箱的特例。

第三节　陶瓷机械

陶瓷堪称中国古代杰出发明，它对世界有着巨大的影响。

一、陶器与陶车

我国有陶瓷之邦的美名。从考古资料得知，我国制陶业已有七八千年的历史，为后世留下了大量精美珍贵的陶器，也为后续瓷器的出现创造了条件。

1. 陶器的出现与发展

图5-15　制陶业的产生
（引自《中国原始社会参考图集》）

陶器的出现可能由于意外。古人发现，经过高温烧制的黏土会变得异常坚韧，而且不易透水。最开始，古人在木制容器外面涂抹泥土或泥浆，经过烧制以后，泥土变得坚韧，而且具有原来容器的形状，而原来的木制容器已烧毁，清除原容器的残留后，留下的就是原始的陶器（见图5-15）。

陶器出现以后，手制陶器开始发展。当时制陶只是徒手制作，把陶坯捏成所需形状，或用陶土先搓成条，再用泥条盘制成坯。陶坯外表用稀泥涂抹，使其更加光滑，然后烧制成器（见图5–16）。

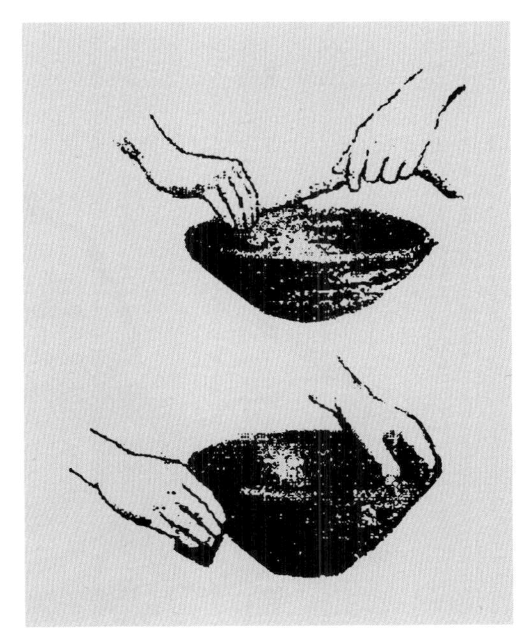

图5–16　古代手制陶示意图
（引自《中国原始社会参考图集》）

随着制陶业的发展，选择、加工方法不断改进，制作陶胎的黏土材质更加细腻均匀。早期的陶器不上釉，后为了使陶器外表更光滑、美观，采用上釉工艺，陶器色泽明亮，更加美观，烧制温度由此提高到1 000℃以上。

2. 陶车的结构与尺寸

在加工制作圆形陶坯时，普遍运用了陶车即制陶转轮。原始的陶车结构很简单，先在地上打个洞，将转轮下连着的一根垂直的轴插入洞中，洞的周围用木、石加固。转轮工作情况如图5–17所示，陶坯放置在转轮上，转轮的直径为四五十厘米。令陶坯随转轮一起转动，用手或器皿将陶坯加工成形。也有专家推测，原始的陶车由两个人操作。估计一个人或两个人操作陶车都是可行的，视具体情况而定。

现有不少学者提出制作陶器的转轮有快轮和慢轮之别，事实上这是无法区分的。因为陶轮的转动直接由人力驱动，中间并无传动装置。转轮转动的快慢完全由制陶人控制，因此快轮与慢轮无结构上的差别。

图 5–17　古人正在操作陶车

二、瓷器与瓷车

中国瓷器因其极高的艺术性和实用性备受世人的喜爱和推崇。

1. 瓷器的出现与发展

中国在商周时已出现了原始瓷器，到东汉时出现了真正的瓷器。

从陶器到瓷器，技术上有三个重大突破：其一，有意识地选择泥土为材料。在殷、商、周代，对制陶黏土的选择和精炼使器物质量显著提高。其二，注意选择釉，施釉的方法更合理，使得陶瓷更加精美。其三，提高了烧制的温度。陶器烧制的温度是1 000℃，而瓷器烧制的温度达1 200℃左右。有了这三个突破后，瓷器的制作又经历代不断改进有了显著提高。据《天工开物》记载，至明代，瓷器已“素肌肉骨”，已具备“表”“里”两方面的特质：表面釉色明亮、绚丽多彩；里面胎骨洁白、质密坚硬、不吸水、半透明。精湛的工艺令中国瓷器享誉世界、远销海外，成为人们爱不释手的艺术佳品。

2. 瓷器的制造技术

瓷器的制造技术成熟后，烧制过程分为四步。

第一步，选料。制作精美瓷器的原料常远道运来。几种材料按比例混合，经过反复击打、长时间浸泡，选择细料后再用清水调和，制成瓷坯。

第二步，制坯。这是瓷器生产中最为复杂，也是耗时最长的一步，包括制胎、刮平、修补和绘画等工序。这一工作需要在瓷车上进行。

第三步，上釉。要求将釉上得极为均匀。好瓷要有好釉，因此上等釉料的价格非常昂贵。

第四步，烧制。瓷器烧制时需放入匣体，然后入窑。烧制时，对炉温和时间都有严格控制。

从上述步骤可以看出，瓷器制作的每个环节都有极其严格的要求。正是经过了这样的精心打造，才留下了那些传世的珍品。

3. 瓷车的结构与尺寸

《天工开物》用图文记载了瓷车（见图5-18）的结构及尺寸。“车竖直木一根，埋三尺入土内，使之安稳。上高二尺许，上下列圆盘，盘沿以短竹棍拨运旋转”，瓷车上部圆盘的直径1米左右，下部圆盘的直径为四五十厘米，高约30厘米。需要注意，土中直木与圆盘的结合应有利于圆盘的回转，因直木端部有止推轴承的作用，必须非常牢固，盘顶正中用檀木制成盔头正是为此。图5-19为瓷车复原图。

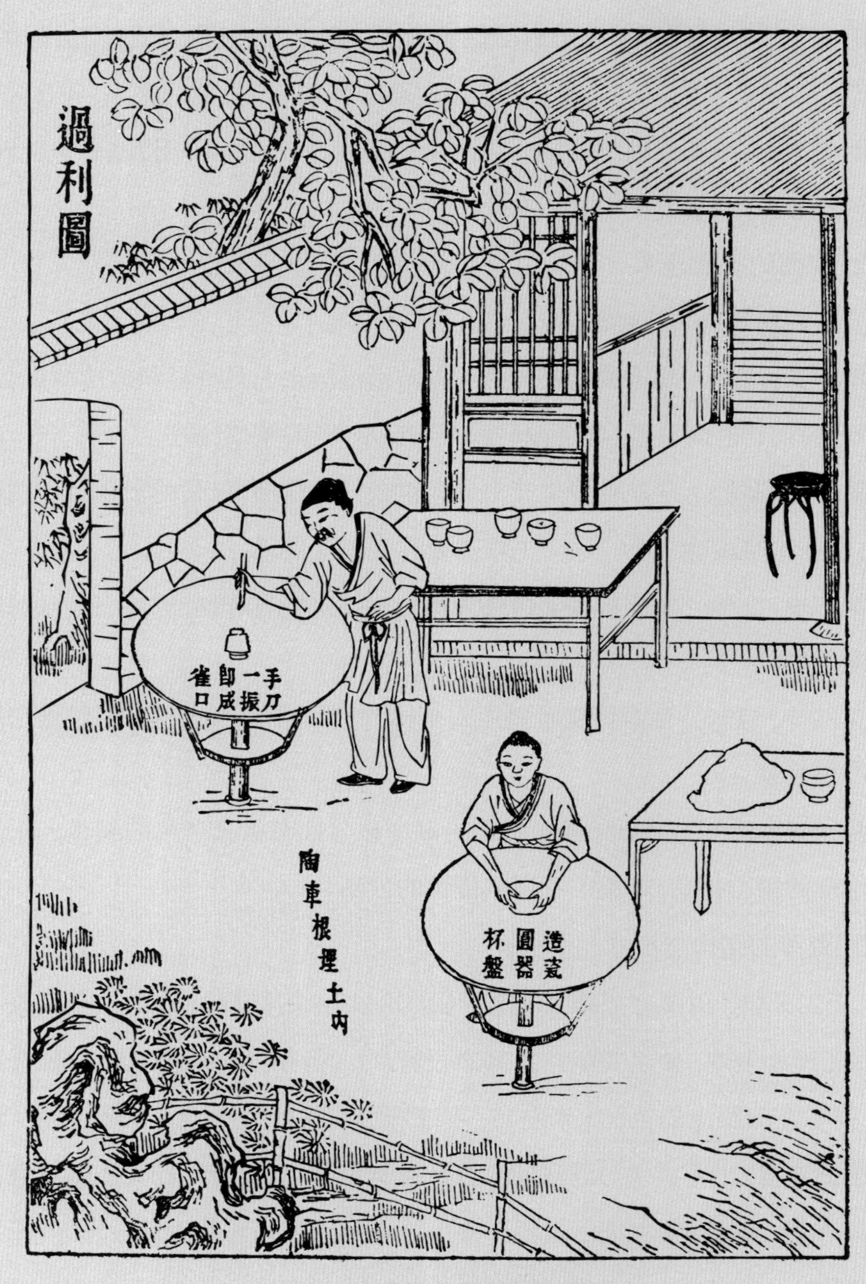

图 5–18 《天工开物》中的瓷车

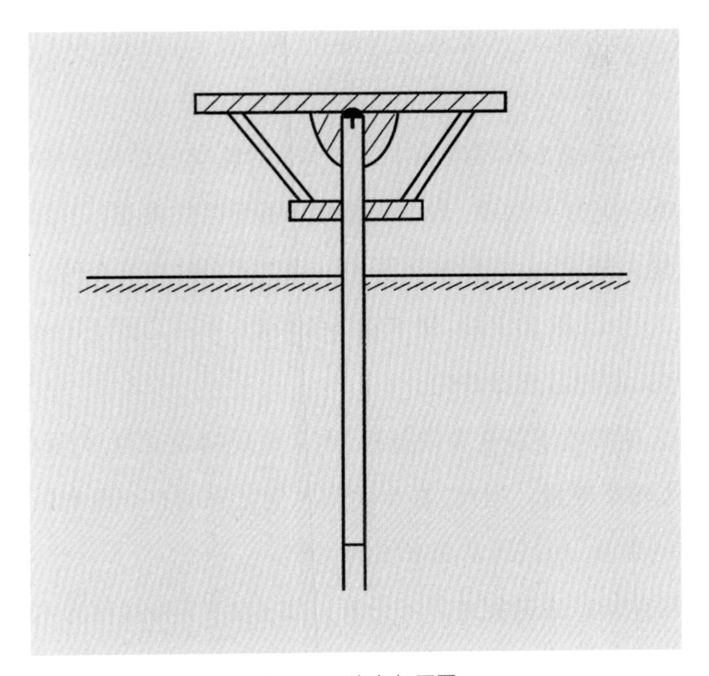

图 5-19　瓷车复原图

第四节　轧车与纺车

中国原以毛、麻等作为衣着的主要原料，隋唐之后才开始广泛地应用棉花。先将毛、麻、棉等原料纺成线，然后用这些线织成布，"纺织"实际上包含了"纺"和"织"两种工作。本节主要介绍去除棉籽的轧车和几种纺车（因"织"过于专业，本书恕不涉及）。

一、轧车

隋唐时，南方做衣服原料的棉花传到了中原。《农书》提及，"中有核如珠珣，用之则治其核。昔用辗轴，今用搅车尤便”。可见，当时用轧车（搅车）清除棉花中的籽粒。

刘仙洲《中国机械工程发明史·第一编》对轧车的结构介绍如下：在木架的上部有两根轴，上方为铁轴，表面很粗糙，便于抓住棉花；下面的轴是木轴。棉花从这两根轴之间通过，棉籽被挤压掉。操作人员站在轧车旁，一人不断将棉花送入两轴间，另一人摇动手柄，使木轴连续转动，并踩动脚下的摇杆，带动十字形木架旋转，木架的轴芯连着铁轴。

由于操作人用脚向下踩轧车的摇杆，木架只是间歇受力，为保使木架连续运转，就必须加大转动惯量。因此，在十字形木架之外加有一重木块，它可提高十字形木架的转动惯量，使其转动起来如同飞轮。

关于轧车的结构，古籍叙述并不一样。如《农书》将其称为木棉搅车，结构如图5-20所示。该轧车需要三人操作，两人摇车，一人送原料，因此不需要连着

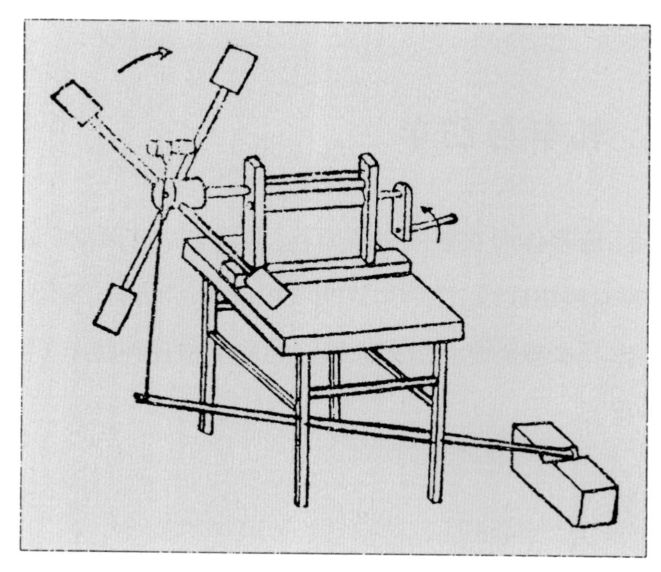

图5-20 《农书》中的轧车

木轴的十字形木架和重木块。另外，轧车的两根轴均为木质。刘仙洲书中的轧车当为改进后的形式。

轧车的底座长约1米，宽五六十厘米，高度如《农书》所说“高约十五”，即50厘米。木轴的高度应有三四十厘米。

图5–21为复原的轧车。

图5–21　复原的轧车

图5-22　原始的纺纱方法

图5-23　山东滕县（今滕州市）汉画像石上的手摇纺车

二、手摇纺车和脚踏纺车

原始纺纱是用手搓，之后利用兽骨、石块等重物，继而用陶制坠子纺纱，方法如图5-22所示。

1. 手摇纺车

手摇纺车的出现使纺纱向前迈进了一大步。最早的纺车大约出现于战国，它用来纺丝和麻。考古发现，山东滕县（今滕州市）出土的汉画像石上有使用纺车的生动形象（见图5-23）。

手摇纺车自出现后结构变化不大，在一幅汉代壁画（见图5-24）上能清楚地看到它的具体结构。图中，纺车上手摇的竹制大绳轮直径有七八十厘米，木质或铁制的小绳轮即绕纱的锭子，直径有1厘米多，传动比为60～70。纺车的纺纱效率比原始的手搓纺纱提高了15～20倍，质量也有明显的提高。这种纺车一直到现代都还有应用。

2. 脚踏纺车

纺车的革新体现在两个方面：一是纺锭的增加；二是纺车动力的改变。

汉代出现的手摇纺车，用手臂来摇

图 5-24　汉墓壁画上的手摇纺车图
（引自刘仙洲《中国机械工程发明史·第一编》）

动，每次只能纺一锭纱。随着经济的发展，对纺织品的需求量大幅增加，原有的手摇纺车虽仍有应用，但已无法满足需求。在晋代，出现了新的纺车。从当时顾恺之为刘向的《列女传》所作插图中，可看到脚踏三锭纺车。它的动力提供方式已改为脚踏，纺锭变成了三个。从图5-25上看到，纺纱人先用脚驱动纺车的横杆，横杆通过曲柄带动大绳轮转动，再经过绳带传动，驱动安装在纺车顶部的三个纺锭一起转动。纺纱人手拿三支麻或棉捻，供应锭子之需。三锭纺车的大绳轮直径接近1米，锭子的直径约1厘米，架子的高度1米多，底座长1米多，宽约0.5米。在驱动横杆与大绳轮的连接处应有曲柄，图中没有绘出。

之后出现了五锭纺车，效率更高。《农书》中绘有五锭纺车（见图5-26），可以看出其结构与三锭纺车大同小异，只是尺寸更大一些。

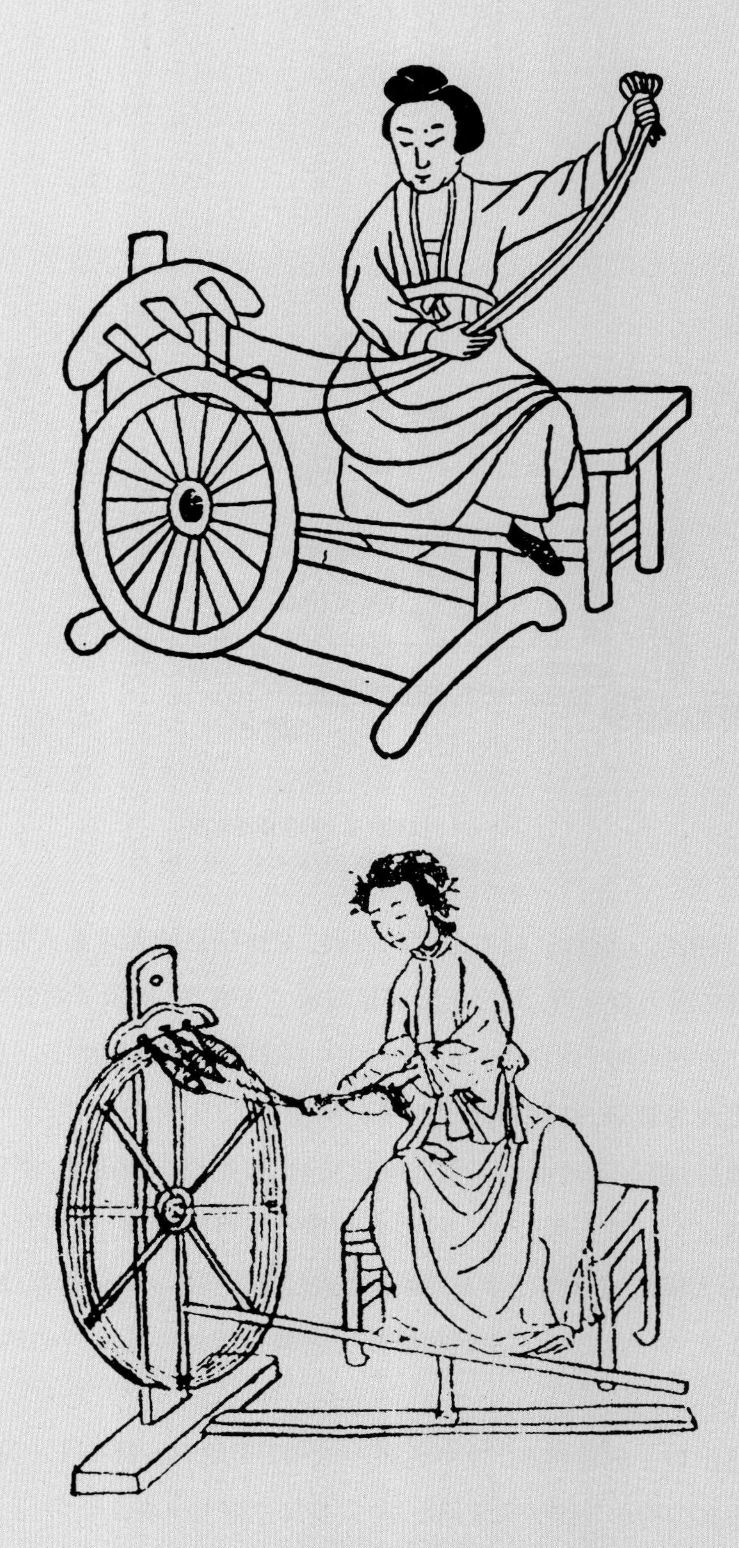

图 5–25　脚踏三锭纺车

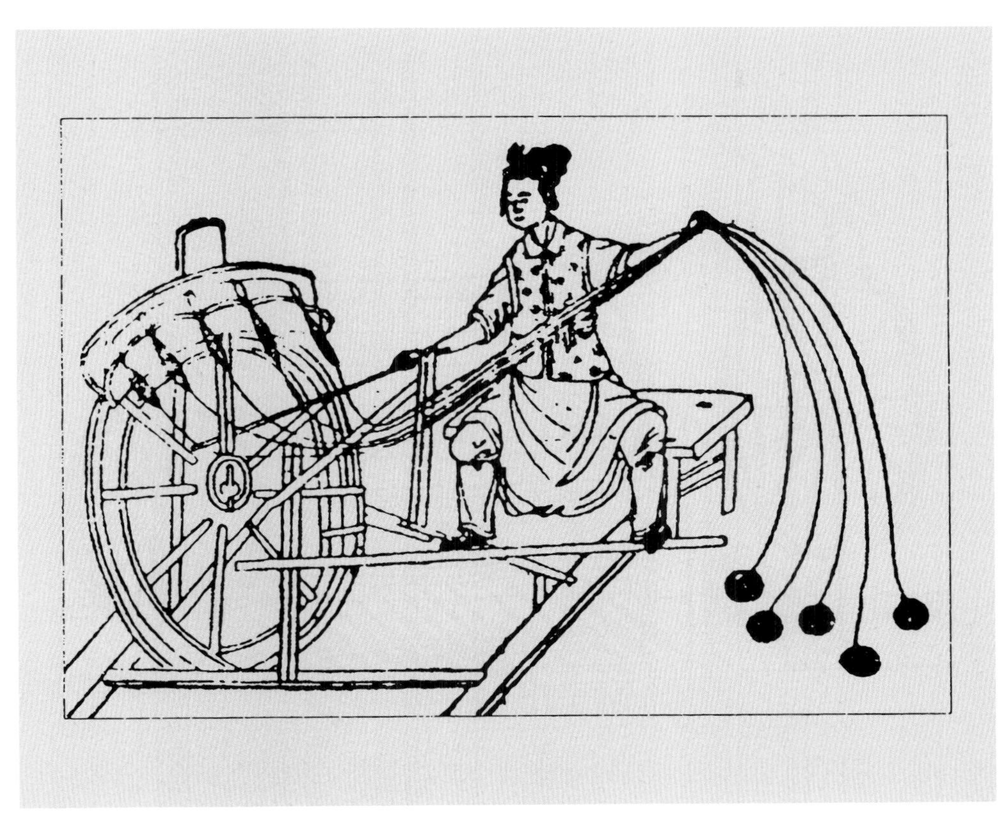

图 5–26 《农书》中的五锭纺车

三、水转大纺车

水转大纺车也称水力大纺车，是宋代出现的一项重要发明。它采用自然力作为动力。其工作原理可从《农书》的水转大纺车图（见图5–27）上看到：水力驱动水轮及长轴，同时驱动装在轴上的大绳轮，进而由绳带带动32个锭子一起旋转纺纱。它既方便又省力，可“昼夜纺绩百斤”，比三锭、五锭脚踏纺车的生产效率提高了几十倍。在“中原麻苎”之乡，水转大纺车很快得到推广，《农书》讴歌它：“车纺工多日百觔，更凭水力捷如神。世间麻苎乡中地，好就临流置此轮。”

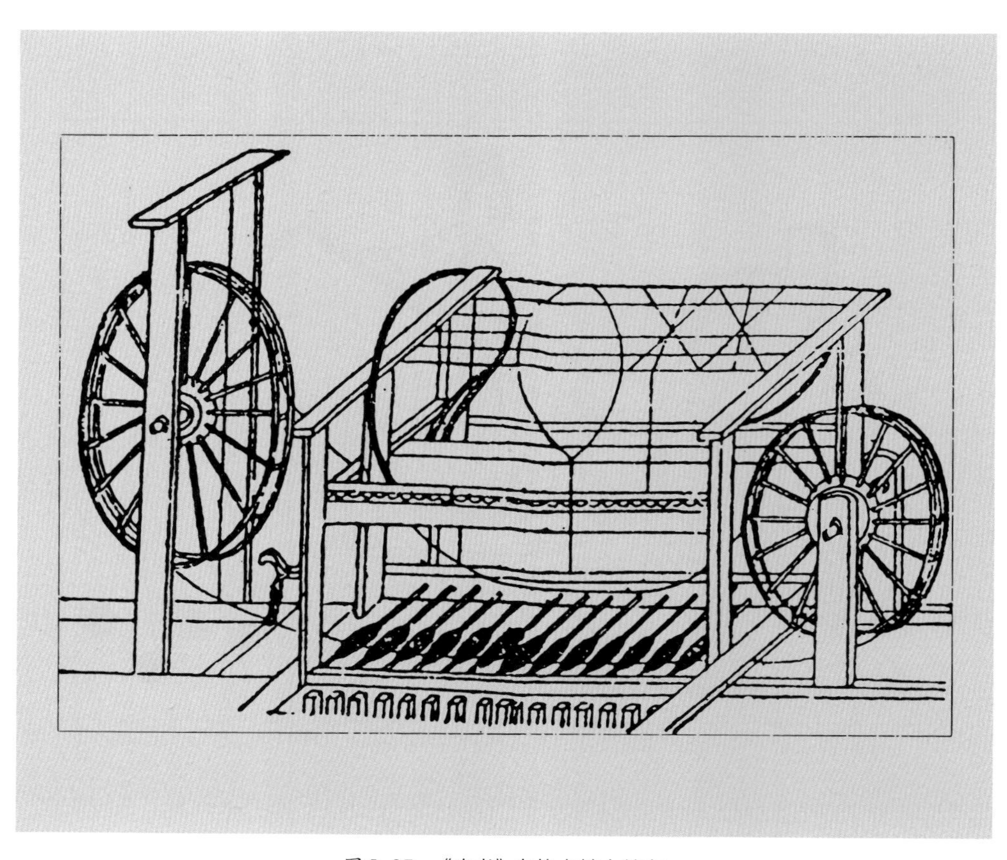

图 5-27 《农书》中的水转大纺车

《农书》另外记有水转大纺车的结构与尺寸，其中有几个数据尤其需要注意：水转大纺车“长余二丈，宽约五尺”（长约748厘米，宽约187厘米），锭子“长为一尺二寸”（约45厘米），其直径为10厘米左右。书中提及水转大纺车的动力“或人或畜”。可惜《农书》中的绘图（见图5-27）与文字记述不符，结构也不甚清晰。《纺织史话》所载的水转大纺车图（见图5-28）较为清楚合理，其结构与中国历史博物馆复原的水转大纺车模型大体相同。

图 5–28 《纺织史话》中的水转大纺车

第五节 凿井与汲卤机械

钻井技术起源于人们寻找水源、天然气的劳动中。古人很早发现地下有可燃气，《周易》记，“泽中有火”;《汉书》称天然气井为“火井”，并说“火从地出”;《水经注》记述战国时（约公元前3世纪），李冰用“火井”内的燃气煮盐。

无论是气井还是盐井，一开始都将井开凿得大而浅，与一般水井略同。后来才认识到，大而浅的气井会造成天然气逃逸；盐卤较深，浅井会导致盐卤的浓度变淡。在有了开凿深井技术后，开凿的气井和盐井都变得小而深，地层深处的天然气和井盐都被开发。随着凿井和汲卤技术不断提高，相关的机械设备也得到大力发展。

一、凿井技术与机械

《天工开物》记述挖井耗时，“大抵深者半载，浅者月余，乃得一井成就”。事实上，开凿深井的确极其费时费力，挖井的时间有时会长达数载，井深可达数十丈（数十到数百米）。

《天工开物》记有凿井的方法，“如舂米形”，并绘有图形（见图5-29）。凿井时所用的杵棒是竹制的，比较长，也比较轻。杵头用铁制，形状与舂米的杵棒一样。杵棒每次可以凿井数尺深，“随以长竹接引”，杵棒可以随意接长，直到要求的深度为止。

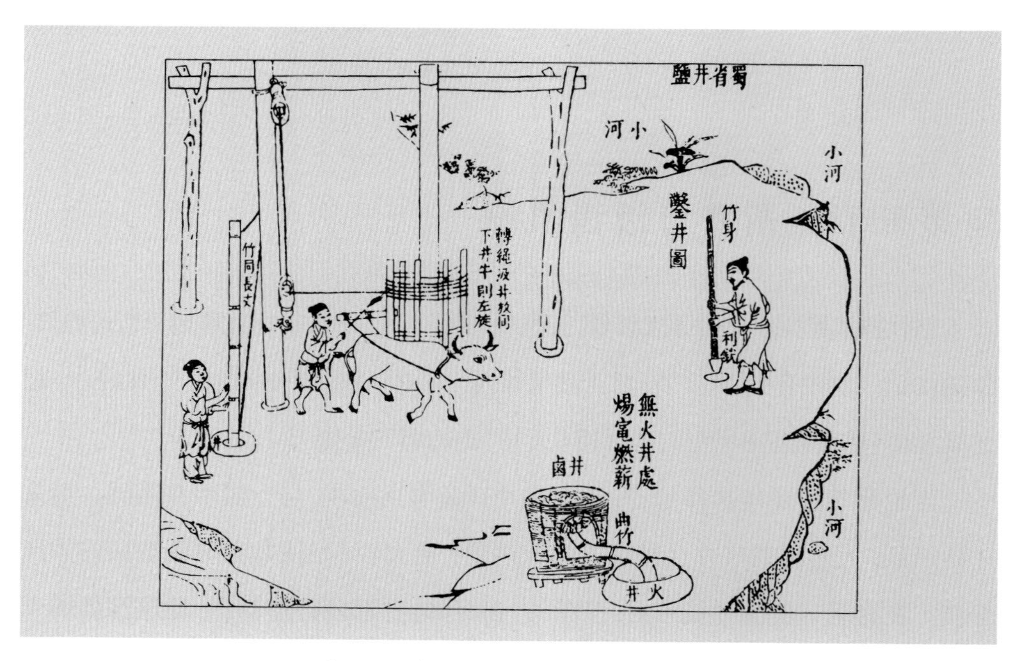

图5-29 《天工开物》中的蜀省开凿盐井

苏联库兹涅佐夫所著《中国科学技术史》里有两幅图，分别介绍了两种凿井机，它们可能是古代凿井用的机械。这两种凿井机的原动力均是两个人的体重。在图5-30中，凿井机左侧的两个人跳上横杆，使得凿井机连同凿头上升，凿杆连同凿头向下钻井需要靠右侧一人的臂力。这种凿井机由三个人操作。在图5-31中，当凿井机左侧两个人坐在横杆上时，凿头向下凿井，凿头向上依靠的是横杆右面的配重（大石）及上面绳索的拉力。这种凿井机由两个人操作。

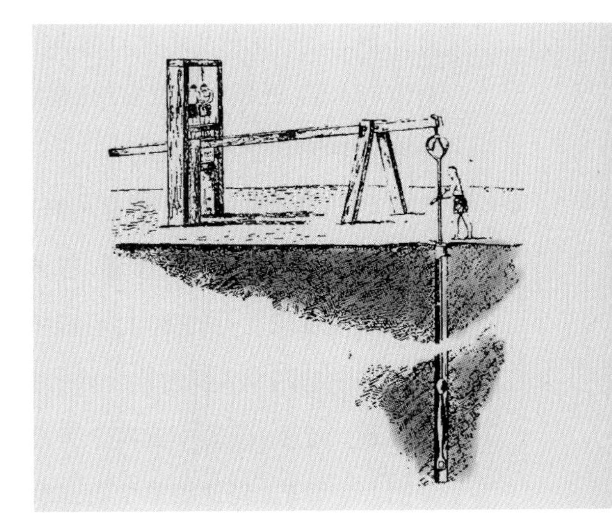

图5-30 《中国科学技术史》介绍的两种凿井机之一
（引自刘仙洲《中国机械工程发明史·第一编》）

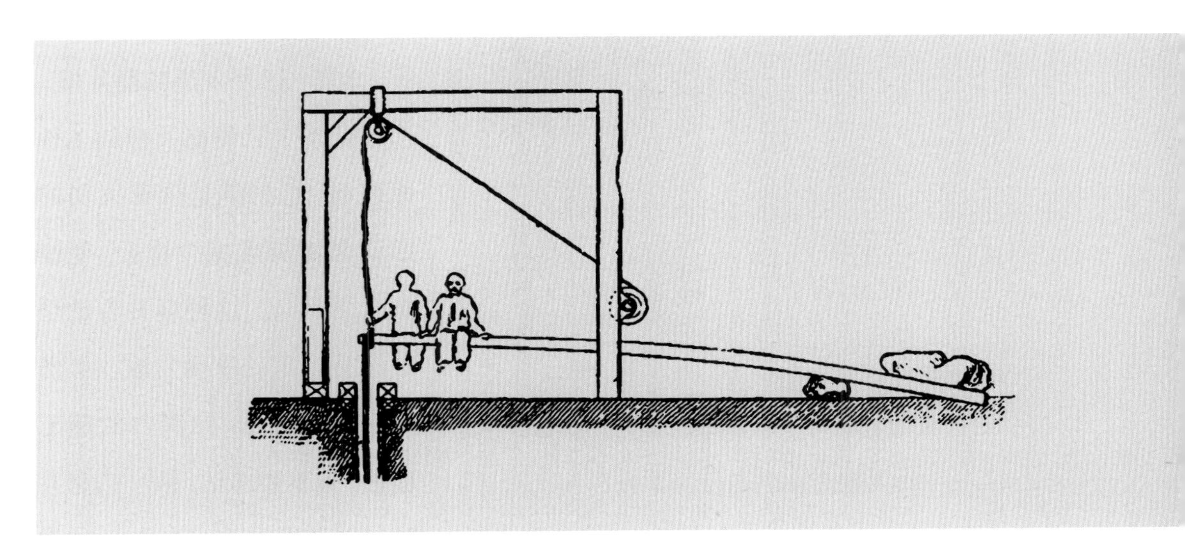

图5-31 《中国科学技术史》介绍的两种凿井机之二
（引自刘仙洲《中国机械工程发明史·第一编》）

以上两种凿井机的横杆长五六米，短的一端有1米多。另外，这两种凿井机都有方形木架，既是结构之需，也起到扶持人员上下的作用。这两种凿井机的制造不必像图中所绘的那样规整。

《中国机械工程发明史·第一编》还介绍了另一种凿井机，书中刊有照片（见图5-32）。从图中可知，该凿井机凿杆连同凿头的上升、下降，都利用了四个人的体重及巨弓的弹力，可惜的是照片不够清晰。欲使凿井机的凿头向下，站在巨轮中的四个人同时向一个方向走，巨轮拨动弓弦向下拉伸，凿头向下到达极限位置；而后，巨轮中的四个人反向走，凿头开始上升，同时巨轮拨动弓弦向上弹回，凿头向上到达极限位置，如此这般往复运动。

图5-32 《中国机械工程发明史·第一编》介绍的另一种凿井机

这台凿井机上的圆盘直径4米左右，圆盘宽度应符合人员安全操作的要求。木架应有七八米高。

图5-33是复原的凿井机。

从以上三种凿井机的工作原理看，它们都是依靠人员的活动来增加或减少重力，使凿头上下运动。这种凿井方法是钻深井技术的重要发展。虽然采用这种方法，钻深井的速度很慢，但不要忘记，钻一口深井往往要花费几个月甚至几年的时间。

图 5–33　凿井机复原模型

二、汲卤技术与机械

《天工开物》中关于蜀省井盐的文字记载讲述的是开采井中的天然气，用于熬煮井中的盐卤，它所反映的是熬煮井盐的初始阶段。

汲卤的整个流程可从四川邛崃出土的汉代画像石上的汲卤图（见图5-34）看到。画的左下角为盐井，井上有一个带顶的高架子，架顶有一滑轮，滑轮通过绳索吊着两只桶。井架有上下两层，每层各有两人面对面地站立，他们操作绳索，提升盛卤后的桶。在井架上层右侧，有一个长方形水槽，其下有支架，应是存放卤水用的。从井中提升的卤水被倒入水槽，卤水通过竹管进入右下角几口烧盐用的大锅中，随即用天然气烧煮，从而获得井盐。复原模型见图5-35。

这种汲卤方法所使用的井架每层高2米左右，总高为六七米，每层井架底面积呈矩形或正方形，边不足2米。水槽的高度有四五米，这个高度方便上层的人倾倒盐卤。

图5-34　四川邛崃出土的汉代画像石上的汲卤图
（引自《汉代画像砖艺术》）

在《天工开物》关于四川盐井提取卤水的图中（见图5-36）采用长竹竿提取卤水。竹竿长一丈（约3米）以上，竹节都被凿穿，只保留最下面一个竹节，竹节上安装有阀门。当竹竿进入盐井时，阀门当即打开，竹竿内便灌满卤水。当竹竿向上提升时，阀门会在卤水的重力作用之下自行关闭，卤

图 5-35　四川邛崃汉代汲卤情况复原模型

水不会泄漏。提升竹竿依靠的是牲畜，牲畜前进，拉动转盘并收卷绳索，绳索通过滑轮改变方向，将汲满卤水的竹竿提起，卤水被倒入锅中熬制成盐。《中国机械工程发明史 · 第一编》中采用的图和《人民画报》载图（见图5-37）较为清楚地反映了当时汲卤的情形，两图可互相参考。

牲畜拉动的转盘是立式绞车，绞车的直径达三四米，驾驭牛的杆长约3米。

《天工开物》关于四川盐井提取卤水的文字叙述提及盐井上悬有桔槔和辘轳等，但从图上看并无这些。

图 5–36　《天工开物》中四川盐井提取卤水的情景

图 5–37　四川省自贡市保留的古代盐井
（引自《人民画报》1987 年第 6 期）

第六节　制糖机械

人们大多喜欢甜味，正如《天工开物》所说，“气至于芳，色至于艶，味至于甘，人之大欲存焉。芳而烈，艶而艳，甘而甜，则造物有尤异之思矣”。人们认为极致的美味就是甘甜可口，在调味品匮乏的古代更是如此。《天工开物》根据当时的情况又指出：“世间作甘之味，十八产于草木。”古时，甘蔗是糖的重要来源。

一、制糖源流

起初轧制甘蔗提取汁水制糖，并没有专门的轧制机械，应是用碓、磨等加工甘蔗，后来才有了专门的轧蔗取浆机械。这种机械起于何时，尚不知晓，但在《天工开物》书中对轧蔗取浆有较详的文字记载和绘图（见图5-38）。

图 5-38　《天工开物》中的轧蔗取浆

这些文字记载和绘图大体反映了轧蔗取浆的工作原理。机器上有两根轧辊，用于轧制甘蔗。一根轧辊的上端安有屈木，由牛拉动。轧辊上的斜齿轮使两根轧辊作相向转动。操作人从一边塞入甘蔗，甘蔗通过轧辊后变成蔗汁和蔗渣，收集蔗汁即可熬煮制糖。为了充分压榨甘蔗，获取更多的蔗汁，需要将甘蔗轧三次。

牛拉动屈木，作用力集中在一根轧辊上，而后通过轧辊上的斜齿轮带两根轧辊同时转动，正如《天工开物》所言，“轴上凿齿分配雌雄”。轧蔗取浆图中也绘出了这对斜齿轮，这应是目前所见最早的斜齿轮，但可惜这对斜齿轮齿的旋向弄错了，无法啮合。

二、糖车

《天工开物》将制糖的机械称为糖车，对其尺寸记述较详。上下横板的尺寸是长五尺（约159厘米），宽二尺（约63厘米），并通过两柱牢固安装。上下横板的主要作用是安装轧辊，其受力很大，必须非常稳固。下横板在安装轧辊时不能被穿透，免使蔗水泄漏。此外，上下横板都应很厚。关于两根“巨轴”，书载“轴木大七尺围方妙”。意思是，圆周长最好有七尺（约223厘米），按周三进一计算，直径约二尺三寸（约70厘米）。这么大的木头很难找到，因此书中用“方妙”两字，意指能达到这个尺寸为好。两根“巨轴”长度不同：一根长三尺（约95厘米），这接近斜齿轮加轧辊的长度，即上下横木之间的距离；另一根“巨轴”长度为四尺五寸（约143厘米），可以穿过上横板及“出笋安犁担”（犁担即屈木，套牛驾驭用）。从以上文字可以看出“巨轴”作用有三：一是轧蔗取浆。二是依靠其上的斜齿轮传递动力，斜齿轮的齿数可以是12或16，以保证其强度，斜齿轮的螺旋角为15°～20°。三是连接牛与制糖机械。书中另外提及犁担及屈木“长一丈五尺”（约478厘米）。

《天工开物》初刻本上的插图有欠缺，现绘图（见图5-39）作纠正并提出如下三点：

第一，书中斜齿轮齿的旋向相同，俗称“一顺风”，它们是无法啮合的。两个斜齿轮齿的旋向必须相反。

第二，该图的方向错误，若以牛的前进方向为据，轧辊所形成的“鸭嘴”应当由纸

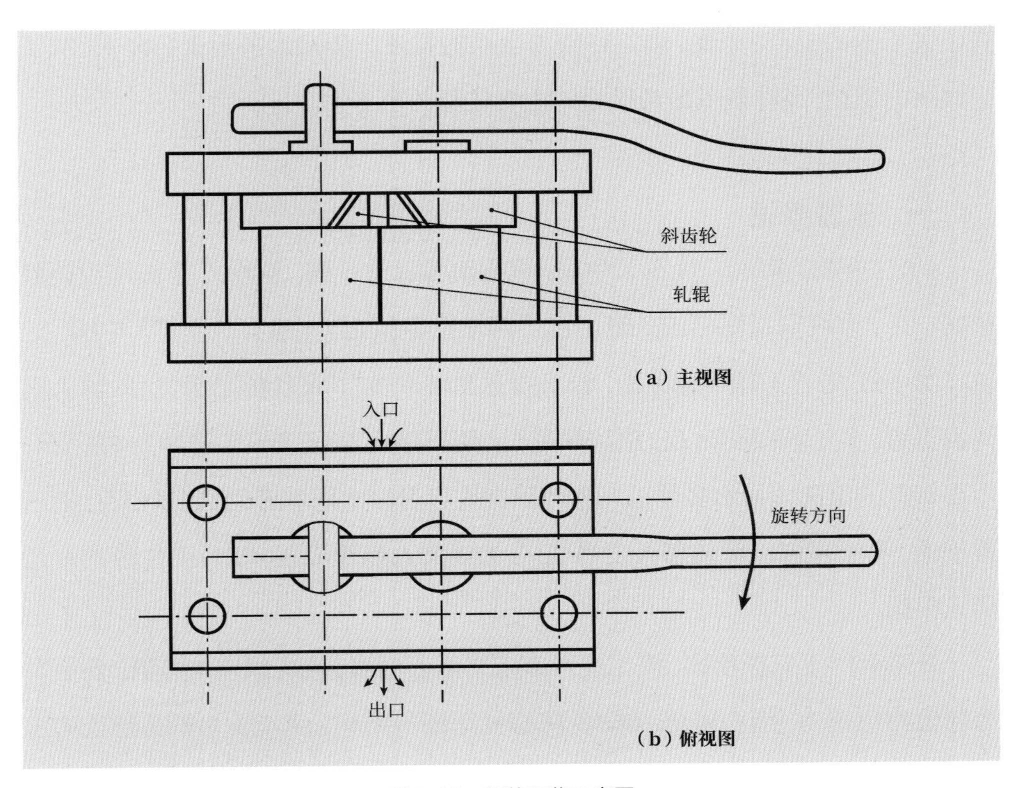

图5–39　轧蔗取浆示意图

内朝向纸外，所以图中的人不应沿纸外向纸内的方向填送甘蔗。

第三，书中记述“凡汁浆流板有槽，枧汁入于缸内”，但插图上未画出收集蔗渣的方法。

第七节　采玉与磨玉机械

古往今来，玉一直广受人们的珍爱。中国很早发现并使用玉，不少新石器时代的遗址中都出土了精美的玉器。关于开采玉的记述很少，直到《天工开物》才有了关于玉的出产、采集、加工等较为全面的叙述。历史上关于玉石开采、加工记载少的原因，或许是玉器与民众的衣食住行关系不大。

一、玉器概说

《天工开物》中说："凡玉入中国，贵重用者尽出于阗、葱岭。"于阗即今新疆和阗一带，葱岭则指昆仑山一带。由于两地在中原之外，故有"凡玉入中国"之说。书中还说，"玉璞不藏深土，源泉峻急激映而生""映月精光而生，故国人沿河取玉者，多于秋间明月夜，望河候视"。关于寻找玉石，《天工开物》中还有一个很有趣的说法："河水多聚玉。其俗以女人赤身没水而取者，云阴气相召，则玉留不逝，易于捞取。此或夷人之愚也。"上述女人赤身取玉、映月而生等的说法确无根据。

开采到的玉石硬度高，需工匠用磨玉车耐心细致、精巧缜密地打磨，然后有选择地使用钢刀，细心雕琢、刻画，精心打造细节结构，使其成为精美绝伦的玉器。边角料可加工成各种装饰品，据《天工开物》说，碎末也不丢弃，涂抹琴上，可使"琴有玉声"。

由于玉珍贵，在《天工开物》成书之时，已有人造假。《天工开物》的作者提醒不要上当受骗，并列举几种造假的手法：有人用石头冒充，当然"昭然易辨"；有人捣碎上等白瓷，使其"细过微尘"，再用黏合剂调和，干燥之后"玉色烨然，此伪最巧云"。各种造假的恶劣行为在当时就受到鞭挞。

二、磨玉车

《三字经》云，"玉不琢，不成器"，玉器是琢磨而成的。《天工开物》载，"凡玉初剖时，冶铁为圆盘，以盆水盛沙，足踏圆盘使转，添沙剖玉，逐忽划断"。意思是，刚剖玉时，用铁制圆形转盘，用盆盛些水和砂，脚踏踏板驱使圆盘旋转，并不断地添水和砂以解剖玉石，逐渐把玉划断。所用磨玉车的结构如图5–40所示。

从图上看，操作工人双脚踏动踏板，两块踏板后端连在车身上，踏板各绳索反向绕在上轴两侧。当操作人一脚踏下时，踏板上的绳索带动上轴及转盘旋转，同时带动另一踏板上升，到达极限位置；然后操作人另一脚踏下，带动上轴及转盘向另一方向旋转。如此双脚交替上下，如同踏缝纫机般，上轴及转盘就不停地往复旋转，以此法加工玉石。盆内盛载用于打磨玉石的水和砂。

解玉用的砂不是普通的河砂，是专门的解玉砂，《天工开物》说，“中国解玉沙，出顺天玉田与

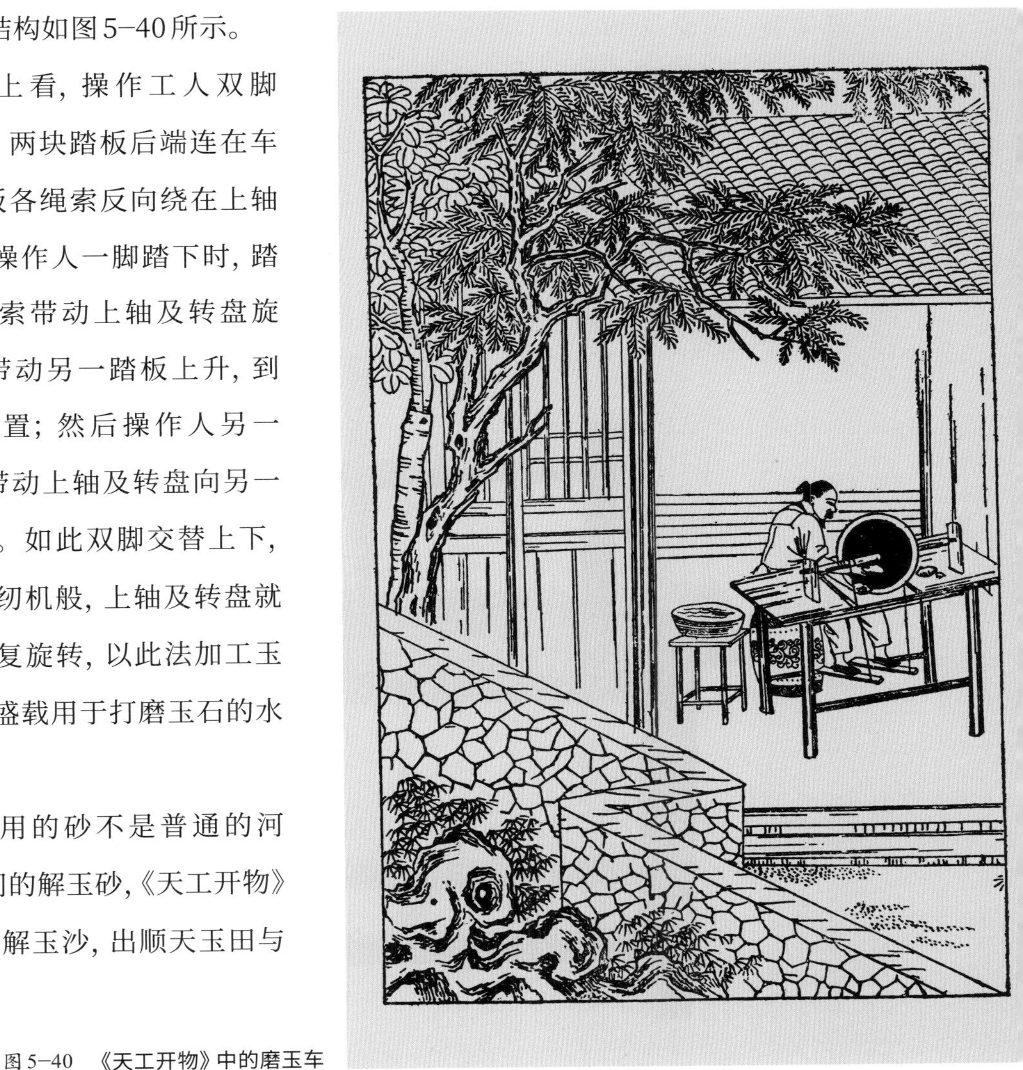

图5–40　《天工开物》中的磨玉车

真定、邢台两邑”。意思是，中国解剖玉石用的砂，出自顺天府玉田（今河北玉田）与真定府邢台（今河北邢台）两个地方，用它磨玉效果良好。现在得知这两处的细砂特别硬，是富含金刚砂之故。

但需指出，《天工开物》初刻本上的磨玉车插图是错误的，图中的磨玉车无法如书中所说“足踏圆盘使转”。另外，图中没用台面，操作时很不方便。图5-40是修改后的图，结构较为合理与清楚。

磨玉车的工作圆盘为铁质，其余部分为木制，圆盘直径约50厘米。磨玉车台面的长度为1.2米左右，高和宽均为六七十厘米。

现已将磨玉车复原，见图5-41。

图5-41　复原的磨玉车

第八节　印刷及活字架

印刷术是中国四大发明之一，为文化和知识的传播、交流创造了条件，极大地推动了世界文明进程。

一、印刷源流

在石器时代，古人结绳记事。传说4 000多年前黄帝时，仓颉创制了篆文，篆文又名蝌蚪文，以仿鸟迹。后写在竹片上的文字称为“竹简”；写在丝绸上的谓之帛书；刻在龟壳上的称为“甲骨文”；刻在金属或石头上的称为“金文”或“石鼓文”。

自东汉出现蔡侯纸后，撰书作文十分流行，抄写的文字称为写本或抄本，书写后按轴卷起，谓之“卷”。东汉末年出现了摹印和拓印石碑的方法，这两种方法复制文字的速度比手抄快多了。

大约到隋唐时期，出现了雕版印刷。它先将内容抄写在纸上，然后将稿纸正面粘贴在书页大小的木板上，将笔画雕刻成凸出的阳文字，然后像盖章般印在纸上制成书页，再装订成册，制成可传阅的书籍。有人说雕版印刷技术的出现与中国印章技术密切相关，它极大地促进了中国古代文化的传播和发展。

然而，雕版印刷技术费时费工，且成本很高，有时数年难成一书。而且雕版用后很难存放，纠正错误也很困难，书籍的复制遇到了瓶颈。

至宋代，毕昇发明了活字印刷。他先用铁制成“盔”（即铁板）。盔内用沥青等物涂抹，将陶制的字排列放入盔中，然后将盔放在火上烤，陶字被粘住固定后即能印刷书。使用两盔轮流交替印刷，一块用于印刷时，另一块则在排字。将印过后的盔加热，陶字便自然脱落。例如“之”“乎”“者”“也”等常用字以及数目字多加准备，冷僻字则随刻、随制、随用，十分灵活。有关毕昇与活字印刷一事，宋代沈括在《梦溪笔谈》中有详细的记述。科技史家胡道静认为：毕昇生前可能是雕版良工，他发明活字印刷的地点可能在杭州，发明的时间应不晚于宋代皇祐年。

《梦溪笔谈》中有一句引人注目的话，“其印为予群从所得，至今宝藏”，意即毕昇发明的活字印刷被沈括的晚辈族人得到并保存至今。沈括是在发现这些东西之后追根寻源，才得知活字印刷技术的原委及发明人，并在《梦溪笔谈》中作详细记述。这一记载极为珍贵，是记录活字印刷技术与毕昇其人其事唯一的原始资料。依靠这段记载，后世才得知从雕版印刷到活字印刷的发展过程。

之后，有用金属等其他材料制作活字，再后来有用木板制作印盔，并制作木活字，用竹片将活字夹紧，在其固定不动后进行印刷。

然而从记载看，活字印刷这一重要的发明并未立即付诸应用，直到近300年后，王祯在印制《农书》时，此法在他的主持下才付诸实行。

二、检字木轮

王祯在《农书》中详细记述了活字印刷的各个环节：“造活字印书法”“写韵刻字法”“锼字修字法”“作盔嵌字法”“造轮法”“取字法”“作盔安字印刷法”。在活字印刷中，检字排版是重要环节，但费工又费时。为解决这一难题，王祯记述了检字木轮的结构与尺寸，并绘图（见图5–42）加以说明。从图中可以看出：底座连着直立的套筒；板面连着立轴，立轴放入套筒中后，板面即可转动自如。活字放在板面上，按声韵排列。一个人工作时操作左右两轮，寻检活字。正如《农书》所说：“盖以人寻字则难，以字就人则易。此转轮之法，不劳力而坐致。字数取讫，又可铺还韵内，两得便也。”

关于木轮的尺寸，《农书》载，“其轮盘径可七尺，轮轴高可三尺许”，即轮盘的直径可达两三米，高约1米。

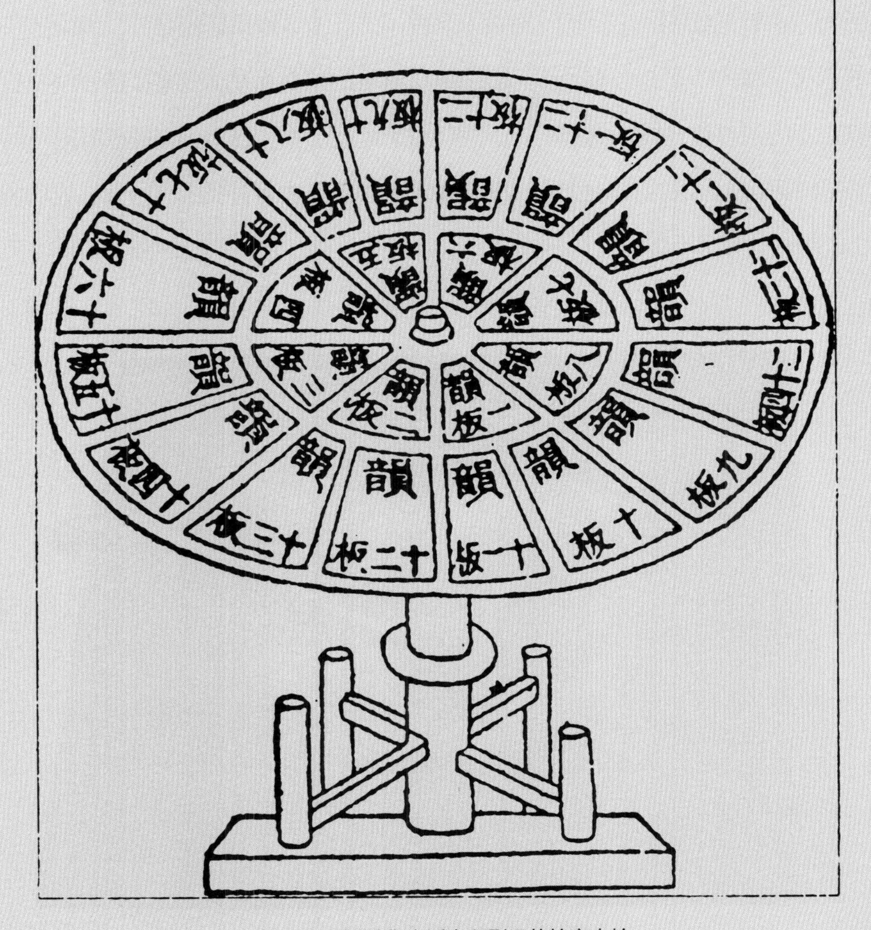

图 5–42 《农书》中活字印刷用的检字木轮

第九节　指南针

指南针是中国古代四大发明之一，影响遍及全世界。

一、指南针的起源

指南针起源于战国时期，最早名“司南”，这一名称明确地道出了它的指极性。司南是所有指南针的始祖。《韩非子·有度》记载，“先王立司南以端朝夕”，“端朝夕”是正四方的意思，“朝夕”是指方向，而不是时间。当时的司南是用天然磁石制作的，外形像勺，圆底，置于刻有方位的“地盘”上，“其柢指南”。这是人们在长期使用磁石的过程中，对磁体指极性认识的实际应用。王振铎先生考证了古籍中的有关记载，成功将司南复原（见图5–43）。

图 5–43　战国时期的司南模型

“磁石”一词从《吕氏春秋》高诱注而来，“石铁之母也。以有慈石，故能引其子。石之不慈者，亦不能引也”。陈元龙《格物镜源》引《事物绀珠》云：“磁，慈也，有铁处则生。吸铁针铁物，若慈母恋婴儿也。”古籍中的“慈”即“磁”。

二、磁石的应用

磁石被发现后，在医疗、安全保卫、勘探风水等方面相继得到了广泛应用，宋代之后还用于引导航行。

1. 医疗

磁石较早在医疗领域得到广泛应用。《神农本草本经》将其作为内服药，“慈石味辛寒，主周痺风湿，肢节中痛”，能“除大热烦满及耳聋”。旧传《神农本草本经》系神农氏所作，事实上，它的成书时间应该更晚些。另在《方术本草》《名医别录》《扁鹊传》《本草纲目》等书中都有类似记载。《名医别录》更说磁石能“养肾藏、强骨气，益精除烦，通关节，消痈肿、鼠瘘、颈核、喉痛、小儿惊痫。炼水饮之，亦令人子”。有些书说磁石可制成“五石散”，有滋补强身功能。

磁石也可作外用或意外事故用药，如小儿误吞针、钱等器物后服用磁石进行救治。《圣惠方》《本草纲目》《直指方》等载，磁石还可激发肌肉收缩，将磁石磨粉外敷可治疗“大肠脱肛”“子宫不收”，或溃疡、疔肿等。

《物理小识》《格致镜源》等书云，磁石有养生保健作用。

2. 保卫安全

《三辅旧事》中记载，“阿房宫以磁石为门”；《旧唐书》记载，“甲午，肃宗送宁国公主至咸阳磁石门驿”。皇宫之所以以磁石为门，是为了阻止身披盔甲、身藏兵器的武士进入宫门。荆轲当年刺秦王时，若走进的是磁门，必难以通过，也就不会有“图穷匕首见”行刺秦王的事了。

我国古代战争中，有时也利用磁石吸铁的原理来对付敌人的进攻。如《晋书·马隆传》记，“夹道累磁石，贼负铁铠，行不得前”。用磁石却敌，与磁石门防敌的原理一样。

3. 勘查风水

勘查风水又称为相地、相宅、青乌术、堪舆等。中国古代从帝王到臣民都十分重视阳宅和阴宅的位置与地形的选择，认为这关系到子孙后代的祸福吉凶。指南针发明后，在风水勘查中得到重用，并受到许多人的信赖。

4. 航运导航

宋代之后，指南针被搬上船，由此推动了航海业的蓬勃发展。

在指南针上船之前，航行中仅依靠天象识别方向。《淮南子》曾记有一次预谋害人之事，“人性欲平，嗜欲害之”，结果“夫乘舟而惑者，不知东西，见斗极而悟矣”。航行中常不知东西方向，直到望见北斗星方悟。如果遇到阴雨天，则无法观星斗辨方向。可见，指南针在航行中的作用是何等重要。

三、指南针搬上船

如何将指南针搬上船，需先解决两大难题：一是天然磁石的磁性不高，指极性能不强；二是因船只尤其是海船的颠簸，前述司南无法正常使用。这两个难题在宋代都有了初步的解决。

1. 指南针的人工磁化

首先需要加强天然磁石的磁性，使其更加可靠。经过加工处理，反复试验，这一难题获初步解决。

2. 指南针在船上的装置方法

查找古籍记载发现，指南针在船上的装置方法有六种。可想而知，当时民间也多作尝试，这反映出人们对指南针搬上船的迫切愿望。鉴于指南针的重要性，古籍记载的这六种方法已由学者复原，介绍如下。

（1）指南鱼法

将指南针藏于木刻的鱼腹中，见图5–44。《事林广记》记述："以木刻鱼子，如母指大，开腹一窍，陷好磁石一块子，却以臘填满，用针一半佥从鱼子口中钩入，令没放水中，自然指南，以手拨转，又复如出。"此法确能指南，但难免在水中摇荡不停，不利于观察。另外，此法与《武经总要》所记有异。

（2）水浮法

《梦溪笔谈》关于水浮法的记载极为简略，只说"水浮多荡摇"。之后有学者将《梦溪笔谈》中的水浮法复原，见图5–45。具体做法是，将指南针穿入灯芯草之类的极轻软的物质内，并将其放入水中。指南针依靠灯芯草的浮力浮在水面。这个方法也存在水面摇荡不停

图5–44　指南鱼法的复原图

图5–45　水浮法的复原图

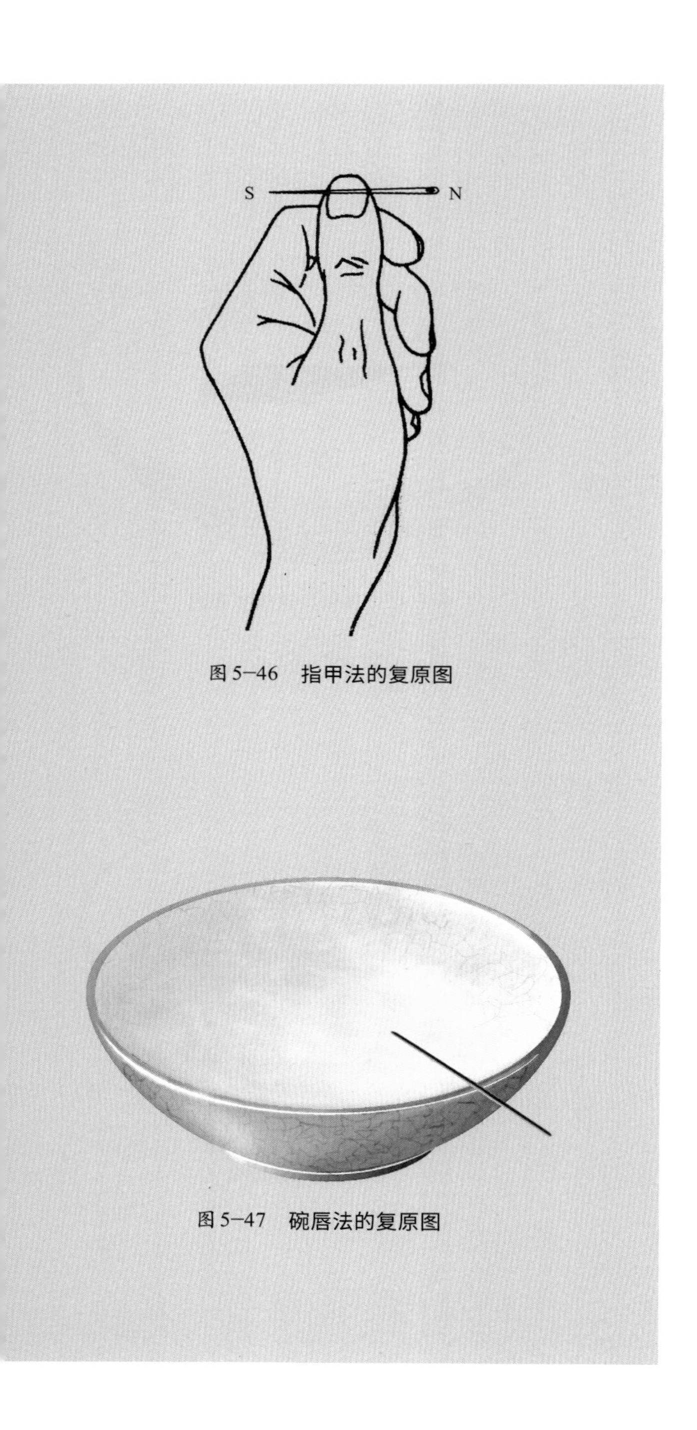

图5-46　指甲法的复原图

图5-47　碗唇法的复原图

的缺点。

（3）指甲法

《梦溪笔谈》中介绍的第二种方法是指甲法。该法将指南针放在指甲上，见图5-46。因为指南针与指甲间的摩擦阻力和摩擦阻力矩都很小，所以指南针可以转动自如，其缺点如《梦溪笔谈》所言，“坚滑易坠”。

（4）碗唇法

《梦溪笔谈》中介绍的第三种方法是碗唇法。这一方法是将指南针放在碗唇上，见图5-47。此方法的缺点与前述几种大体相同，同样也是“坚滑易坠”。

（5）缕悬法

《梦溪笔谈》中介绍的第四种方法为缕悬法，它是从新丝绵中抽取一根蚕丝，用芥菜籽般大小的一点蜡粘连在磁针的腰部，将磁针悬挂在无风的地方，磁针就常常指向南方，见图5-48。

《梦溪笔谈》介绍前四种方

法后，明确指出“不若缕悬为最善”。

（6）指南龟法

《事林广记》记述了指南龟法（见图5-49），“以木刻龟子一个”，在尾边“用小板子上安以竹钉子，如箸尾大，龟腹下微陷一穴，安钉子上拨转常指北，须是钉尾后”。

王振铎按照《事林广记》记载，对指南龟进行了复原。复原的指南龟的横截面图见图5-50。从图中可明确看出，指南针（磁石棒）放置在竹制尖顶上。但这种结构必然会使得指南龟的重心过高，致使放置不稳甚至容易脱落，似可改为在指南龟的下方放置两根磁石棒，令其放置较稳（见图5-51）。但这种放置或引起两根磁石棒相互干扰，影响其指南的正确性。因此，两根磁石棒间应保持一定的距离，或可采取其他结构形式。

图5-48　缕悬法的复原图

图5-49　指南龟法的复原图

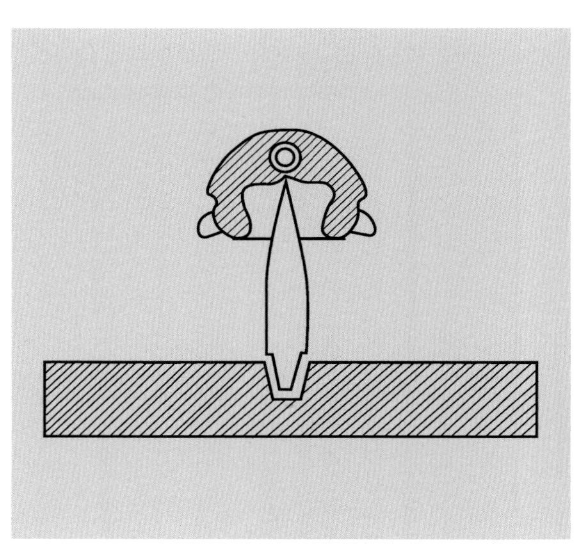

图 5-50　中国历史博物馆复原的指南龟横截面图
（引自王振铎《科技考古论丛》）

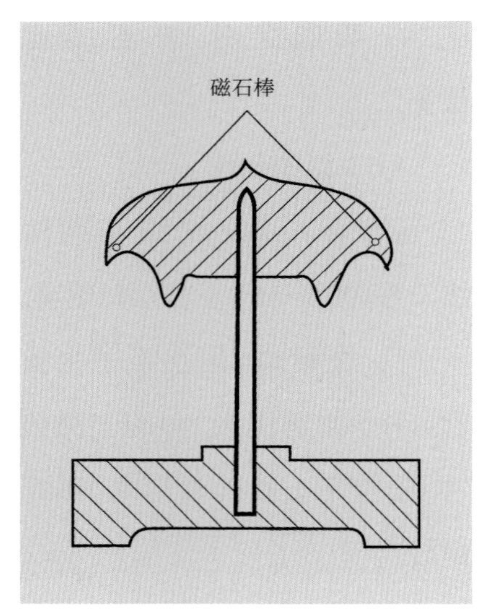

图 5-51　使用两根磁石棒的指南龟横截面图

四、水运事业大发展

指南针自宋代搬上船后，很快就在水运中得到广泛应用，解决了船只在茫茫大海中航行时无法辨别方向的难题。宋代朱彧在《萍洲可谈》中记载："舟师识地理，夜则观星，昼则观日，阴晦则观指南针。"之后，宋代徐兢奉使高丽，将见闻撰写成《宣和奉使高丽图经》，其中记述："惟视星斗前迈，若晦冥则用指南浮针，以揆南北。"到了元代，无论阴晴昼夜，船只都用指南针导航。伴随着指南针在航行中的普遍使用，相应出现了一些用罗盘（指南浮针）指示海路航线的著作，彰显出指南针在航海中的重要作用和地位，这些著作也是指南针制作技术和使用技巧臻于成熟的反映。明代的水罗针仪如图 5-52 所示。

有了指南针的助力，人类从此得以在广袤的海洋中自由航行，开辟出许多新的航线，缩短了航程，开创了航海事业大发展的繁荣局面，促进了各国间的文化交流和贸易往来。指南针是中国对人类文明进步的重大贡献之一，它为日后郑和完成下西洋的壮举打下了基础，直接促进了海上丝绸之路的开辟。郑和宝船模型如图5–53所示。

图5–52　明代的水罗针仪
（引自王振铎《科技考古论丛》）

图5–53　郑和宝船
（引自《中国古代科学技术展览》）

紡車圖

第六章 运输起重机械

中国是文明古国，运输起重机械起源很早，并都得到迅速发展。许多运输起重机械与人民生活直接相关，自然受到他们的高度重视；帝王和高官格外重视某些发明，他们投入大量的财力和物力进行开发和改进，这些发明具有极高的水准；也有些发明如指南车、木牛流马等，历来为史家和学者重视，争论也颇多，至今仍备受关注。本章将对以下内容予以述说。

陆上运输方面：着重围绕车辆展开介绍，包括车的形成、类型等，并提及一些特殊车辆，对其中的木牛流马作专门论述。

水上运输方面：除简略提及形成和类型外，主要讲述船舶动力的发展以及明轮船的出现。

起重机械方面：简略讲述基本简单的起重机械之形成，而后对众人感兴趣的悬棺的升置方法作分析，点明悬棺升置只是古代的一个起重工程问题，是简单起重机械的综合应用。另外，对差动绞车作介绍。极具传奇色彩的怀丙和尚从黄河激流中打捞“数万斤”重的铁牛一事，将在本章最后给予介绍。

必须说明的是，有些运输起重机械与其他章节有一定联系。如第一章农业机械中有些是运输机械，本章不作重复讲述；而战车既是运输机械，更是战争器械，宜放在第七章战争器械中讲述；中国古代文化瑰宝——指南车、记里鼓车，则放在第八章自动机械中叙述。

具有代表性、应用多、影响大的运输起重机械都是复原研究的重要内容。

第一节　车辆

车辆是重要的运输机械，它的出现是机械史上的大事。

一、车辆的形成

车辆与人们生活、劳动密切相关，因而历代古籍对此记载较多。

1. 车辆出现的时间

对车辆出现的年代有不同的说法。三国时蜀汉谯周著的《古史考》及清代陈梦雷等辑的《古今图书集成》上，都说是“黄帝作车”。而战国史官撰写的《世本》记述“奚仲作车”。奚仲是黄帝之后夏代的一名臣子。也有说法认为，奚仲是夏代的“车正”（掌管车的官员）。如把这些说法综合起来，则可以理解为黄帝时代创制车，而奚仲对车作了改进。若以“黄帝作车”为据，则车已有约4 600年的历史。

2. 车辆形成的原因

对车辆形成的原因也有不同的说法。东汉刘安《淮南子》、唐代杜佑《通典》（我国第一部记述典章制度的通史）认为，发明车可以“任重致远，以利天下”。有不少古籍对车的发明作了仿生的解释，如《通典》说，“睹蓬转而为轮”（蓬即飞蓬或蓬草，是一种植物，枯后断根，随风飘动）。综合以上说法，可认为受蓬草的启发创制车,“以利天下”。

3. 车轮的变化

从车轮的变化可看出车形成的过程(见图6–1)。开始时借助滚子搬运重物,这种方法约在新石器时代晚期出现。但这种方法既慢又较麻烦,需不断向前移动滚子。后来把滚子装在重物下,构成了车。最初的车轮过于简单,强度也不高,之后将车轮稍作加固。这类车轮,不论加固与否,都被称作辁。再后出现带轮辐的车轮,制造水平更高。山东嘉祥出土的汉代画像石上有制作车轮的图像(见图6–2),明代成书的《三才图会》中有制作车轮的图(见图6–3)。

图6–1　古代车轮的形成与发展

图6–2　山东嘉祥出土的汉代画像石上的制作车轮图

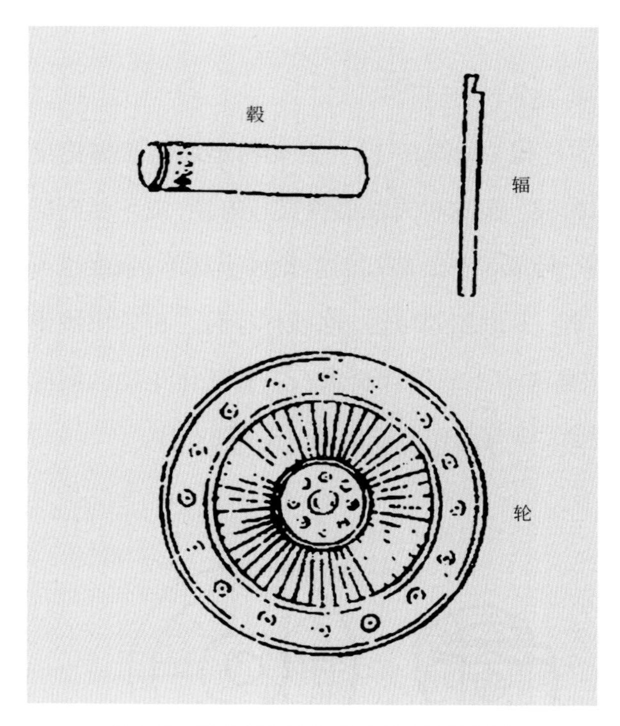

图6–3　明代《三才图会》中的车轮制作图

古代机械一般用木材制作，因而木工门类很多，如农业机械、手工业机械、船只、建筑、桥梁，等等。与其他行业木工制作相比，车辆制作的要求较高，难度较大，秦陵铜车马（见图6–4）是最佳的例证。车辆制造技术的提高，使各行各业的设备更精良，也促进了各行各业的发展。笔者研制室也把制作车轮和古车，作为培训复原制作人员的内容。

二、车辆的应用与发展

车形成后，因需求大而发展迅速。古代有各种类型的车辆，其大小、形状、繁简、制造方法都不同，名称很多且不统一，随地区、年代亦有区别。但各种车辆的宽度一般小于2米，这是由道路的宽度所决定的。

车辆按用途分，有如下几种：较为讲究的载人车；多用于民间运输，有时也用于载人的载货车；以作战为目的的战车；一些特殊用途的车辆，如仪仗车（包括指南车、记里鼓车等），只供嫔妃在后宫使用的羊车，表演用的杂技车（见图6–5），以及少数民族首领用的车辆等。特殊用途的车辆种类很多，不胜枚举，仅清朝皇帝出行使用的车辆就有五种之多（见图6–6）。

图 6-4　秦陵一号铜车马

图 6–5　汉代杂技车

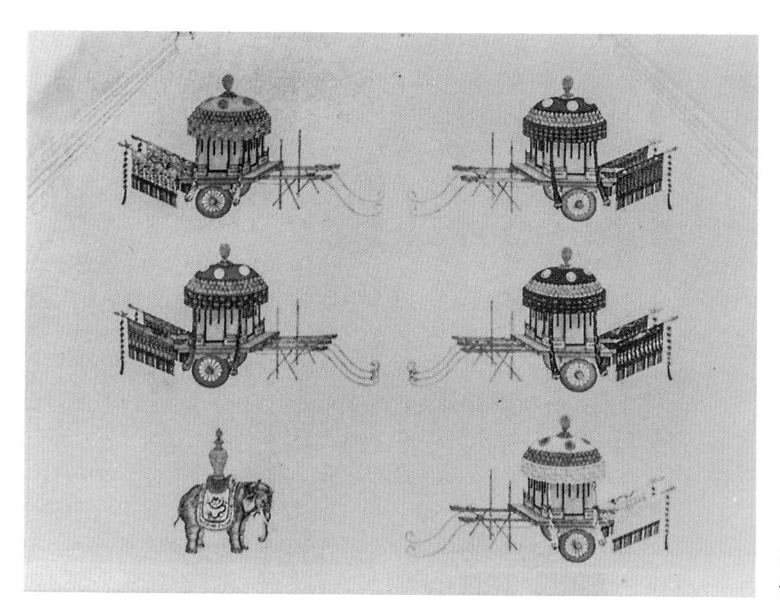

图 6–6　清朝皇帝出行使用的五种车

按车辆的动力分，有动力多为牛的民间车辆，动力多为马的战车、载人车等。战车常用四匹马拉，能满足战车快速奔跑的要求。

按车辆的轮数分，有常用的两轮车，也有独轮车。大型车辆及安车则用四轮。

按车辆的车辕数分，多为两辕车，也有独辕或三辕车。

有的车辆上面有篷盖，这种车辆比较考究。

第二节　独轮车与木牛流马

独轮车和木牛流马都是机械史上的重大问题。

一、独轮车

独轮车也称“小车”“鹿车”，是用硬木制造的手推单轮小车。

独轮车提高了车辆的适应性和机动性，降低了车辆制造的复杂程度与生产成本，扩大了车辆的使用范围。

1. 独轮车的起源

西汉刘向《孝子图》中董永的故事，给出了独轮车出现的可靠依据。故事大意是：西汉人董永，贫寒丧母，与父相依为命，他用“鹿车”将老父载到田头，边耕作边照顾。父亡后为安葬，去债主家干活抵债，途遇一女子，自愿相许，并同到债主家。女子只用“一旬”即十天的时间，织了三百匹绢助他还债。后两人回家，到当初相遇处，女子自称天女，因其孝，被派相助，债已还，即告别，便冉冉升上天去。因董永是传说中的大孝子，古籍上有关他的记述特别多，评话、传奇、戏剧中也都有相关内容，电影《天仙配》就是据此改编拍摄的。

图 6–7 山东嘉祥汉武梁祠汉画像石上的董永故事

董永载父用的“鹿车”即是独轮车。有多处汉代画像石上绘有董永故事，其中山东嘉祥汉武梁祠的图案（见图6–7）最为清晰。图下方中间是董永之父，他坐独轮车上，左手执杖，右手向前指。图左站着的便是董永。图右援树欲上者，应是看热闹的小孩。左上方悬在空中的，即飞天的七仙女。这幅画把不同时间发生的事都放在一起。图中可看到最早的独轮车，证实了独轮车的早期名称即“鹿车”。

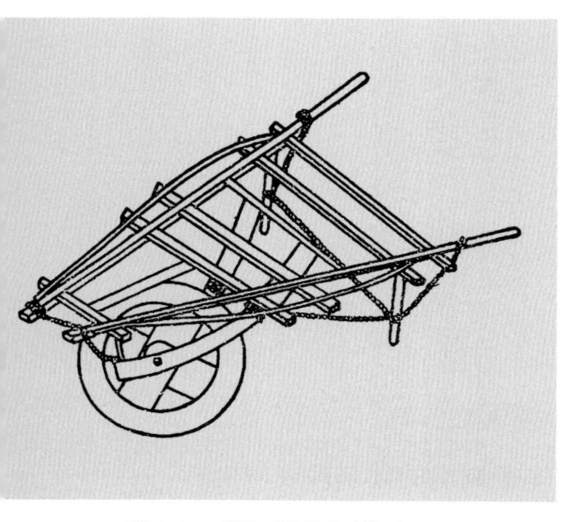

图 6–8 《河工器具图说》上无车轮架的独轮车

2. 独轮车的应用与类型

独轮车在汉代出现后，应用广泛，是山路、小径上重要的运输工具。除鹿车和乐车外，其名称还因时因地有所不同，有手推车、小轮、土车、羊角车、羊头车子、鸡公车、江州车子等。独轮车有不同的种类，要弄清木牛流马，首先要了解独轮车的分类。

独轮车可按中间有无车轮架分。有车轮架的独轮车，车轮高大，车身重心较低、较稳定，但制造不便；无车轮架的独轮车（见图6–8），车轮较小，车身在车轮之上，重心较高、不稳定，却易于制造。

独轮车可按有无前辕分。有前辕的独轮车，车身较大，载重量也较大，车前可用人畜来拉；无前辕的独轮车，车身较小，载重量较小，车前不用人畜拉。

车轮架和前辕有多种组合形式。如图6–9中的土车是无前辕的独轮车；图6–10是有前辕的独轮车，图6–11是有车轮架及前辕的独轮车，图6–12是笔者研制室复原的几种独轮车，另有其他形式的独轮车不一一列出。

图6–9 《天工开物》中无前辕的独轮车

图 6–10 《天工开物》中有前辕的独轮车

图 6–11 《清明上河图》中既有车轮架又有前辕的独轮车

（a）有车轮架、无前辕的独轮车

（b）无车轮架、无前辕的独轮车

图 6–12　复原的几种独轮车

既无车轮架又无前辕的独轮车，尺寸较小，轮高不宜超过70厘米，以免重心过高不易驾驶。车身宽为70～80厘米，以推车人两手张开的宽度为准。有车轮架但无前辕的独轮车稍大；既有车轮架又有前辕的独轮车最大，车轮的直径和车身宽度都有八九十厘米，这种独轮车有时还用圆弧形的木头来加宽车身，车身可达1米。

二、木牛流马——特殊的独轮车

三国时，因蜀魏战争需要，诸葛亮与蒲元等人研制了运送军粮的木牛流马，成为流传千古的美谈。

1. 各种观点

木牛流马历来引人关注，自南朝祖冲之（约公元5世纪）起至现代，一直有人孜孜不倦地研究它。自古以来对于木牛流马形成了多种不同观点，由于各自所据的史料不同，分歧很大，这些分歧意见归纳为以下四种。

（1）认为木牛流马即是独轮车

古籍《宋史》《事物纪原》及《历代名臣奏议》等记述持此说。

李约瑟《中国科学技术史》第四卷第二分册（机械工程）认为木牛流马是独轮车。

刘仙洲《中国古代农业机械发明史》述："所谓木牛流马，就是以后的独轮小车了。"

（2）认为木牛流马是奇异的发明，即自动机械

最早是古籍《南齐书·祖冲之传》提出："以诸葛亮有木牛流马，乃造一器，不因风水，施机自运，不劳人力。"宋代《太平御览》未将木牛流马收入"车部"，而将其归于"巧部"，此归类反映了编纂者持这一观点。

此观点由于小说《三国演义》对木牛流马绘声绘色的描写及普及读物的传播而广为人知。

（3）认为木牛是独轮车，而流马是四轮车

《诸葛亮集》《通典》《资治通鉴》等古籍中，皆载有制“木牛流马法”，其中“流马尺寸之数”段提到流马有前后两轴。

宋代陈师道《后山丛谈》说：“蜀中有小车独推，载八石，前如牛头。又有大车四人推、载志五十石，盖木牛流马也。”古代大车即大型运输车，都是四轮车。

范文澜《中国通史简编》也提出这一观点，其资料来源或与上述古籍有关。

史学界有些学者亦持此见。

（4）不指明木牛流马是什么样

明代罗欣《物源》仅记：“诸葛亮作木牛流马。”

郭沫若《中国史稿》说，诸葛亮“创制木牛流马运粮车，开展山区运输”。

这一观点持严谨、慎重的态度，可惜对问题的深入研讨未提供线索。

现代学者继续对木牛流马进行研究，有关报刊还对此做了专题讨论，发表了许多有价值的意见。其实，木牛流马是具有特殊外形、特殊性能的独轮车（见图6–13），笔者根据这一观点复原的木牛模型（见图6–14），现陈列于中国军事博物馆。

2. 木牛流马是特殊独轮车的理由

如上所述，在《宋史》《事物纪原》《历代名臣奏议》等古籍中，都明确记载了木牛流马即为独轮车。

根据史料推断，木牛流马应有如下特殊之处：其一，木牛流马的外形似牛、

图 6–13　具有特殊外形和特殊性能的独轮车——木牛推想图

图 6–14　按木牛推想图复原的模型

似马，以壮军威；其二，一般独轮车上有两个支承，但木牛流马上有四个支承即“四足”，便于随处停放；其三，木牛流马上有刹车系统，由“垂者为牛舌”“细者如牛鞅”“牛鞅轴”组成，以适应栈道上行走之需，它不同于一般独轮车；其四，木牛流马上有装载粮食的专用工具“方囊”两枚，载重量比一般独轮车稍大，每次“载一岁粮”，达四五百斤（200～250千克）。木牛流马的速度为“特行者数十里、群行廿里”。三国时，蜀国栈道上运粮路线是从剑阁到斜谷，约600里（约300千米）长，往返一次需两三个月。

木牛可能有前辕，便于由人来拉；而流马显狭长、轻便些，可能没有前辕，不用人拉。木牛流马应有车轮架，用以降低车子的重心，使之能在狭窄的栈道上安全通行。当地人称栈道为“五尺道”，意即栈道的宽度为五尺（约166厘米）左右，这个宽度应当满足双向行驶的独轮车互相会车，以此为据推测木牛流马的宽度应为“五尺道”宽度的一半，其他尺寸与一般独轮车相近。

因为木牛流马有以上这些特殊之处，当它出现在栈道上时非常引人注目。而认为木牛流马因是最早的独轮车，故影响巨大的观点，显然是不对的。

第三节　古船与明轮船

船舶是人类在江河湖海中进行渔猎、运输、战争以及游乐和文化交流等活动的重要工具。它起源于新石器时代。

一、古船的起源

据《物原》说，是人工钻木取火的发明者燧人氏首创舟船，“燧人氏以匏济

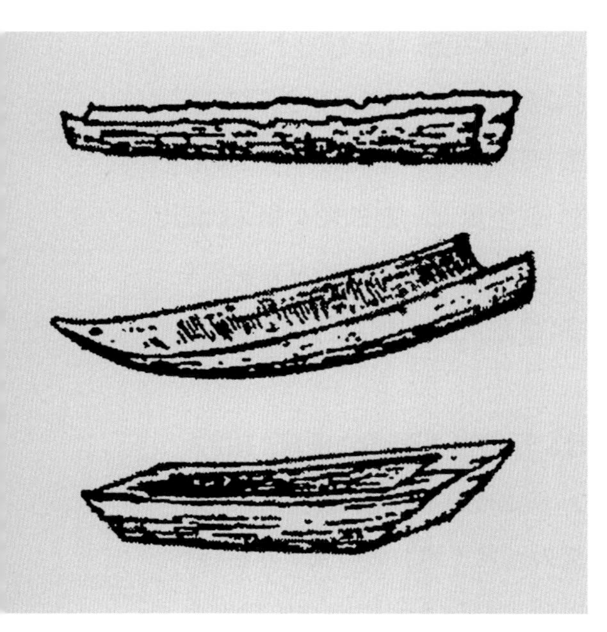

图 6–15　出土的早期独木舟

水”（匏即葫芦），古书《世本》说是黄帝的两个大臣“共鼓、货狄作舟”，这些书是后人根据先古的传说所写，未必是信史，但可以推测船在中华文明的拂晓之前出现。古船的出现时间应以考古发现为依据。

水上运输工具的始祖是筏和独木舟。只需用绳索把木和竹捆绑起来就可以制成筏，而独木舟需要用工具加工才能制成。独木舟与古船的出现和发展关系更密切。

在浙江余姚河姆渡遗址中，发现有距今7 000年左右的木桨。在浙江杭州、江苏武进（今属常州）、福建连江等地都曾发现独木舟或木桨。独木舟有不同的式样，如图6–15所示，它们作为水上交通工具，可使古人渔猎的活动范围扩大。

古人在用大木制造独木舟时，应用了石斧、石凿、锯等工具。推断当时还用火烧去多余部分，用泥把意欲保留的部分保护起来（见图6–16）。

之后，在独木舟四周加上木板，将其加高，防止水进入；又将其加长，独木舟逐渐发展成船（见图6–17）。

二、古船的主要类型与结构

船形成后，其结构便大体定型，随后趋向完善。

1. 古船的主要类型

中国古代的船舶是木船，船型丰富多彩，有两三百种之多，以适应不同环境，

图 6–16　古人在制作独木舟

图 6–17　由独木舟发展成船

有沙船、福船、广船、鸟船等。沙船除了运沙之外，还可以“坐沙”，即可在泥沙上搁浅；福船和广船指的是它们的产地分别是福建、广东一带；而鸟船指的是它像只大鸟停泊在海上。在这些船中，沙船、福船（见图6–18）的应用最广泛。

图6–18　中国古代主要的船型——沙船、福船

（1）沙船

沙船出现很早，大约在唐代定型。它也称防沙平底船，方头、方尾、宽敞，载重量很大，但吃水不深。沙船的适用范围极广，不但适于江河及沿海地区，而且活跃在远洋航线。郑和七下西洋的船队中，主要的船型即是沙船。概括起来，沙船有如下优点：其一，底平，适应范围广，不怕搁浅。其二，船舶宽，又常配有保持稳定的设备，稳定性好。其三，多桅多杆，受风大、阻力小，动力性能好。

（2）福船

福船是尖底海船，大约在宋代定型。它适于远洋通行，既可运输又可战斗，是战船的主要船型。福船通常很大，结构坚固。其船头高昂，可以居高临下地打击敌船。福船吃水深、载重量大，适航性能、稳定性尤其好。

2. 古船的主要结构

古船除船体外，还有船窗、船舶动力系统、方向操纵附件和固定装置等。从广东地区汉代造船遗址来推算，所建造的船只长可达30米，宽可达8米，载重约60吨。另外在广州郊区的东汉墓中，出土了一件陶质船模（见图6–19），从中可看出当时的船舶水平。该船模清楚地展现了复杂的结构：有前、中、后三舱，舱上都有篷顶，船尾有瞭望台，船前有锚，船后有舵，两边备有三支桨。动力系统将在下文专门叙述，这里只扼要地介绍舵和锚。

图6–19　广东出土的东汉陶质船模

（1）舵

舵是船上控制航向的设备。产生船舶动力的桨最初也管船舶的方向，后随着船舶渐渐增大，划桨的人变多，开始有分工。有专人掌握船的航向，所用的桨称为“舵桨”，而后舵和桨完全分离，于是就有了专门的船舵。现从考古发现可以肯定，我国汉代已出现舵。舵的位置由船侧移到船尾，之后舵有大有小，可升可降，结构愈加复杂。

（2）锚

锚是一种固定船的器具，它应与船同时出现。船既要行走又要停泊，若要靠岸，开始用绳索把船拴在岸边的木桩、巨石等物上。为了能使船舶停在水中，出现了用巨石制作的石锚，古籍称之为“碇”和“矴”。也有利用抓力固定船的木锚，古籍称之为木“椗”。应用金属锚的时间不晚于南北朝。当时的造船水准已经很高，制造的船舶既大又多，《天工开物》中绘有制造巨锚的情景（见图6–20）。

三、船舶动力

船只依靠动力推动才能前行。最初船由人动手、动脚划水前进。

古代船舶的动力来源于篙、桨、橹和帆。篙大多用于筏上，效率比较低，且只能在浅水中使用，水较深时就“篙长莫及”了，篙的使用有很大的局限性。独木舟上使用桨，早期的桨比较短。随着船舶的发展，桨逐渐加长，而且中间用支点加以固定，长桨成为杠杆，便于操作，并降低了划桨强度，比篙有明显的优越性。为求得较大的动力，需多名桨手奋力划桨。然而，桨和篙的划动是间歇动作，有碍效率的提高，于是桨进一步发展成为橹。《释名》中记有橹，以此为据推断，橹在东汉已出现。橹的外形似桨，比桨大，由长桨演变而来。橹入水端的剖面呈弓

图 6–20 《天工开物》中锻造巨锚的情景

形，其前后面水压的差异可产生动力。橹在水中模仿鱼尾左右摆动，能产生连续的推动力。摇橹用力轻时，还能起到控制方向的作用，效率明显提高。陆游在《初发荆州》中说，"健橹飞如插羽翰"，以夸张手法形容摇橹船的飞速。

篙、桨和橹都是用人力推船前进的工具，所产生的推力都受到人力的限制。帆则利用风力推动船只前进。商代甲骨文中发现了几个很像"帆"的字。《释名》中记有，"随风张幔，曰帆"，并说它可以使船疾驶。因此可知，帆在汉代已有较多应用。早期的帆固定不动，必须一路顺风才能推动船前行。这种固定帆的实用性很差。之后，帆变硬，可以升降，也可以调节方向。在一艘船上同时张挂数张帆，帆与披水板（即腰舵）、尾舵密切配合产生合力。帆接受八面来风，并将它们都转化为一路顺风，使船能以"之"字形前进。

四、明轮船

明轮船（见图6-21）又称车船、桨轮船。《宋史》说它"以轮激水，其行如飞"。它的特点是脚踏转轮，由轮上的桨叶拨水前进。它的出现意味着船舶动力有了重大进展。

明轮船一般认为是南北朝时祖冲之所创，据《南齐书·祖冲之传》记载，祖冲之"又造千里船，于新亭江试之，日行百余里"。"新亭江"即现南京附近的长江。当时若用其他动力的船舶不可能"日行百余里"，若此船是明轮船，则可知明轮船最早的名称是"千里船"。

更为明确的依据是《旧唐书·李皋传》上载："……常运心巧思为战舰，挟二轮蹈之，翔风鼓疾，若挂帆席。"这段记载似可说明，当时已用明轮船装备部队了。另据陆游的《老学庵笔记》载，"钟相、杨么，战舡有车船，有桨船……官军战船亦仿贼车船而增大……至完颜亮入寇，车船犹在，颇有功云"。这段文字说明

图 6–21 《武备志》中的明轮船

明轮船已用于实战，且战功显赫。《宋史·虞允文传》记载："允文与存中临江按试。命战士踏车船，中流上下，三周金山回转如飞。敌持满以待，相顾骇愕。"这段引文可以看出战船使用明轮后速度大大提高了。《梦粱录》记载："贾秋壑府车船，船棚上无人撑驾，但用车轮，脚踏如行，其速如飞。"此说对明轮的结构描写得更加清楚。

古籍上关于明轮船的记载还有一些，此处不赘述，只提出如下意见供复原研究参考。

第一，有关明轮船的记载说明，明轮船都是在战争中使用的，似未见民间有用明轮船。这或因明轮船结构复杂、制造不易，限于人力，其使用、维修的成本很高，无法作为民用和一般运输使用，因而发展不快。

第二，从有关记载可以看出，明轮船都是通行于内河，在海洋中难觅明轮船的踪迹，因此明轮船应是以沙船为基础发展形成的。

第三，宋代古籍曾记载，杨么起义时所造的明轮船中，大的"长三十六丈，广四丈一尺。船高二重或三重，可载数千人。船上设拍竿长十余丈（约30米），上置巨石，下作辘轳贯其颠，遇官军船近，即倒竿击碎之"。关于明轮（即划水木轮）的数目，传说从每边一个发展到24车、32车之多，这显然有点夸张，不可能用如此大的船在洞庭湖上作战。另外宋代古籍还记载杨么造明轮船，"打造八车船样一只，数日并工而成，令人夫踏车于江，上下往来，极为快利"。几天就能造好的船，应该不大。据之后《武备志》载明轮船的图样看，明轮船只是小船，如此才能发挥其在作战中快速、机动的特长。在有些场合明轮船或可稍大，但也不至于过大。

现据《武备志》载的明轮船图样，估计明轮船长9～12米，宽4～5米。明轮的结构略同车轮，轮缘上有8个桨片，其直径为1.5～2米。驱动轮桨的结构可参考人力驱动龙骨水车的踏车，或自行车的驱动装置。复原制作的明轮船见图6-22。

图6-22 复原的明轮船

第四节　古代起重装置

古代起重装置包括桔槔、滑轮、辘轳、绞车和差动绞车。其中桔槔和辘轳较多用在农业上，前已作论述。本节扼要介绍滑轮、绞车和差动绞车。

一、滑轮

桔槔向上提水，其提升高度受横杆前端的直杆长度限制，只适用于浅井。如井较深时，就要采用其他提升工具，滑轮即是其中之一。

现从考古资料得知，西周时已应用滑轮从井中取水。在陕西西安看到西周时期呈椭圆形的水井，可容两个水桶上下，而桔槔、辘轳、绞车都只用一个水桶取水。另在椭圆形井口的长轴端点附近发现两个脚窝。据这些因素推断当时一定采用了滑轮。另从四川成都东乡出土的汉代陶模上，也能看到在井上使用滑轮（见图6–23）。

图6–23　四川成都东乡出土的汉代陶模显示在井上使用滑轮

滑轮是一种提升工具，除提水外，其他场合也有应用。如在江西瑞昌铜矿中见到商周时期的木滑轮（见图6–24），从其磨损的痕迹判断，这些木滑轮用于从垂直巷道中提升矿石。

从图6–25上可以看到绳索绕在滑轮上，绳索的一端为物体重量Q，绳索的另外一端为所施加的臂力P，如果忽略摩擦的影响，平衡条件应是$P=Q$。由此可知使用滑轮可以改变力的方向。用滑轮取水，打水人永远向下施力，姿势较为合理，也可以借助于重力，人工作时不易疲劳，但并不省力。如用滑轮提升矿石，则可以令矿石的提升方向适应巷道。

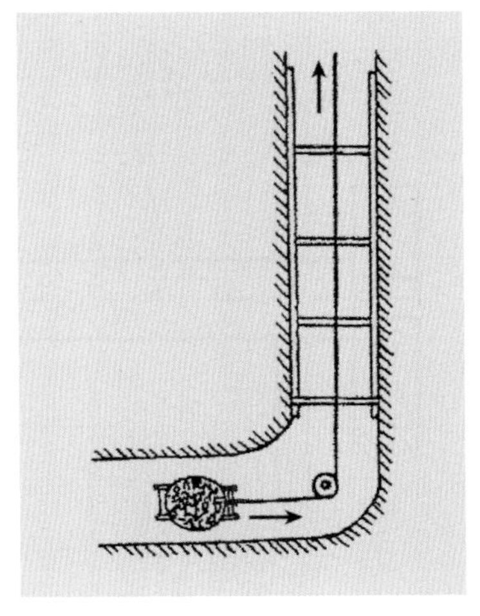

图6–24　江西瑞昌铜矿中商周时期用于提升矿石的滑轮
（引自《中国古代金属技术》）

二、绞车

绞车是古代得力的起重设备，它能明显地加大人的臂力，其基本原理与辘轳略同。

1. 绞车的受力

绞车具体的受力分析见图6–26。假设，绞车收卷绳索的卷筒半径为r，手柄半径为R，物体重量为Q，手柄上施加的臂力为P。当绞车顺利工作（不计摩擦）时，平衡条件为$R\times P=r\times Q$，则$\frac{R}{r}=\frac{Q}{P}$。显然，当手柄的半径R是绳索卷筒半径r的N倍时，就可以省力N倍。为操作之便，绞车上的手柄做得很长、较多，手柄一般有四个或六个，扳手常做成两圈，可供两人同时操作。这都是为了便利、省力地操作绞车。

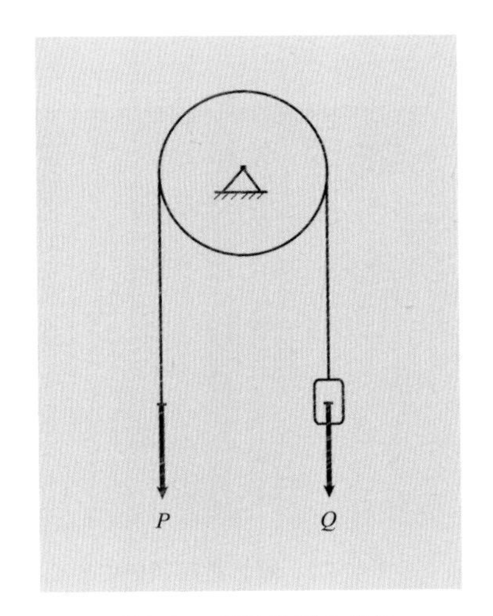

图6–25　滑轮的受力分析
P：臂力；Q：物体重量。

利用绞车提升物体的速度较慢，但比较省力。在湖北黄石铜绿山铜矿遗址中，曾出土战国时的绞车轴（见图6–27）。该

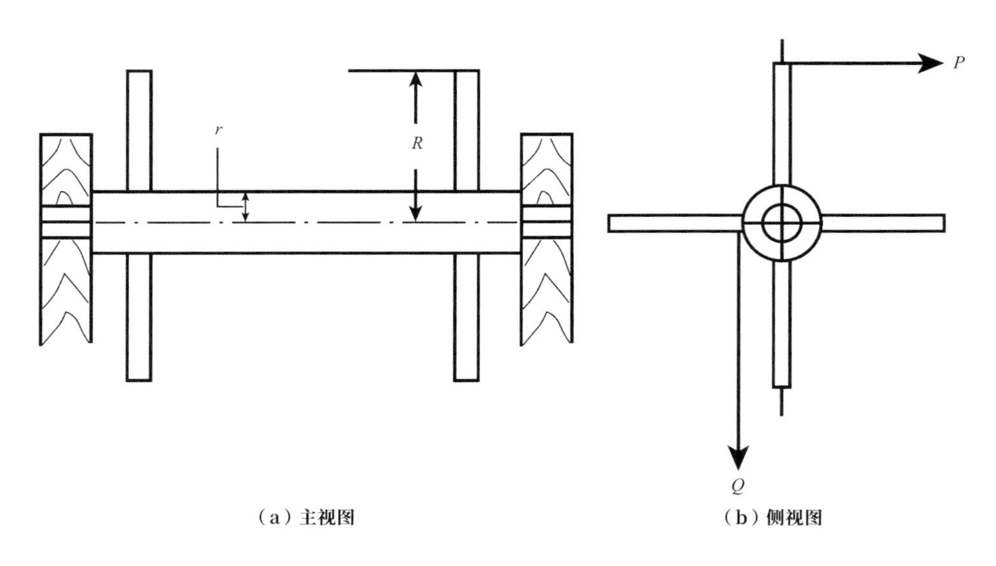

（a）主视图　　（b）侧视图

图6–26　绞车的受力分析
P: 臂力; Q: 物体重量; R: 手柄半径; r: 绞车绳索卷筒半径。

图6–27　湖北黄石铜矿中出土的绞车轴
（引自《中国古代金属技术》）

轴的两端各有六个手柄孔，在手柄孔外又有一圈孔，这可能是刹车孔，内装刹车销子。现已有学者绘出该绞车轴的复原图，见图6–28。

2. 绞车的应用

由于绞车是古代常见的起重设备，有着广泛的应用，所见的应用有以下方面。

（1）汲水

《晋史》记载：在公元4世纪，后赵国君石虎在挖春秋时晋卿赵简子的墓时，发现了泉水，就用“绞车”、牛皮囊汲水。这也是正史中关于绞车的最早记载。

（2）采矿

在湖北黄石铜绿山铜矿遗址中，发现了战国时的绞车芯。《天工开物》记述人入水采珠、下矿井采宝时，都用绳索系腰，上用绞车操纵升降。因井下毒气很重，下井人风险极大，因而在分配经济利益时，常是“十数为群，入井者得其半，而井上众人共得其半也”。然而《天工开物》的下井采宝图（见图6–29）中，绞车是另一种结构，在复原时也可参考。

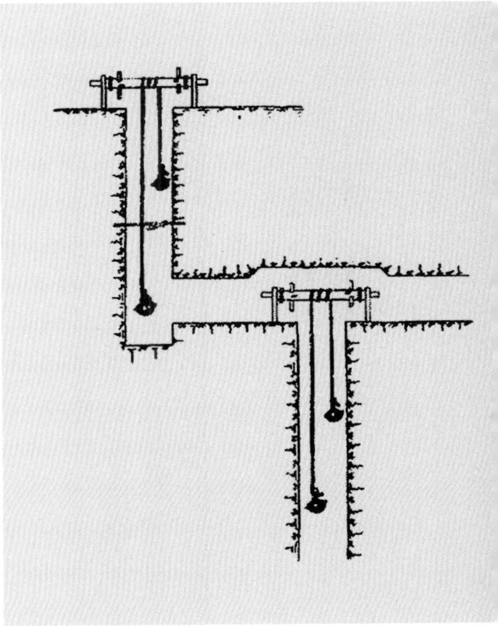

图6–28　湖北黄石铜绿山铜矿遗址中出土的绞车轴复原图
（引自《中国古代金属技术》）

（3）捕鱼

从宋人画（见图6–30）上可以看到，当时船上捕鱼用的搬网就是由绞车来控制的。

（4）拉船过闸

苏联出版的《中国科学技术史》有图反映用绞车拉船过闸的情景。从图6–31中可以看出，这种场景下使用的绞车是发力更大的立绞。立绞由四个人推动，腰部发力产生的推力远超臂力。

（5）战争器械

用于侦察的巢车即是由绞车提升板屋实现登高瞭望的。《武经总要》把绞车作为防守器械，从而得知在宋代，吊桥是用绞车控制的。江苏南京的中华门留有当时城门使用千斤闸的印痕，从而得知明初在防守中，已采用由绞车控制的千斤闸。

图 6–29　《天工开物》中的下井采宝

图 6–30　宋人画中的捕鱼船
（引自刘仙洲《中国古代机械工程发明史》）

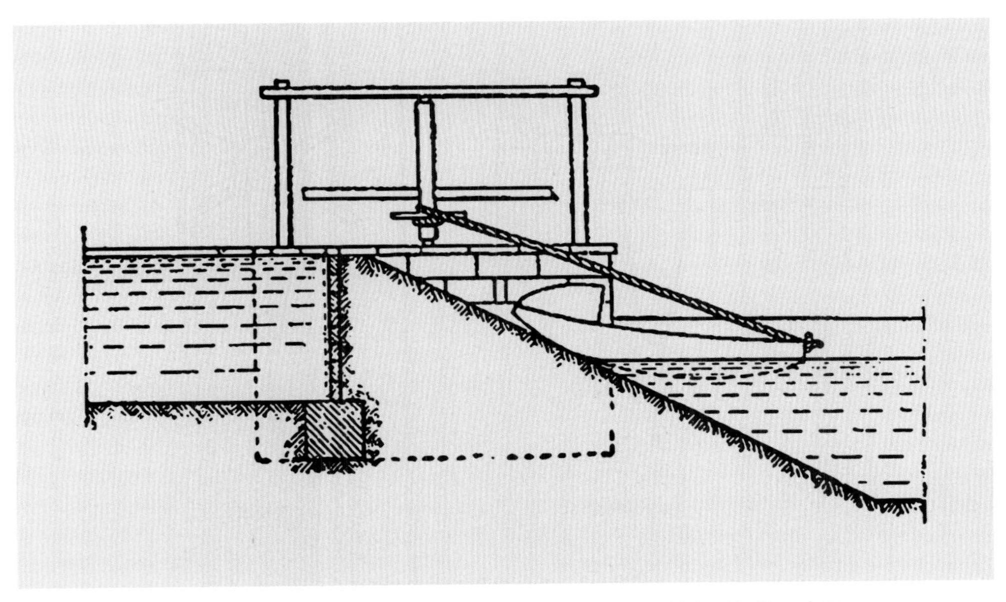

图 6–31　《中国科学技术史》中用立式绞车拉船过闸的示意图

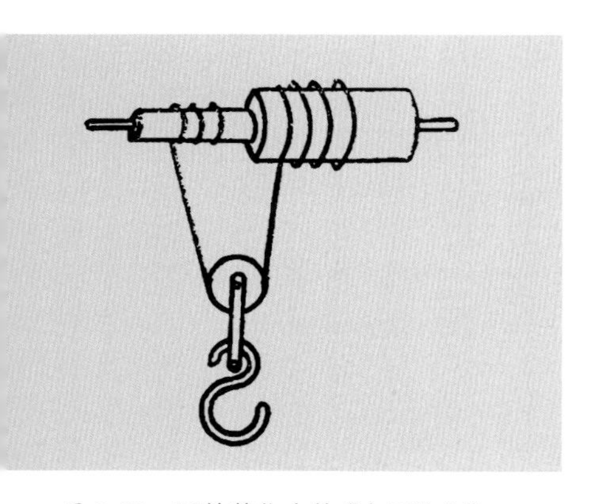

图6–32 国外著作中的“中国绞车”——差动绞车
（引自刘仙洲《中国机械工程发明史·第一编》）

（6）悬棺

春秋战国之交出现的悬棺，也是用绞车升置上悬崖的。直至现在，悬棺仍有遗存。

绞车还另有其他应用，此处不赘述。

3. 差动绞车

刘仙洲的《中国机械工程发明史·第一编》记述，西方物理学书籍上记载了一种“中国绞车”（见图6–32），从简图上明显看出它是差动绞车，在中国现有的古籍上还未曾见到这种绞车。

差动绞车的受力分析如图6–33所示。绞车手柄半径为R，绞车轴粗细两段的半径分别为r_1及r_2，两个人扳动手柄的总臂力为P，而物体重量为Q。绞车工作时，平衡条件是（$2\pi r_2-2\pi r_1$）$Q=2\pi RP$，因此该

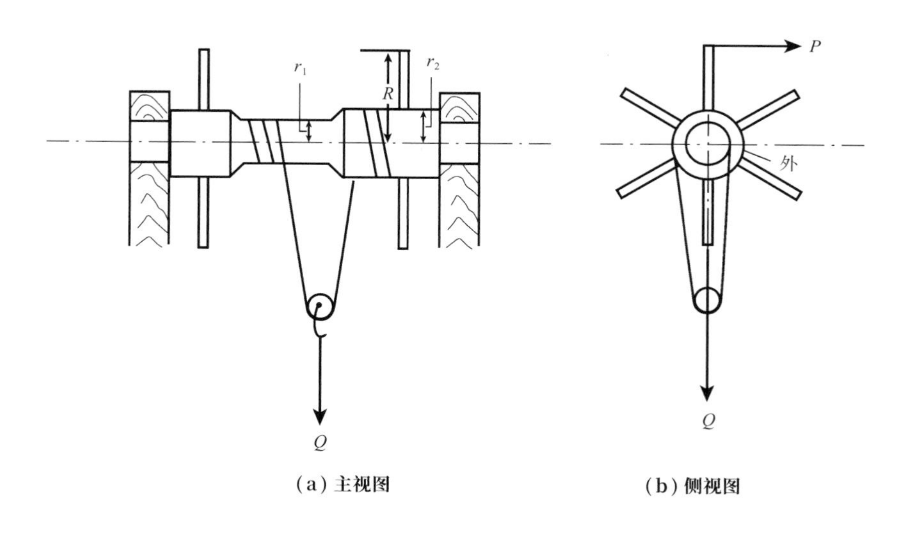

图6–33 差动绞车的受力分析
P：臂力；Q：物体重量；R：手臂运动的半径；r_1：绞车轴较细部半径；r_2：绞车轴较粗部半径。

绞车提升物体的重量$Q=RP/(r_2-r_1)$。式中,R和P都有一定的限制;(r_2-r_1)的数值很小,即绞车轴粗细两段的半径相差很小;Q很大,即物体的重量很大,但绞车提物速度很慢,这正是差动绞车的主要特点。

根据差动绞车的特点,可以得知它适用于受力较大而允许提升速度较慢的场合。它尺寸庞大,所用木材应较优,以保证其有足够的强度可以正常工作。差动绞车手柄的直径应有1米左右,绞车两个手柄之间的工作部分的较粗端直径可达35～40厘米,较细端直径不小于20厘米,绞车轴的长度应至少是1.5米。差动绞车还可增加刹车装置。

第五节　古代起重装置的综合利用——悬棺升置

悬棺的名称有很多,如“崖棺”“蛮王墓”“僰人棺”“濮人冢”“白(僰)儿子坟”“岩葬”“沉香棺”“炕骨”“铁棺”“仙人葬”“仙蜕函”“飞神古墓”“神仙骷髅”等。这种神秘的葬式是把棺木放在悬崖上的洞穴中或木桩上,具体的葬式各有不同,以“悬棺”作为这种葬式的总称。

一、千古之谜——悬棺

悬棺主要分布在我国南方地区,江西、福建、浙江、湖北、湖南、重庆、四川、云南、贵州、广东、广西、台湾等12个省市均有。其中当以江西、福建地区的悬棺历史最悠久,约在春秋战国之交,它们是古代百越族首领的葬式,已成为千古奇观。古代所选葬地,一般都面山临水,风景秀丽,因而悬棺所在地通常也是旅游的胜地。

1. 源流

悬棺起源于武夷山及周边地区，即闽北、赣东南以及浙西一带，是百越族等少数民族的葬式。《汉书》《史记》《淮南子》等书都记载百越族的情况。关于悬棺的起源说法很多，它的出现可能与“孝道”“趋吉”“祈福”“安全”等因素有关。后世也有不少记载说乡民们为躲避战乱，设法登上悬棺葬地，这也为“安全”说提供了佐证。

悬棺的传播源于民族迁徙。悬棺根源是一源，而不是多源，这是因为悬棺的升置十分困难，花费极其昂贵，文化内涵又非常独特。按照各地悬棺的年代，能清楚地勾画出民族迁徙的方向，大体上是由东往西、由北往南。百越族是一个生活在水上的民族，悬棺在武夷山地区发源后，先沿着鄱阳湖水系到达湖南的五溪地区，五溪地区除湘北外还包括渝南和黔东北；再从五溪地区到长江三峡一带，峡江地区除重庆外，还包括鄂西和鄂东；之后，又沿着长江往西到达川南一带，再从川南沿着密如蛛网的水系到达贵州、广西、广东、云南以及其他地区，悬棺还漂洋过海到达台湾，甚至到达东南亚地区。四川现存的悬棺见图6–34。

图6–34 四川珙县现存的悬棺

随着悬棺的传播，许多传

说、故事、神话流传下来，经渲染后普遍带有传奇色彩，文人墨客在悬棺的葬地留下了大量的碑文石刻、诗作等，更为悬棺增添了神秘色彩。

2. 中国悬棺知多少

宋代百科全书式的类书《太平御览》引述了南北朝训诂学家顾野王所述，武夷山"半崖有悬棺数千"。后世学者对这一数据存有疑问，认为武夷山有悬棺数千之说当有夸张，全国有悬棺数千的说法则大体可信。现存的悬棺远远没有数千，最多只有原来的十分之一，悬棺遭受的破坏十分严重。

一类是自然损坏。随着时光流逝，风吹日晒、雨水侵袭、地震洪水等都会对悬棺造成损坏。这类损坏在长年累月中默默发生，它未构成重大事件，也不引人注目，但对悬棺的损坏相当严重。尤其是那些暴露在外的悬棺，受损程度更甚。此外，经济的发展也给悬棺造成损坏。这类损坏是时光流逝和经济发展带来的必然结果且难以避免。

另一类是人为破坏。首先是盗墓贼的侵扰。盗墓之风的形成与发展，与中国古代厚葬死者的习俗密切相关。但悬棺的盗毁有其特殊性。因为悬棺的主人是经济不甚发达地区的少数民族首领，他们悬棺之内一般无金银珠宝，盗墓贼之所以光顾悬棺葬地，大多是迷信的缘故。有些地区的人认为悬棺及其随葬品有着神奇的魔力。另有人出于无知或受极"左"思潮的影响，对悬棺的文物价值认识不足，他们对悬棺葬地的破坏也很严重。历代战火、外国探险家的掠夺也使悬棺资源受到重大损坏。再有，一些地区对悬棺资源过度开发，也给悬棺带来了不小的损害。这些因素都造成了无法弥补的损失。

悬棺葬地大多山清水秀、风光旖旎，是重要的旅游场所。悬棺富有神秘莫测之感，而悬棺的产生、传播、升置等又有着深厚的文化底蕴和科技含量，可为旅游增添丰富充分的情趣，大幅提升旅游的质量和内涵。

二、谜中之谜——悬棺升置

古时悬棺是如何被送上悬崖的呢？ 这是人们最饶有兴趣的问题，也是有关悬棺的谜中之谜。

1. 悬棺升置方法概述

悬棺的升置富有科技含量，由于缺乏相关知识，就自然而然地把升置悬棺的举动神化了。由此催生出许多神话、传说、故事，又经渲染，悬棺的升置被归结为神或自然的力量。如果坚信科学，摒除迷信，就可以确定它只是古代的一项起重工程问题而已，是古代起重机械的综合应用典型。根据古籍记载和实地调查得知，根据不同的环境，归纳升置悬棺的方法有四种。

（1）吊升法

用这种方法升置悬棺，古籍上有不少记载，如《武夷山志》《朝野佥载》《四川通志》《叙州府志》和《马可·波罗行纪》等书都有关于吊升法的记述。在所见悬棺的棺木上都能看到有挖凿出来的孔或突出的耳，这些孔或耳当是捆绑绳索之用。之后，也是用此法将人吊入洞穴。古时在江西省贵溪县渔塘乡仙水岩悬崖上，曾有一座尼姑庵，庵内尼姑们的供奉，都是依靠吊升法吊入的。

吊升法的实施范围广，例如它可以从崖角处将棺木升置洞穴内；假如放置棺木的洞穴距离崖顶较近时，可先设法将笨重的棺木运至崖顶，之后从崖顶将棺木慢慢吊入洞中。

（2）栈升法

宋代类书《太平御览》以及《建安记》《临海水土志》等古籍都记述悬棺旁有“飞搁栈道”或“虹桥”，这些建筑的建造都与栈升法有关。但需指出，栈升法的实现依赖于栈道，而栈道有一定的地区性，所以栈升法在四川地区和峡江地区用得较多。

（3）堆土法

这是修建古建筑的一种常用方法，此法可用于修建古塔、宫殿等。在刘锡藩《岑表纪蛮》中，扼要完整地记述了堆土法升置悬棺的全过程。据说还有一种类似的方法，即在悬崖下堆积柴草，然后将棺木抬入岩洞内，之后将岩洞下的柴草烧掉，令别人无法上去。这不能算堆土法，但它与堆土法升置悬棺的原理一样。堆土法的局限性显而易见，它使用范围很有限，只能适用于下方无流水的场合，而典型的悬棺葬地通常是上有悬崖、下临大河，这样的环境无论是堆土或堆柴草都无法实施悬棺升置，所以很少应用堆土法升置悬棺。

（4）涨水法

在一般情况下，悬棺葬位位置很高，每当涨水水位高时，悬棺葬位就较易到达，趁此时将悬棺送达。这种涨水法在《东还纪行》等书中亦有记载，但很少用这种方法升置悬棺。

上述升置方法中，吊升法的使用最多；栈升法的使用必须有一定的栈道基础；堆土法的使用有限；涨水法的使用则更少些。升置悬棺时可以使用单一的方法，也可以结合使用一种以上的方法。无论使用何种方法，都要将起重和运输结合起来。升置悬棺所用的设备应是当时已有的起重机械，如杠杆、滑轮、辘轳、绞车、棍棒和绳索等。

2. 悬棺仿古吊装

龙虎山地处武夷山北麓，这一带富有浓厚的文化气息，是道教重要派别——天使道教的发源地，历代学者（如陆九渊）、高僧、道教宗师（如鬼谷子）等曾在这里讲学和修炼。龙虎山仙水岩（见图6–35）包括仙岩和水岩，是悬棺的发源地，也是悬棺较为集中的场所。岩下流淌着泸溪河，丹峰壁立、碧水荡漾、风景秀丽。

图6–35 江西贵溪悬棺仿古吊装地——龙虎山仙水岩

由同济大学等单位组成的国际合作悬棺课题组，经过模型实验研究后，于1989年6月13日在江西贵溪龙虎山仙水岩的悬棺现场，采用吊升法，通过由滑轮、绞车、棍棒和绳索构成的一组古代升置器械，成功地进行了仿古吊装，将一具古代留下的文物棺木重新送入悬崖上的洞穴中（见图6–36）。在典型的环境中用典型的方法升置悬棺，解开了“悬棺是如何送上悬崖的”这一千古之谜。古建筑专家陈从周教授为此次仿古吊装撰写碑文《贵溪悬棺记》（见图6–37）。

悬棺仿古吊装现场的情况介绍如下。仿古吊装之处即仙水岩山头，约高150米，放置滑轮的位置约高80米，洞穴约高40米，洞穴与绞车的水平距离约60米。在山顶固定处选用了一棵小树，并顺着树干在地上打上一根大铁桩以确保吊装安全。棺木及其内尸体的重量，估计为200 ～ 250千克。可用的绞车较大，安装时要作可靠的固定，仿古吊装采用的方法是将绞车与附近的树木紧紧地捆绑在一起，滑轮可动部分（包括转轮和绳索）与岩面有较大摩擦。吊装之前要有人登顶进行有关操作，此次仿古吊装时也不例外，课题组请了当地五位深山采药人，由他们相互配合进行岩上岩下的操作。吊装悬棺方法及原理如图6–38所示，其提升棺木的原理可从图上阅知。

现在，使用此方法吊装棺木，已成为江西龙虎山地区旅游的一项重要内容。只是演示悬棺仿古吊装的两具模型，是当时为活跃悬棺研究鉴定会的气氛而作，所以其中

图 6–36　江西贵溪悬棺仿古吊装

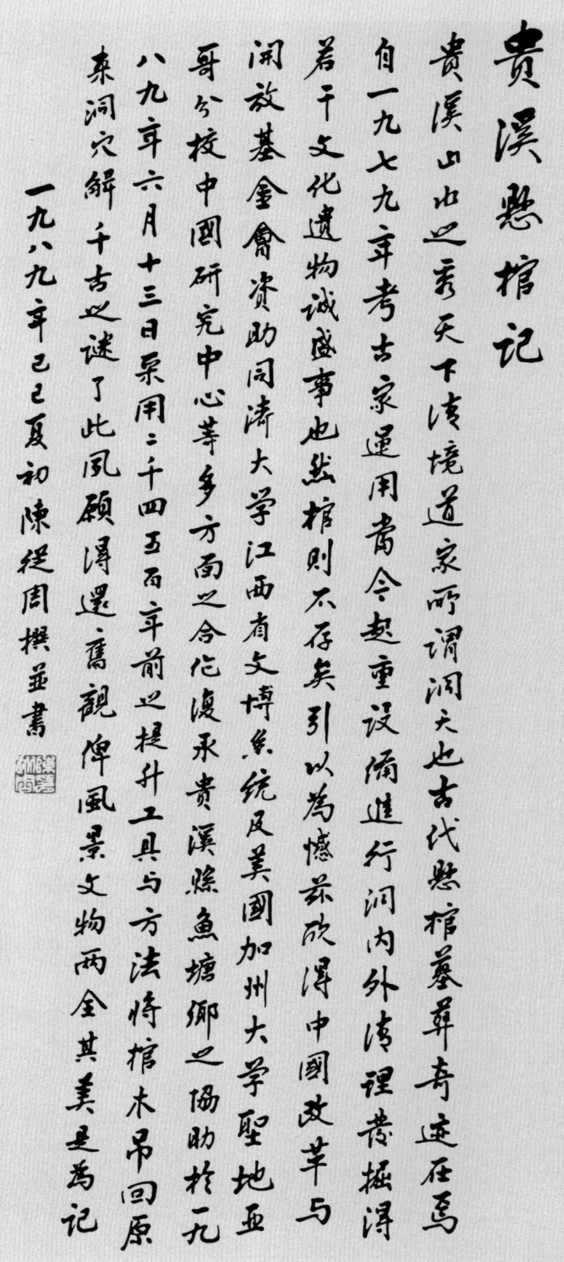

贵溪悬棺记

贵溪山水之秀天下清境道家所谓洞天也古代悬棺墓葬奇迹在焉自一九七九年考古家运用当今起重设备进行洞内外清理发掘得若干文化遗物诚盛事也然棺则不存矣引以为憾兹欣得中国改革与开放基金會资助同济大学江西省文博系统及美國加州大学圣地亚哥分校中國研究中心等多方面之合作复承贵溪縣鱼塘鄉之協助于一九八九年六月十三日采用二千四五百年前之提升工具与方法将棺木吊回原来洞穴解千古之谜了此夙愿得還舊觀俾風景文物两全其美是為记

一九八九年己巳夏初陳從周撰並書

图6–37　陈从周为仿古吊装撰写的碑文《贵溪悬棺记》

的山体制作较简单、粗糙。如果山体制作更加逼真，观众更能感到悬棺吊装的生动有趣和赏心悦目。

3. 悬棺升置的其他方法

其他地方悬棺吊装的具体方法可能会与以上介绍有所不同。必须强调的是，无论采用哪种方法，所用的机械不能超越当时的年代，必须符合当时当地的客观条件，因地制宜地予以选择。笔者在拙作《中国悬棺研究》中，曾根据所处环境列出十几种升置悬棺方法，可资参考。现举一例：如果重物可从其他渠道运抵山顶，且放置悬棺的一面是悬崖，当地又有修建栈道的技术，悬棺的升置可结合使用吊升法和栈升法，具体方法如图6–39所示。

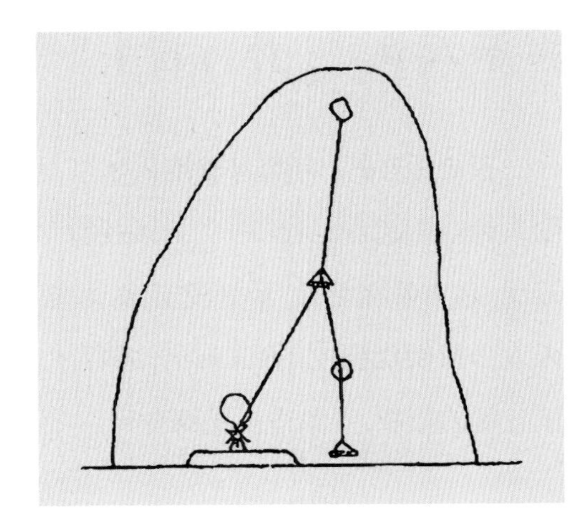

图6–38　江西贵溪仿古吊装悬棺原理示意图

图6–39　吊升法与栈升法结合吊装悬棺示意图

第六节 “怀丙捞牛”传奇真相

正史《宋史》言简意赅地讲述了发生在宋嘉祐八年（公元1063年）的一项令人惊叹的起重工程——“怀丙捞铁牛”：“河中府浮梁用铁牛八维之，一牛且数万斤，后水暴涨绝梁，牵牛没于河，募能出之者，怀丙以二大舟实土，夹牛维之，用大木为权衡状钩牛，徐去其土，舟浮牛出。转运使张焘以闻，赐紫衣，寻卒。”这段有趣的记载，不禁令人拍案称奇。

一、铁牛的用处

要弄清怀丙如何打捞铁牛，先来了解事情的缘由。该事件发生地是宋代“河中府”，唐代称其为蒲州，清代改称它为永济县，即今晋南永济市西。文中的“浮梁”即浮桥。黄河出龙门峡谷后，河床平直，水流不远即到潼关，此后由北急转向东，水的阻力变大，而永济县此段黄河开阔，水流平缓，是架设浮桥的理想地段。从战国起，古蒲州城之西就有座浮桥名为“蒲津桥”。因黄河水涨，浮桥时常被损坏，历代地方官府为维修浮桥，花费了大量的人力、物力穷于应付，十分被动。

到了唐代，因李氏皇朝起兵于晋，登基在秦，因此保持秦晋交通之通畅显得极为重要，这就促成了在唐代对蒲津桥进行了规模较大的维修。这次大修内容有三：一是在蒲津桥附近加修护岸石堤，以固定河道；二是疏通河道；三是加铸了八头铁牛，在浮桥上游的黄河两岸各安放四头。铁牛长近一丈（两三米），身下铸有大铁板，板下连着铁柱，长达丈余（三四米），每牛重“数万斤”，起大铁桩的作用，用以加固、稳定浮桥。这些铁牛是唐代开元年间（约公元8世纪）所铸，所以也叫“开元铁牛”。铁牛的铸成并安放是件大事，地方史志对此都作了记载，讴歌铁牛的诗词赋也不少。

这一带是中原腹地，也是中华文明的发源地，交通便捷，繁花似锦，人文荟

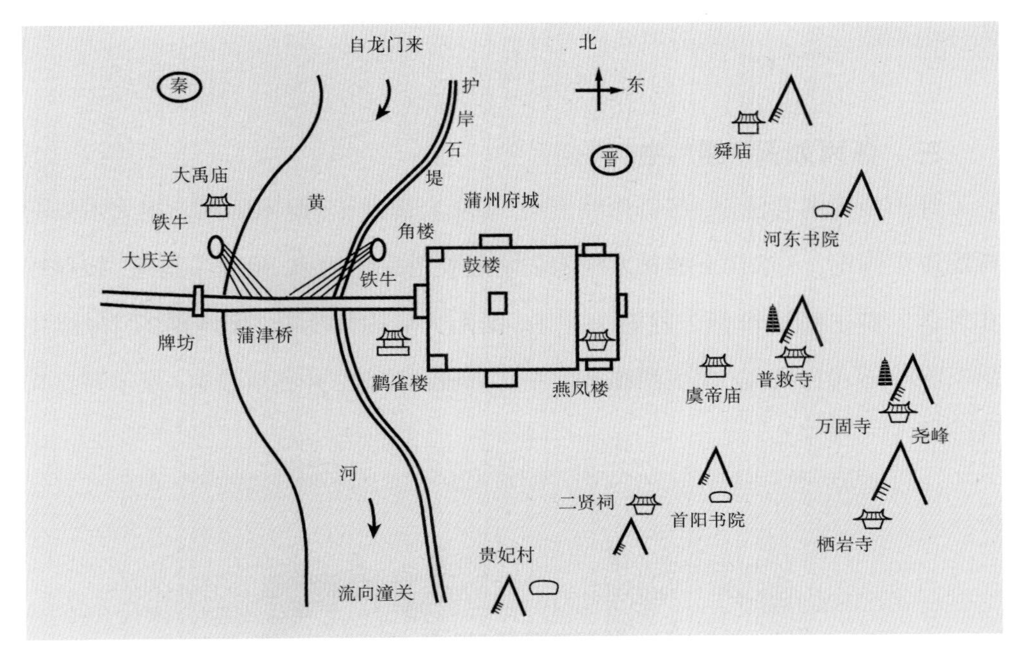

图 6–40　铁牛和鹳雀楼一带的地形风物

萃，名胜古迹遍布。王之涣脍炙人口的《登鹳雀楼》，“白日依山尽，黄河入海流。欲穷千里目，更上一层楼”尽人皆知。但大家未必知道名闻遐迩的中国四大名楼之一的鹳雀楼就耸立在蒲津桥桥头，离怀丙打捞开元铁牛的所在地不过一箭之遥。登楼远眺，铁牛尽收眼底（见图6–40）。近旁还有夏代都邑、贵妃（杨贵妃）村、因《西厢记》而闻名的普救寺、司马光砸缸之地、关公故里等。

二、怀丙因何“捞”牛

经过唐代对蒲津桥的大修，浮桥损坏果然较少发生。到了宋代，有次河水暴涨，再次冲断了浮桥，铁牛也被牵入河中（《宋史》中没有明确说被牵入河中的铁牛数量），又一次造成交通中断。地方官府贴出榜文，招募能人打捞铁牛。和尚怀丙慷慨应聘，十分成功地完成了这次打捞任务。

三、怀丙如何"捞"牛

怀丙所用的方法是，准备两艘大船，船上装满泥土，吃水很深。用大木杠把两船牢牢固定，大木杠下挂着大铁钩。两船驶至铁牛两边，将铁牛钩住，如秤杠和秤锤一样。然后慢慢去除船上泥土，使两大船徐徐上升，即所谓的"舟浮牛出"，如图6–41所示。两大船提升铁牛之后驶向岸边，并利用绞车、滚子等将其

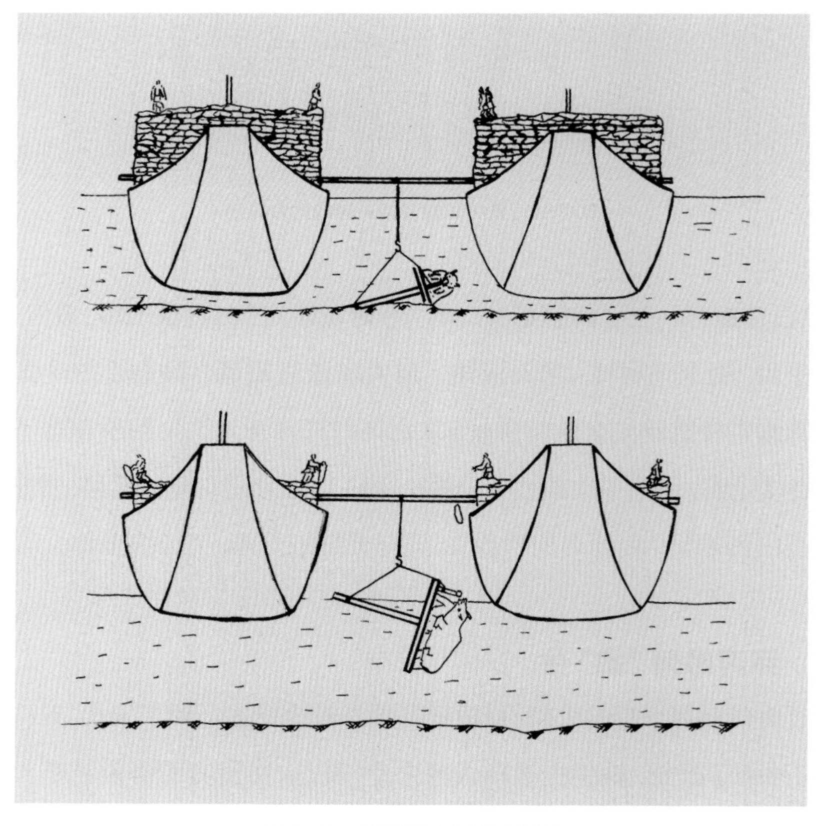

图6–41　怀丙打捞铁牛示意图

放回原处。估计《宋史》所言的“二大舟”只是相对于黄河中游而言，总体推测，所用的船可能是中等的沙船。《宋史》所说的“大木”应当有两根，这样才能使“大舟”稳固，每根大木的长度有七八米以上。根据铁牛的尺寸推断，船的间距应保持两三米。以上施工过程与我国当时的造船、航运、起重水平相适应。

四、怀丙其人其事

历史上关于怀丙的资料极少，据《宋史》记载得知，他除了打捞铁牛外，还成功地更换了他家乡河北真定的一座十三级木塔的大立柱。特别令人称奇的是，在施工过程中，“不闻斧凿声”。另有举世闻名的“赵州桥”，在受到严重损坏后行将坍塌，数千工匠都不能修复，而怀丙“不役众工”，将其修复。

可敬的是，在打捞成功之后，主管运输的高官“转运使”要重奖怀丙时，却无论如何也找不到他，这位视名利为粪土的高僧，造福于民后又不知云游何方了。

怀丙成功地利用浮力及合力打捞起数万斤重的铁牛，大大扩展了当时起重技术的应用范围。他的打捞方法是现代水上打捞技术的先驱。如今，近千年过去了，我们仍被“怀丙捞牛”的传奇所吸引。

横柁

第七章 战争器械

战争一向是举国上下的大事，无论是君王大臣还是黎民百姓都希望生活安宁、人寿年丰。皇帝更希冀国力强盛、天下太平，一旦发生战争总是倾全国之力、不惜血本与敌方一决雌雄。各种先进的科技、新奇的想法也优先用于战争，因此战争为后世留下了广阔的研究空间。然而与这一情况形成反差的是，对战争器械的研究很不充分，这是因为它处在历史考古与机械的边缘，易被忽视，少人问津。笔者在这方面的论述较多，有同行开玩笑称笔者是“好战分子”。其实是笔者受中国军事博物馆的委托，有机会较长时间地从事战争器械的研制工作。

《孙子兵法·谋攻篇》中说，修建侦察、攻坚等器械要“三月而后成”再进攻，这无疑说明修建攻守器械都应因地制宜，这样才能符合当地的实际情况。需指出，笔者所复原的攻守器械只是合理地还原实战前的准备工作，但不可能涵盖所有情况。

这些战争器械按功能介绍如下。

侦察器械：巢车、望楼。

远射兵器：弓、弩、砲、火炮、特种弩。

车战器械：战车。

防御建筑与防守器械：城墙、橉、狼牙拍、软梯、吊桥、飞钩、千斤闸、塞门刀车等。

通过壕沟的器械：壕桥、折叠壕桥。

掩护士兵挖掘地道的器械：轒辒车、木牛车、头车等。

破坏防御设施的器械：撞车、饿鹘车、搭车、砲楼等。

强行登城的器械：云梯、临冲吕公车。

其他战争器械：扬尘车、火车、猛火油柜等。

最早的喷气飞行试验。

从图7–1可以看到防御建筑城墙；防守器械吊桥；侦察器械巢车；通过壕沟的器械折叠壕桥；掩护士兵挖掘地道的器械轒辒车；破坏防御设施的器械撞车及饿鹘车；强行登城的器械云梯等。

图7–1　综合有关史料绘制的城垣攻防器械

第一节　侦察器械

历代兵家都对侦察工作十分重视，这种重视正是侦察器械产生的基础。

一、侦察简介

《孙子兵法》谓，“知己知彼、百战百殆”，人所共知。在其“知胜有五”的第一条中述有，“知可以战与不可以战者胜”，意思是想知道可以战还是不可以战，必须依靠周密细致的侦察工作。《孙子兵法》中论述侦察工作的内容有很多，这些既是对侦察工作的总结，也是对战争的指导。由此可以推断，侦察工作的历史与战争的历史一样长久。

《孙子兵法·计篇》中总结了兵家取胜的“五事”，指出“知之者胜，不知者不胜”，即这五件事都要依靠侦察工作才能知道。《孙子兵法·相敌》中列举了32种观察敌人所得出的经验，如树枝摇动说明敌人来了，敌人依杖而立说明饥饿疲惫，敌兵争先恐后地饮水说明他们干渴了，如此等等。

后来的兵书中也都不乏这方面的论述，于此不赘。

二、巢车

巢车别称“橹”，形似鸟巢且高，能“下窥城中事”，是主要的侦察器械，它的出现是为“知彼”。文献中最早出现巢车的记载是《左传·成公十六年》，“楚子登巢车，以望晋军”。宋代《武经总要》对其结构和一些尺寸作了叙述（见图7-2）：下置八轮，中置高竿，可将“板屋”升至竿首，使“板屋”中的人从竿首下望城中。

巢车的轮距约2米，便于在路上通行。巢车底架长三四米，这样的长度确保

图7-2 《武经总要》中的巢车

其稳定性。高竿的长度应由敌方城墙的高度决定，因为低于城墙，就无法瞭望敌情。《武经总要》载板屋的尺寸为“方四尺，高五尺”。四尺可容两人，五尺则超过人的高度。板屋的木板较厚，外用生牛皮包裹，以抵御矢石的打击。人员从板屋的底部进出，出入口的大小不宜超过底板的四分之一。板屋的四面各开两个供瞭望的小孔。

按《武经总要》复原巢车时需注意两个问题。一是其图文中载“竿首施辘轳以绳挽板屋上”，从图上看，置于竿首的是滑轮，这是正确的，而文中竿首用“辘轳”的说法是错误的。古籍中常将辘轳、滑轮、绞车混为一谈，此即一例。二是《武经总要》图文中都未说明板屋是如何升上去的。曾见一家博物馆的巢车复原品，其板屋是用辘轳摇上去的。假设板屋内载两人，重量应有200千克左右，即使载一人，重量也接近150千克。提升这样的重量，应当用绞车，此外还应配备制动装置，因为由人操作既不便，也不安全。

巢车复原图如图7-3所示。巢车工作时平衡问题十分重要，按《武经总要》所记，城墙的高度达五丈（约17米），以此为据，计算出巢车的平衡角不应超过6°。只是所见城墙的高度都没那么高，因此巢车的倾斜角容许稍大些。

图 7–3　巢车复原图

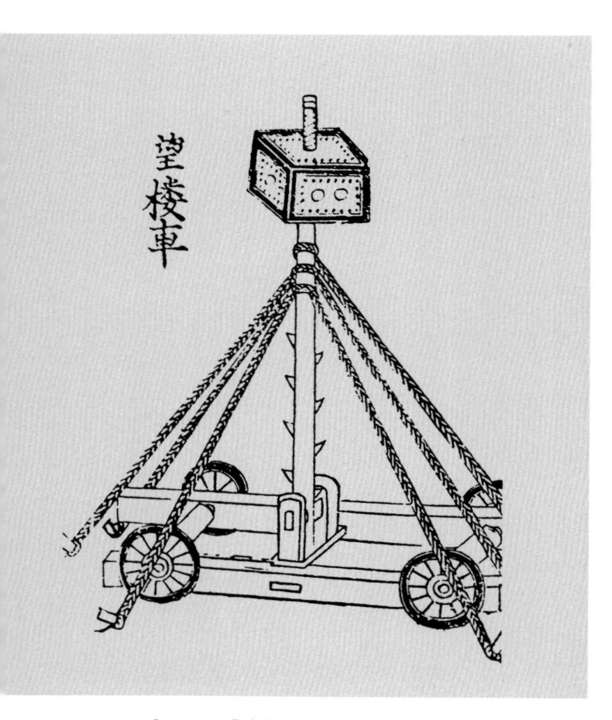

图 7–4　《武经总要》中的望楼

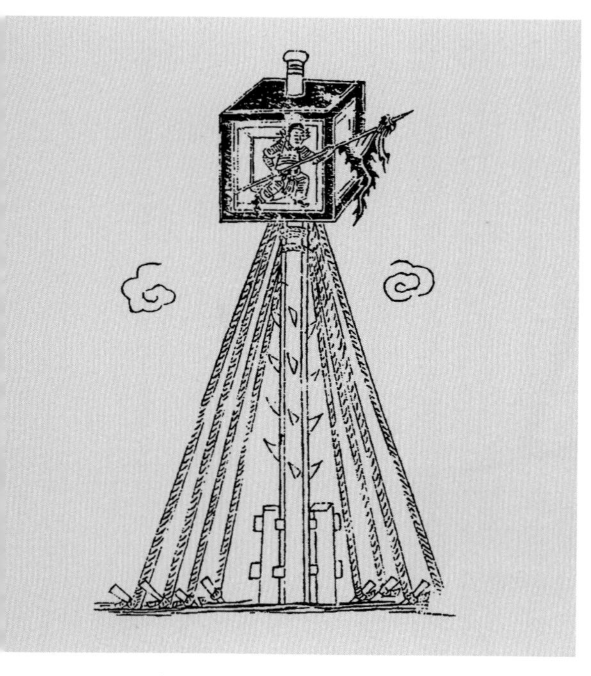

图 7–5　在望楼上发布信号

三、望楼

除《武经总要》外，罕有其他古籍记载望楼，这可能意味着望楼出现比巢车晚。望楼与巢车不同，它无法像巢车那样在行进中观察敌情，只能在固定位置观察敌情，因而它的作战准备时间比巢车长。从《武经总要》载图（见图7–4）得知望楼轮距约2米。书载轮径“三尺五寸”，近1.2米（此数据可供复原其他战争器械时参考）。底架长度有三四米，书载高竿的高度“四丈五尺”（约15米），但该书在“城制”篇中说“城高五丈”，这两个数字显然有矛盾，因为望楼如仅四丈五尺高，则只能观察到满目墙砖，高竿应超过城墙高。书中对高竿下部的描述是，“如舟上建墙法”，高竿的结构如同船上的桅杆，望楼在转移时将高竿放倒，到达选定位置后再将高竿树立起来，并用六根绳索予以固定。《武经总要》说六根绳索分上下三层，绳索的长度互有不同，只是在图中反映得不够明显。另外，望楼板屋的尺寸和制造方法当与巢车的板屋大体相同。

在《武经总要》十三卷中，还用图（见

图7–5）展示用望楼发布信号。书中说这种望楼“高八丈”，板屋中的“望子”（即观察敌人动向的哨兵），“手执白旗以候望敌人，无寇则卷，来则开之，旗杆平则寇近，垂则至矣，寇退徐举之，寇去复卷之。军中备预之道也”，即“望子”可通过不同姿势和信号旗的不同位置来发布信息、指挥军队。从《武经总要》的图上可以看出，这种望楼与前述望楼不同，它只能固定安装在地上，不能车载。估计这种望楼离战争前线较远，比较靠近指挥中心。

复原的望楼见图7–6。

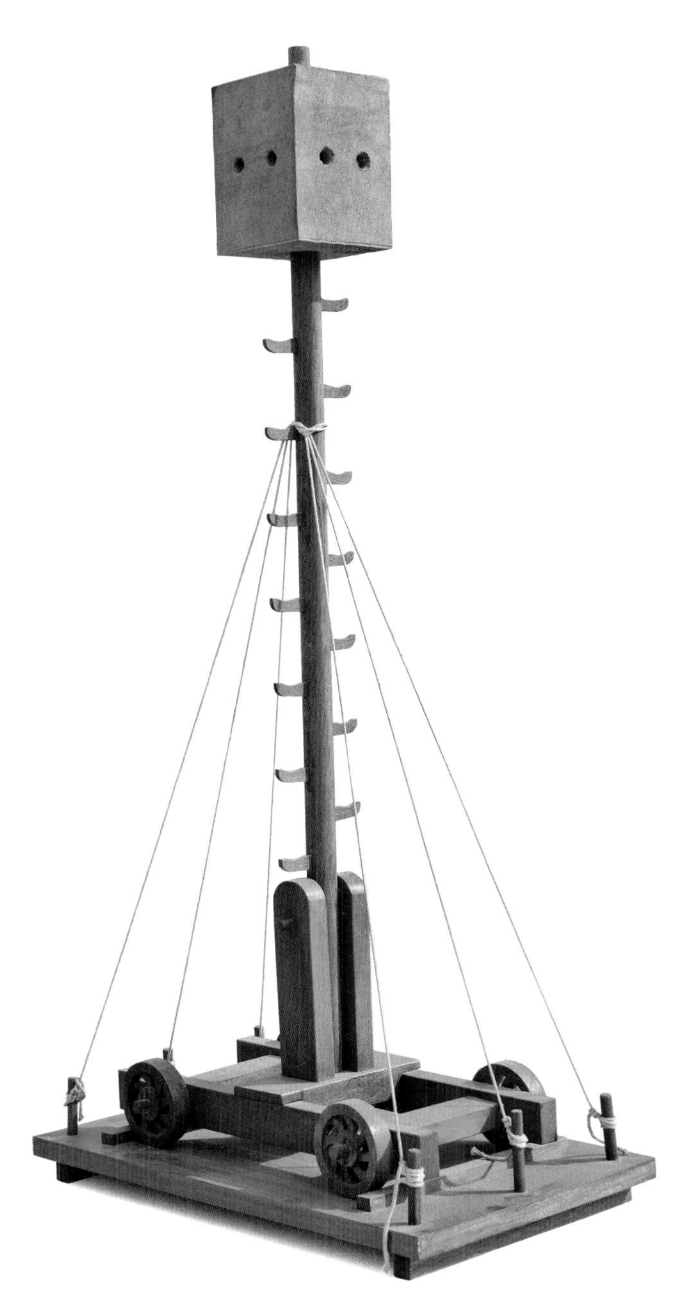

图7–6　望楼复原图

第二节　远射兵器

古代战争中用的远射兵器有弓、弩、砲、火炮及特种弩。

一、弓

弓利用弓弦的弹力发射箭。早期的弓用来狩猎，原始人用弓箭射杀飞禽走兽。弓起源很早，考古发现提供了可靠的依据，现已发现28 000年前的石质箭镞（石箭头），以及稍晚些的骨质箭镞。古籍上关于弓箭发明的传说相当多，常说是黄帝或黄帝的臣子发明了弓箭，这些说法虽然流传很广，但时间未免过晚。

约6 500年前，弓箭除了用于狩猎之外，已被用作杀人武器。考古已发现古箭镞射中人骨骼的实例。当然，不能就此说那个时候已经有了战争，只能说弓箭已成为械斗工具。

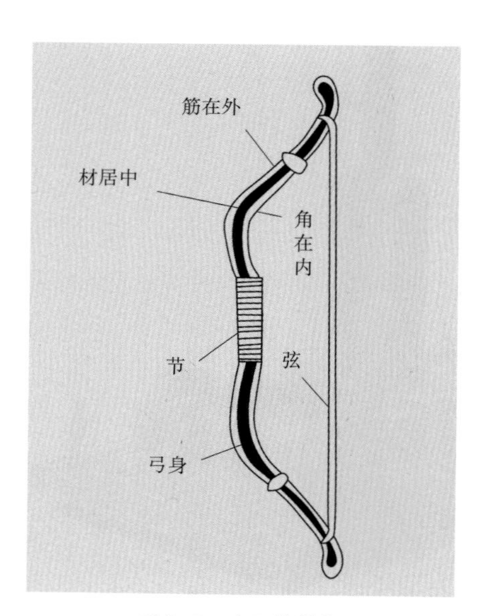

图7-7　良弓的结构

早期的弓箭十分简单，随着它被广泛地应用，制作益发精良。制作精良的弓箭的结构如图7-7所示。据调查得知，制作一把良好的弓大约需要3年。弓的使用有严格的等级，主人身份不同，所用的弓也不相同。比较讲究的人在战争、狩猎和练习时使用不同的弓，还可将弓漆成喜爱的颜色。箭镞最初的材料是石质或骨质，之后是铜质，再后则是铁质。箭杆是竹质或木质，前装箭镞，后部装羽毛，用以保持箭在飞行中的稳定。

历代兵书对弓箭的尺寸记载颇多，如有说弓分六尺六寸、六尺三寸、六尺三种，这是制作弓时用料的尺寸。由于弓弦张紧的程度不同，弓做成后的尺寸只有用料的三分之二左右，人按身高选用不同尺寸的弓。箭全长二尺左右，即70多厘米，箭镞约一寸半，即5厘米左右，民间流行的弓似乎更小些。

图7–8　明代小说《杨家将演义》中穆桂英用弓箭生擒敌将图

弓箭的射程由执弓人的臂力而定，通常为数百米。小说、文艺作品中常有关于武功高强的人善用弓箭的表述，如《杨家将演义》中穆桂英就是用弓箭生擒了敌将（见图7–8）。

二、弩和特种弩

弩是由弩机控制发射的“弓”，由弓发展而来，是机械弓，可以延时发射。《说文解字》说弩“弓有臂者”；《释名》说“弩，怒也”，这些描写反映了弩的某些特点。

1. 弩的起源

关于弩出现的年代，有古籍说“黄帝作弩”，迄今约4 600年；《吴越春秋》则说弩是春秋时楚国琴氏发明的；有说羿用弩；也有人看到出土的不晚于周代的铜弩断言，弩的出现应在周初或更早些，有3 000年以上的历史。新石器时

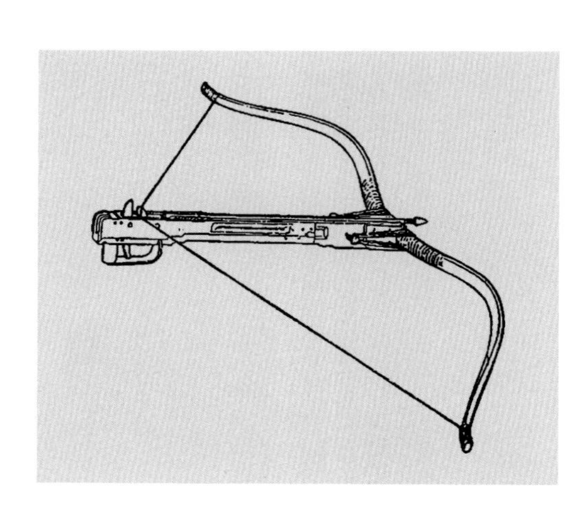

图7-9　古代弩复原图

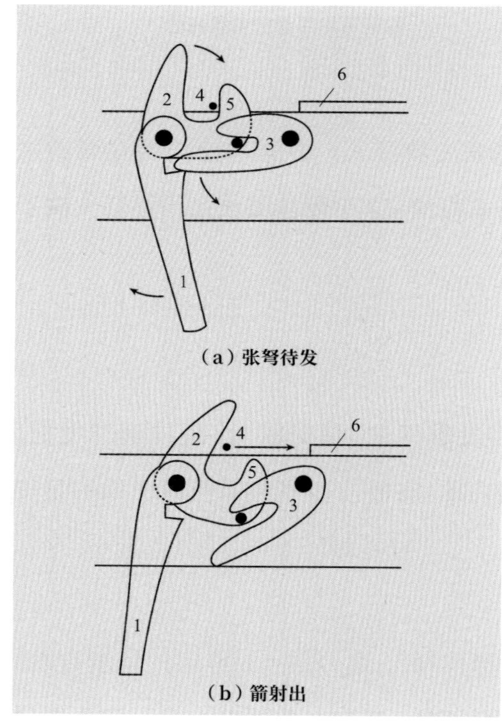

图7-10　弩发射箭的基本原理
1: 悬刀; 2: 望山; 3: 牛; 4: 弓弦; 5: 牙; 6: 箭。

代的遗址中出土了一些小骨片，状如少数民族使用的弩上的一些零件，可见当时已有原始弩。现可肯定，战国时已普遍使用弩，考古中出土的战国青铜弩机相当多。

2. 弩的结构

从出土的战国青铜弩机可知战国弩的形状与结构：强弓上连接着弩臂，弩臂内装有弩机。弩的复原图见图7-9，弩发射箭的基本原理见图7-10。

图7-10（a）表现的是弩机张紧时的情形：装上箭，扳动悬刀（扳机），牛（卡子）便向下旋转，牙（钩子）向前倾，勾住弓弦，用牛卡住牙上的销，牙及弓弦都被卡死，再用悬刀卡住牛，箭即等待发射。

弩的发射方法近似现代的手枪，图7-10（b）反映了弩发射箭的瞬间：扳动悬刀向后，牛下旋，望山（瞄准器）也即下旋，弓弦便放松，箭射出。弩的结构不尽相同，原理大体相似,都是通过牛与望山的一个面紧紧贴合在一起,从而使望山定位的。

从图7-10中可看出,弩还可以借助其他方法张紧弓弦,因此其开弓的力量较大,又可延时发射,增加了突然性。但也要看到,弩比弓笨重,发射的准备时间比弓长,因此在古代,弩和弓同时使用,各有优点。

3. 弩的发展

弩在古代得到了广泛应用,其杀伤力也不断加大,弩的加入使得战场形势发生了巨大变化,在许多战役中显示了极大威力。关于弩之后的发展有三点需要重点提及。一是增加了铜弩机匣——“郭”,使得弩成为一个部件,既方便拆装,又加强了弩臂的强度。二是在弩的望山上增加了刻度,自此不再凭经验操纵弩的发射,提高了弩的命中率。三是弩的力量越来越大,射程越来越远,后来能达1 000多米。随着弓的弹力越来越大,开弩的方法不断改进,除了用手外,后发展为用脚开、膝开、腰开。但人的力量毕竟有限,再后用绞车开,绞车弩出现。

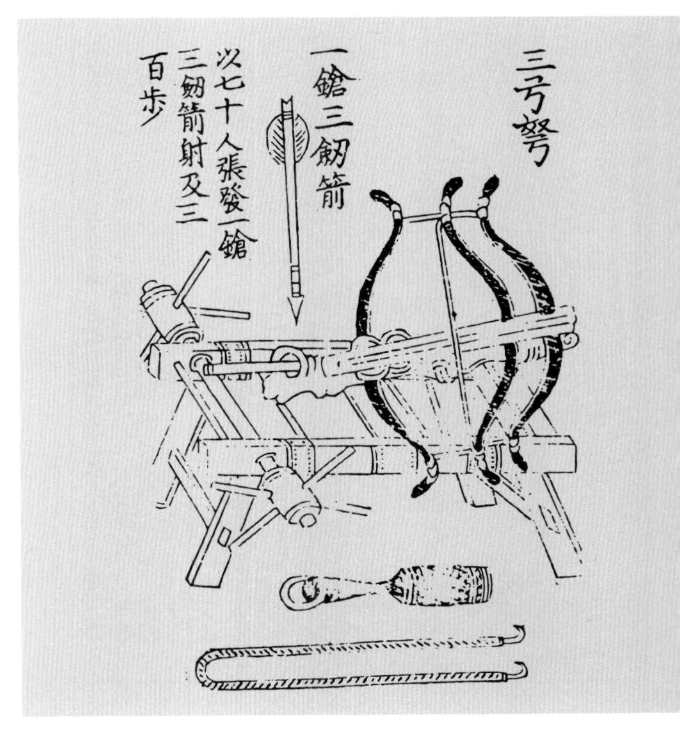

图7-11　《武经总要》中的三弓弩

绞车弩也名床子弩,约于唐代出现。《武经总要》上介绍了七种大小不同的绞车弩,图7-11所示的即其中之一。绞车弩的结构大体相似,均利用数张弓来增加弹力。图7-11所示的绞车弩名为“三弓弩”,弩的右侧是三张弓,力量可达强弓的三倍,弩的左侧部分是绞车,只是未画绳索。

从别名可知绞车弩的尺寸,其外形如同一张单人床,宽度大于1米,长度1.5米左右,比普通的床稍高,便于人员操作。绞车弩所用的绞车无须很大。

4. 特种弩

特种弩主要介绍"连弩""伏弩""双飞弩"和多种暗器。

（1）连弩

图7–12 《天工开物》中的连弩

连弩也称"元戎"弩,因是诸葛亮发明的,故又称"诸葛弩"。它比一般的弩小,用木制作（见图7–12）,"以铁为矢",箭长"八寸",射程仅"二十余步",通常用于防守,可连发十箭。弩体上有个槽——"箭函",槽中可放十支箭,弓弦上连着扳手,扳动一次,一支箭便安放到发射位,弓弦立即张紧。箭镞上涂有剧毒,"人马见血立毙"。

（2）伏弩

伏弩也称"窝弩""耕弩",是专用于设伏的暗器。古籍中常见如下类似的记载,如秦始皇为防身后被盗墓,在自己的陵墓内"令匠作机弩矢,有所穿近者辄射之"。此处的弩矢应是最早的伏弩。又如火烧刘备连营七百里的东吴大将陆逊的墓中也有这种装置。《宋史》载，北宋在平定方腊的战事中应用了伏弩。兵书《纪效新书》载，明代大将戚继光在东南沿海设伏弩射杀“倭患”，这种伏弩的引发系统参见图7-13。戚继光还不断改进伏弩，如加长放箭距离、成组放置伏弩等，加大伏弩的威力，令敌人防不胜防。

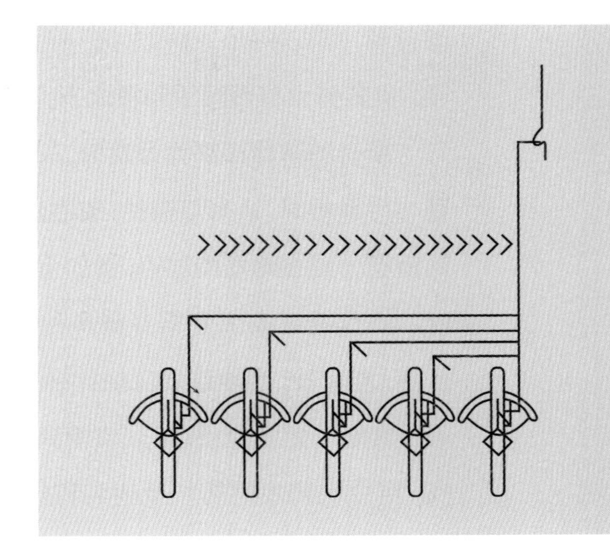

图7-13　伏弩的引发系统示意图

猎人利用伏弩猎取猛兽。火器出现后，地雷等火器可用伏弩来引发。各种伏弩的引发装置大同小异。

（3）神臂床子连城弩

这种弩一次可以射发多支箭。它的弩臂较宽，弩床较大，射程达“二百四十步”，威力极大。《武备志》中有相关介绍，图7-14中的弩能并排射发四支箭。

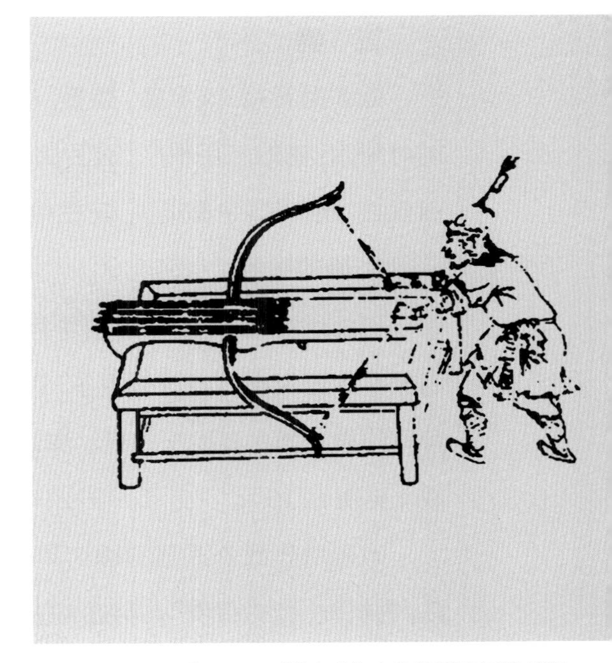

图7-14　《武备志》中的神臂床子连城弩

（4）暗器

暗器本就有神秘感，又经文人添油加醋，更显高深莫测，其实大多暗器都可以复原，重现于世的。暗器的种类很多，可做成小巧玲珑的箭、剑、镖、刀及其他兵器。弩也可以做得很小，如藏于背后的背弩，据说宋朝“白眉大侠”徐良就是使用背弩的高手；有将弩藏袖内发射石子；也有骑士将弩藏于马镫之下，在骑马时发射，其扳机的开关应该随手可及。

所有的暗器都靠弹力发射，如果没有动力，它们就成了无本之木。其基本原理与弓弩相同，具有隐蔽性、突然性，命中率很高。暗器常在尾部装穗，其作用如同箭羽。有在暗器内加铅，增加重量；也有在暗器尖端涂毒药以增强杀伤力。

古代武艺高强者常身藏多种暗器，以出其不意取胜。例如袖箭，它藏在袖子内，能单发，也能连发。估计袖内有一个发射筒，箭盖状如梅花，每发一箭，箭盖便转过一定角度，使下一支箭到达发射位。还有用筒子装暗器，可同时发射多支，更令人防不胜防。金朝名将抹捻史扢搭的铠甲内藏有一百支短箭，真可谓“明枪易躲，暗箭难防”。

三、砲

砲即抛石机，又名礮、旝等，功能是远距离投掷石块以打击目标。在相当长的时间内，砲的应用很广，直到火炮盛行后才遭淘汰。现今砲早已绝迹，火炮取而代之，连“砲”字都很少见，在中国象棋中还可以看到。

1. 砲的起源

砲源远流长，从考古资料中得知，在多处旧石器时代遗址中发现了石球，新石器时代遗址中的石球则更多，也更精良。这些石球，可能是原始投石器所用。那时的投石器主要用于狩猎。原始投石器结构各异，但都由棍棒、绳索及皮碗制成（见图7–15）。

砲被用作战争武器的确切年代尚待考查，据《范蠡兵法》知，“飞石重十二斤，为机发，行二百步”。另在《左传》《墨子》中，也都见到使用砲的记述。由此知道，砲在春秋时已广泛地用于战争。

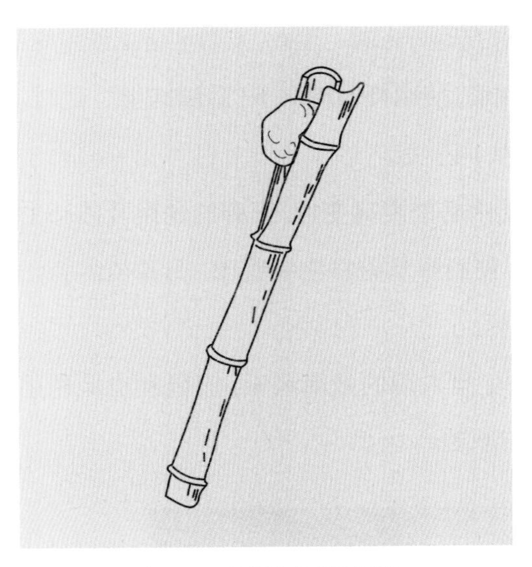

图 7–15　早期的棍棒投石器

图 7–16　《武经总要》中的合砲

砲在形成之初比较简单、粗糙，易于制造。《武经总要》中的合砲图（如图7–16所示）大体反映了砲刚形成时的情形，其尺寸较小。

2. 砲的发射原理

砲是利用石块的惯性完成发射的。砲的结构并不复杂，但操作不易。在复原砲时曾一再试发射，感到操作技术相当复杂，要求也很高，需经专门训练才能掌握。

砲的发射过程及工作原理见图7–17。

首先进行准备工作。众多（几十到几百名）拽手抓住砲杆前端的拽索，砲手站

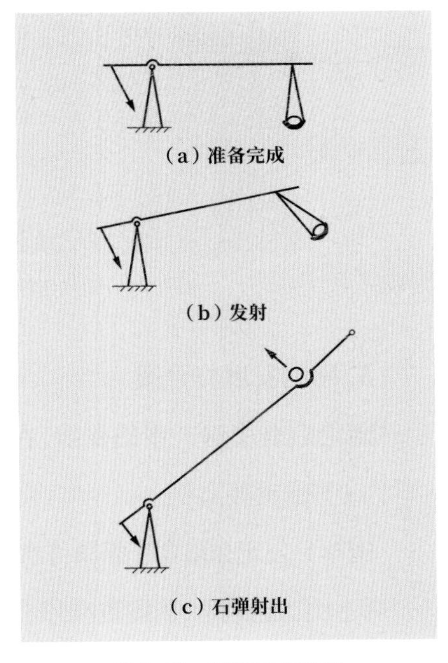

图 7–17　砲的工作原理

在砲杆后端将石弹装入皮碗中，并将套环套在砲杆末端。至此，发射准备工作完成。

砲发射时，拽手一起向斜后方猛拉拽索，使砲杆前端向下，后端向上。此时，在离心力的作用下，石弹必连同皮碗向外、向上甩。

随着砲杆摆动，石弹连同皮碗与摆动中心的距离变远，石弹的速度及离心力增大，等力大到一定的程度时，拉动套环使石弹从砲杆末端脱出，石弹依靠其已有的巨大速度及惯性力离开皮碗飞向目标。

明代张穆《郊猎图》（见图7-18）中，猎人用的是流星索，流星索也是利用惯性杀伤猎物，此图能帮助读者理解砲的原理。

图7-18　明代张穆《郊猎图》中猎人用流星索击打猎物

3. 砲的发展与分类

砲之后有了进一步的发展，在战场上有着举足轻重的作用。

（1）砲发展实例

砲车：公元200年，曹操与袁绍大战于官渡。袁强曹弱，袁绍大军包围了曹军，筑土山、建高楼，掌握制高点打击曹军，曹军几乎无回手之力。后来曹操发明了砲车，增加了砲的机动性，打得袁军溃不成军，最终大胜袁绍。“官渡之战”是历史上以少胜多的著名战例，砲车从此纵横疆场。

回回砲：公元1274年，蒙军攻打襄阳，城池坚固久攻不下，亦思马为蒙军研制了一种能发150斤（约88千克）石弹的巨石砲。《元史·阿里海牙传》载，此砲攻打襄阳时，“一砲中其谯楼，声震雷霆”。《元史·亦思马传》载，“机发，声震天地，所击无不摧毁，入地七尺”。这一记载虽有夸张，但足以反映古代石砲的极大威力。这种砲称“回回砲”，又称“襄阳砲”。

（2）砲的分类

砲有着广泛的应用，现分类予以介绍。

按机动性分：有活动的砲和砲位固定的砲两类。活动的指两轮或四轮的砲车；砲位固定的砲，砲架都较笨重，有的放置在地上，有的埋入地中，目的是增加其稳定性，这种砲只适于防守。

按轻重分：有重型砲和轻型砲两类。重型砲机动性较差，石弹、砲架都较重，主要用于防守；轻型砲机动性好，石弹和砲架都较轻，用于进攻。

按灵活程度分：有固定砲和旋风砲两类。旋风砲的砲杆可相对砲架旋转一定角度，灵活性较高，其中以旋风五砲水平最高。固定砲上的石弹只能向一个方向发射。

为适应各地不同的情况以及战争的需要，砲被制成各种不同的形状，其砲架也就互有不同，砲的核心部件——砲杆更有区别。以砲杆由几根木杆合成分，有单梢砲、双梢砲等，到元代已有十五梢砲。木杆数的差异既反映了砲杆制作方法，也反映了砲杆的大小。

除发射石弹外，砲还可以发射纵火物、火药、粪毒和铁汁等。有些发射物如铁汁只能在防守时用。

4. 砲的结构和尺寸

从以上叙述得知砲的结构和尺寸多种多样。《武经总要》绘有18种砲的结构图，并记载了其中七种砲的有关参数，这些数据可供复原研究参考。现对其中两种加以介绍。

图 7-19 《武经总要》中的七梢砲

七梢砲（见图7-19）的砲杆由7根木杆组成，杆长二丈八尺（约8.5米），拽索125根，每砲由250人操作，其中两人负责定位及正确性，射程50步即二百五十尺（约75米）。石弹重90～100斤（52～58千克），这应是当时的重型砲。

旋风砲（见图7-20）之所以以旋风命名是因其砲杆能变换方位，可打击不同方向的来敌。砲杆长一丈八尺（约550厘米），拽索40根，每砲由50人操作，其中一人负责定位及正确性，射程也是50步。石弹重3斤（约1 900克），这应是当时的轻型砲。

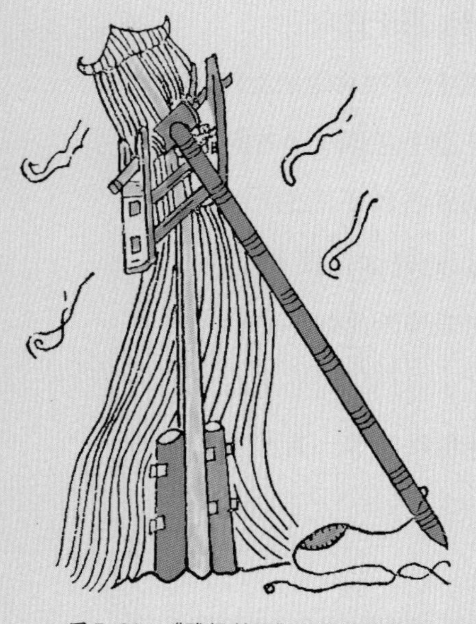
图 7-20 《武经总要》中的旋风砲

两砲相对照可知，重型砲和轻型砲的砲杆长度稍有不同，二者所用的石弹轻重差异很大，而射程大体相同。

四、炮——火炮

火药用于实战后被制成燃烧类、爆炸类及管状类三类火器。其中，燃烧类火器出现得最早，约在公元10世纪，当时名叫

"飞火"。"飞火"究竟为何物？ 是纵火的箭还是火炮呢？ 无法确定，但《武经总要》在成书时记录了火炮（见图7-21），它将火药包像石弹一样发射到敌方，火药包燃烧，进而烧毁敌方的设施、杀伤人员等，这是火药用于实战的最早记载。可以说火炮是现代火焰喷射器的前身。《武经总要》同时还介绍了黑色火药的三种配方。

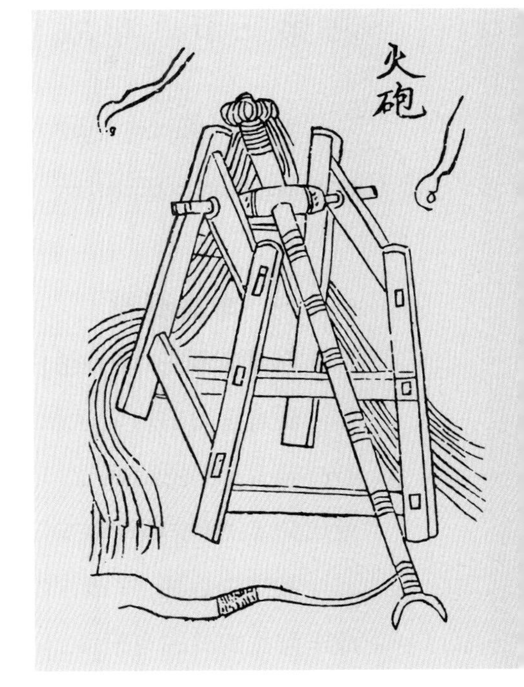

图7-21 《武经总要》中的火炮

中国的黑色火药出现在隋唐时期道家的炼丹炉中，是炉中药物爆炸时的意外产物（见图7-22）。为防止意外爆炸的发生，道家发展了"伏"与"不伏"的理论，并形成了黑色火药的最早配方。但最早的黑色火药只用于娱乐，如制作爆竹、烟火等，并未用于实战。

图7-22 火药来自炼丹意外爆炸

第三节　车战与战车

车战，也称“车阵战”。战车在中国古代驰骋疆场两千多年，当时防御工事与防守器械都不够发达，相比之下，战车威力巨大、所向披靡，是决定战争胜负的关键。

一、车战源流

在夏商周三代，各诸侯国争相发展武力，大造战车，以拥有数目庞大的战车作为衡量国力的重要标志。往往在一次战斗中，一国就会动用几千辆战车出战。《左传》记载，公元前529年，鲁、晋、齐、宋、卫、郑等国举行“兵车之会”，仅晋国就出动了“甲车四千乘车”，可见各国拥有战车规模之大。

战国中后期，车战由盛到衰，汉代已难以从古籍中看到有关战车的记载了。战车淘汰的原因有很多：随着奴隶制度的消亡，新兴的地主与自耕农多了，跟在战车后面跑的“徒兵”招募困难；相比战车的笨重不堪，骑兵更显灵活善战，军事指挥人员进行了变革；防御工事与防守器械不断发展，出现能有效杀伤战车马匹的强弩……种种因素导致战车最终消亡。战车的淘汰引起战场局势发生变化，城垣的攻防越显重要，渐渐成为决定战争胜负的关键。

二、车战法

战车上并立三名乘员，中间的为“御者”，负责驾驭马匹、控制车辆；两边的称“车左”和“车右”，是作战武士。武士装备精良，各有三套兵器：远距离用的弓箭；两车近战、交错、格斗时用的长柄武器，如戈（见图7–23）、戟、矛等；自卫防身用的短武器，如剑。为使格斗武器加大控制范围，武士们用长柄武器作战，见图7–24。顺便提及，孔子提倡的“六艺——礼、乐、射、御、书、数”中的射、御

图 7–23　出土的春秋战国时期的青铜戈头

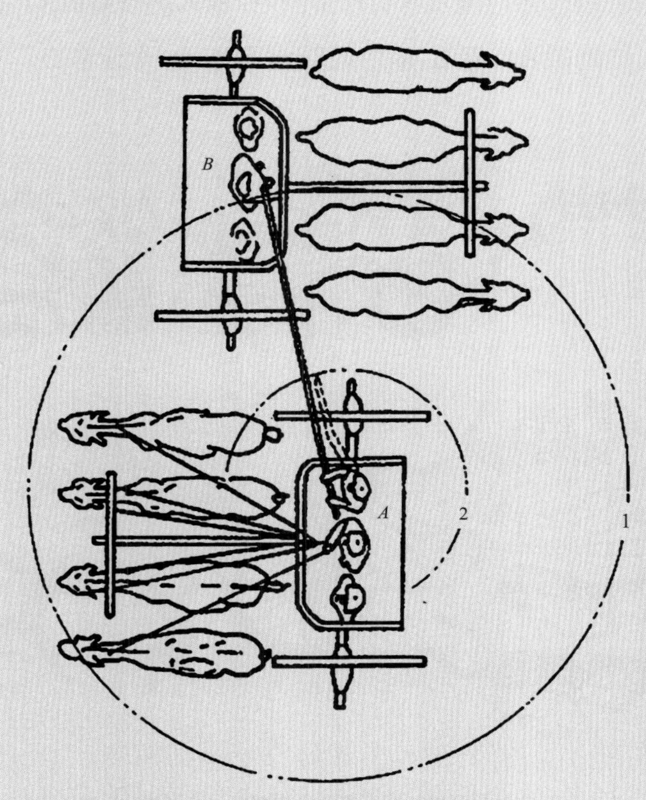

图 7–24　战车相交时车上武士进行格斗
A, *B*: 作战双方的战车; 1: 长兵器作战范围; 2: 短兵器作战范围。

两项就是用于车战的，这两项也是培养贵族的必备科目。

战车一般都威武坚固、精美华贵，车舆（站人的车厢）1米多宽，几十厘米深，采用许多铜件装饰。乘员和战马的防护装备用材都上佳，一般用青铜、皮革做甲胄；战马的装备既能护身又不妨碍马匹奔跑，这种装备称为马甲，意为马的甲胄。现代人将无袖的御寒衣服称作马甲，即来源于此。

车战时用战旗鼓舞士气，战旗插在车后（见图7-25），避免阻挡乘员的视线和动作。《孙子兵法》提及，要奖励夺得敌方战旗的士兵，足以看出战旗的重要性。考古时常见战车旁散落的兵器和从铠甲上散落下来的甲片，这些都原属于徒兵。由于备制战车、培养乘员代价昂贵，仅少数人能任乘员，大多是跟在战车后面跑的徒兵，他们的装备简陋、地位低下、风险极大，十分辛苦。

图7-25　传世的战国青铜器上战车后斜插战旗的图案

车战中，主将用鼓声指挥战斗，尽量保持鼓声不断，因为战车在作战时行进速度很快，经常远离指挥者，如果在夜间作战更看不见指挥者的信号，《孙子兵法》规定“鼓之则进，金之则退”。考古资料中常能见到击鼓的形象，然而却无有关鸣金的形象，这可能是人们喜欢奋勇进攻的战士，忌讳退缩、失败之故。直到如今，人们仍以击鼓表示某项工作的开始，以鸣金表示工作结束或停止，所谓“鸣金收兵”即是此意，这些说法其实都来源于车战。至于“金鼓齐鸣”，是指一方击鼓进攻，另一方鸣金撤退，若单独一方“金鼓齐鸣”，则完全乱了套，在车战盛行时，这种情况是绝不可能出现的。

三、战车

古籍上关于战车的记载有很多，如《诗经》歌颂了战车华美威武，《考工记》也有战车的相关记载，但这些文献都未提及战车的结构与尺寸。古代战将逝世常以战车及驭车马匹殉葬，考古已发现战国时期的车马坑20余处（见图7–26），其中木质战车已经损坏。随着考古技术提高，经由考古工作者认真细致工作，多处车马坑的木痕成功被剥剔出来，战车的大体结构由此得以展现。

图7–26　战国时期的车马坑

现知战车总体体积较大、坚固，适合高速行进。车辕较长大，为独辕或三辕（独辕与三辕在本质上一样）。战车由四匹马驾驭，当然也有两匹马驾驭的战车。战车的轮距一般较大，并与当时当地的路宽相适应。车轮的轮径很大，可以减少滚动摩擦。车轴大多较长，可扩大控制面积，加大杀伤力。车厢大小适合三人活动，乘员从后面上车，也可从前面上车，但从车后上下更安全，也更方便。从现有的考古资料上可以看到在战车车厢上有根横梁，战车在快速奔跑、战斗时，乘员可握住这根横梁以保持身体稳定。图7–27展现的是行进中的战车。

图7–27　战车在行进中

战车的尺寸大致如下：车辕长280～340厘米。车轮轮距164～244厘米，轮径122～169厘米，轮辐条数为18～28。车轮轮毂结构见图7–28。车轴长度190～308厘米。车厢左右宽94～164厘米，但大多超过1米，只有一处出土的战车为94厘米；前后深68～150厘米；战车车身的栏杆大多高三四十厘米。这些尺寸可作为复原战车时的参考数据。

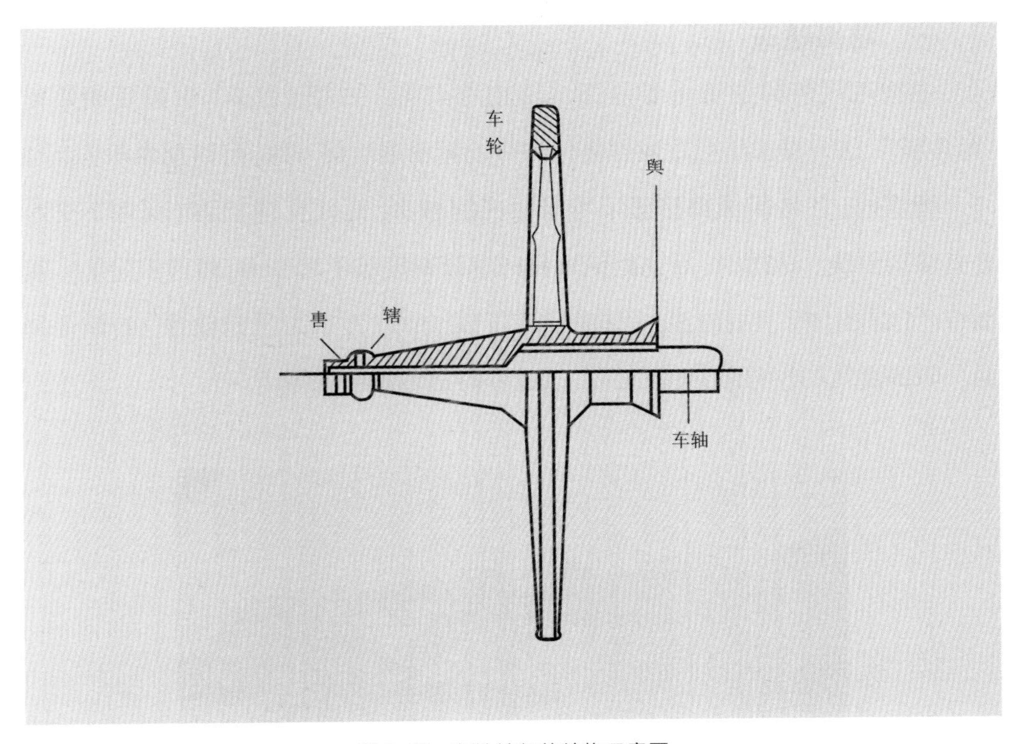

图 7–28　车轮轮毂的结构示意图

因战车的奔跑速度快，车轴轴头一般做得较为坚固、耐磨，后期应用了金属轴瓦（铜或铁），外层轴瓦固定在轮毂上，称为“锏”；内层轴瓦固定在轴上，称为“釭”。战车常同时应用釭及锏。

第四节　防御建筑与防守器械

除了规模宏大的车战外，古代战争另一让人耳熟能详的场景莫过于激烈的城池争夺。其中，防御建筑和防守器械就是守方赖以固守的主要手段。

一、防御建筑

中国古代防御建筑主要是指城墙和壕沟等。古籍《世本》中说夏朝始祖“鲧作城”，这一说法与考古发现夏代的夯土城墙遗址相一致，可以互为印证。

商周时，各诸侯国都修建了等级相应的城市，商代有些城墙（见图7–29）外有壕沟围绕。战国时，原先约束诸侯的等级制度已不起作用，诸侯们纷纷广筑城市，于是出现了《战国策》里描绘的“千丈之城，万家之邑相望也”的繁荣局面。防御建筑的规格较自由，见有三道城墙、三道壕沟的城市。

图7–29　河南郑州的商代城墙遗址

战国时已出现砖瓦，隋代则出现用砖修建的城墙，其结构是外层用砖，内填夯土，此时的防御建筑更加坚固，也更显雄伟庞大。

战国时，七国争霸，战争频仍。各国千方百计地想让城防固若金汤，为防敌方突入，开始兴建长城。那时长城大多是就地取材建成，或夯土或垒石而成，土中常夹有红柳、芦苇等。现在不少地方还能见到当时的长城遗址。

秦始皇统一中国后，为连接长城，动用30万劳力修筑了十年。唐代兵书《太白阴经》记载：“夫城下阔与高倍，上阔与下倍。城高五丈，下阔二丈五尺，上阔一丈二尺五寸，高下阔狭以此为准。”目前，在不少地方还留有秦汉时期的长城遗址以及汉代的烽火台遗迹。

明朝重修的长城用砖砌、石灰浆勾缝。城墙内侧或内侧的山顶上筑有烽火台，地势险要处则修建了许多关城，关城与城墙相连，共同构成了险要的关隘。墙顶外部有垛口，内部砌女墙，修筑在崇山峻岭、流沙溪谷间的长城蜿蜒曲折、雄伟险峻。

《武经总要》上记有城制图（见图7–30），其城门外还构筑瓮城，用以加固

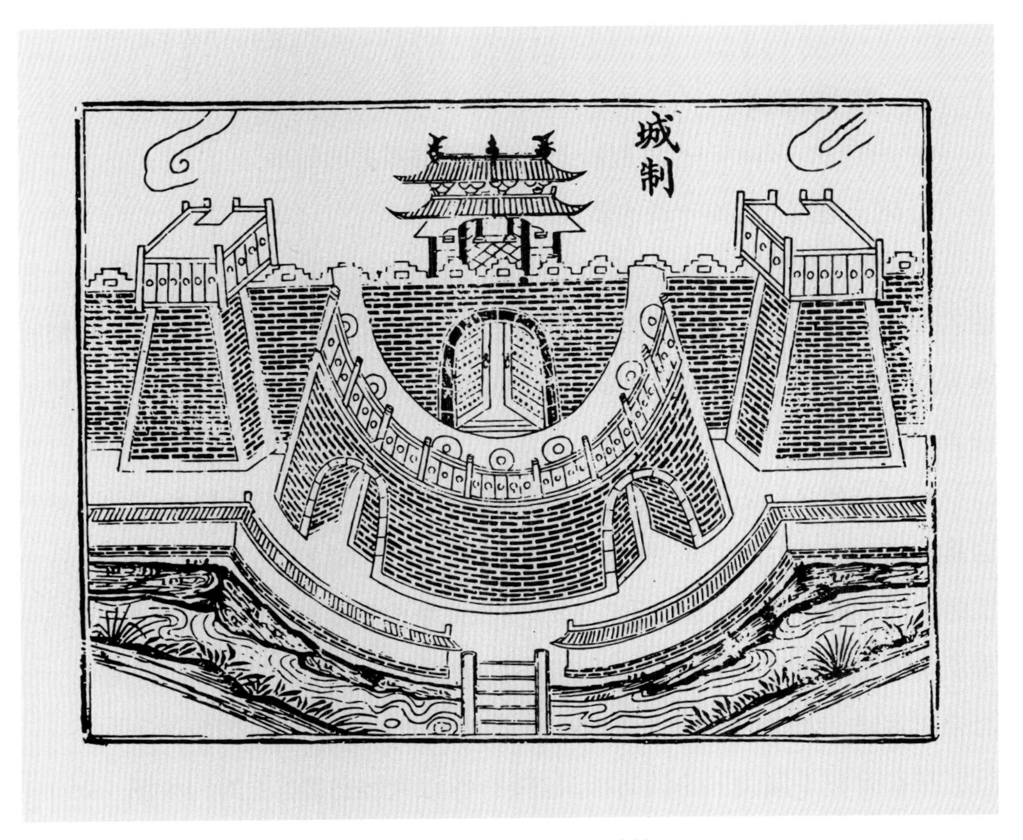

图7–30 《武经总要》中的城制图

城门的防御。但考察得知，实际的防御建筑比书籍记载更丰富多彩，也更高大坚实，如在南京市古城墙上除之前提及的使用千斤闸的痕迹外，还设有多个藏兵洞，为埋设伏兵和储藏物资之用。图7–31为绘画中的万里长城。

图7–31　明代绘画中的万里长城
（引自《中国古代科学技术展览》）

二、防守器械

防守器械有多种用途，在战场上发挥着极其重要的作用。

1. 阻止进攻方军事行动的器械

防守方为阻挡敌方进攻，采用许多器材配合城墙抗敌。有一种是戳伤人、马脚的铁蒺藜类："铁蒺藜""铁菱角""鹿角木""地涩""搊蹄""鬼箭"等。明朝戚继光的戚家军曾广泛应用"铁蒺藜"。有时"铁蒺藜"上还涂剧毒，以增加其杀伤力。

另有一种是拦阻敌方行动的器械或设施，如拒马枪、陷马坑等。《墨子》中记载在城市四周布置锐镵，根据书中所述的锐镵结构推测，它可能就是指拒马之类的东西。陷马坑的结构见图7–32。古代战争中的陷马坑深达四尺左右（约1米），坑内密布铁尖或竹签。为迷惑敌人，坑上面盖着东西，再用草、苗掩饰。有时采用木城、飞辕寨等器械来阻塞通道，阻挡敌方。

吊桥是置于壕沟上的活动桥，也称钓桥。《武经总要》上的钓桥图，仅绘有桥板。结合文字记载得知，通过绳索和绞车在城楼上操纵、控制城外壕沟上的吊

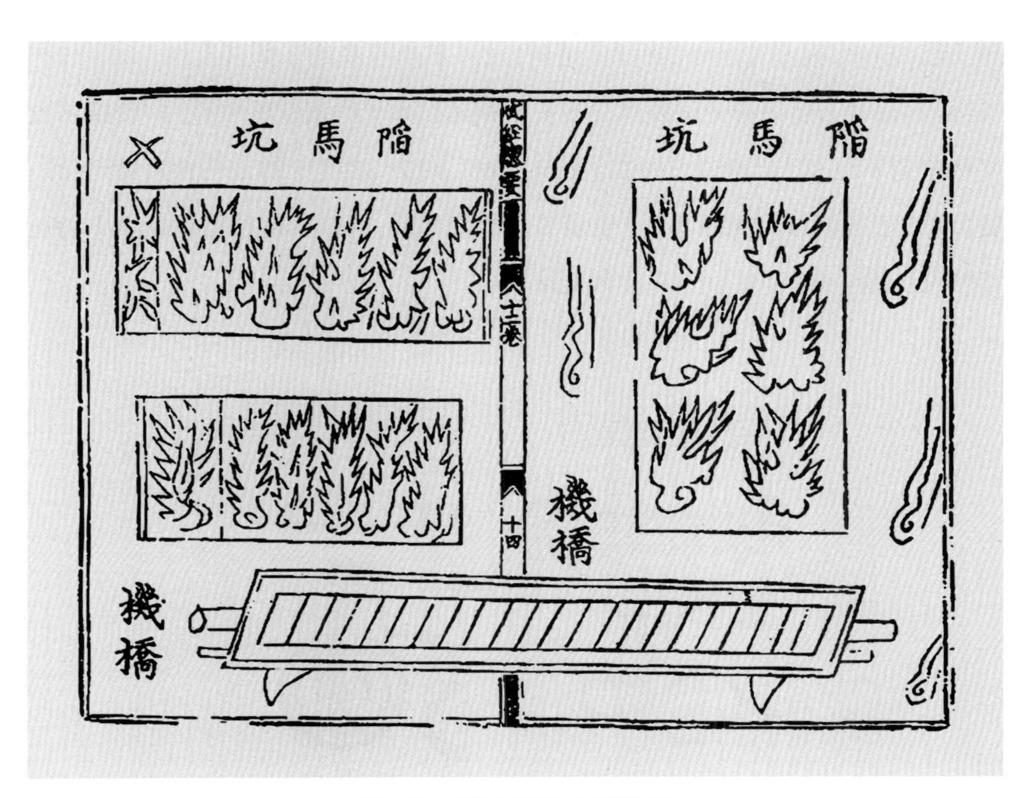

图 7–32 《武经总要》中的陷马坑

桥。根据所见地形，在吊桥和绞车之间可能还需埋设两根高杆，高杆上置滑轮，绳索通过滑轮调整位置及吊桥受力的方向。当敌人涌来时，取下桥下起固定作用的销子，来敌便随桥跌入壕沟。

2. 打击或捕获来敌的器械

防守器械还可给敌人造成致命打击或捕获来敌。

（1）打击来敌的器械

櫑，也叫雷或礌，是向下投掷、打击进攻人员及器械的重物。它起源很早，《国语》记载，“雷，守城捍御之具”，在春秋时已得到普遍应用。櫑可用木、泥、石子、铁等制作，根据其所用的材料、结构、尺寸不同有多种分类，《武经总要》载有五种，其他书上还记有一些种类。最长的檑达丈余（约300厘米）。车脚檑和夜叉檑制造不易，因此用绞车控制，便于回收。图7–33展示的是几种繁简不同的檑，它们出现的时间先后不一，应是简单的先出现。图7–34是檑在战争中的使用情况。图7–35是复原的古代夜叉檑。

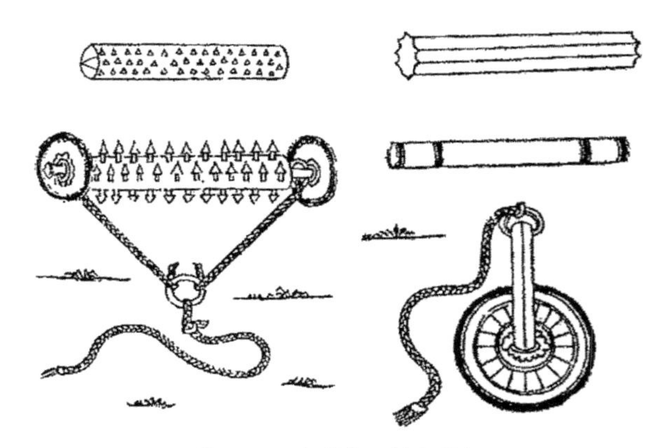

图7–33　古代使用的各种檑

图7–34　古代战争中，用檑抗敌

图 7-35　复原的古代夜叉檑

狼牙拍是在坚木上密布大钉，大钉利如狼牙。大的狼牙拍使用时用绞车控制。《武备志》记有使用狼牙拍的情况（见图7–36）。汇总古籍知夜叉檑和狼牙拍的尺寸，夜叉檑长3米左右，直径30厘米以上，两端的轮径达60～70厘米，长于其上的铁钉长度，以免铁钉和城墙碰撞受损；狼牙拍的长和宽都是1.5米左右，厚达10厘米。二者都是用榆木制造的。图7–37是复原的古代狼牙拍。

铁撞木是另一种打击来敌的器械。它重量大，由城上的辘轳或绞车控制。《武经总要》记述铁撞木下面有用来杀伤敌方的尖利锋刃。

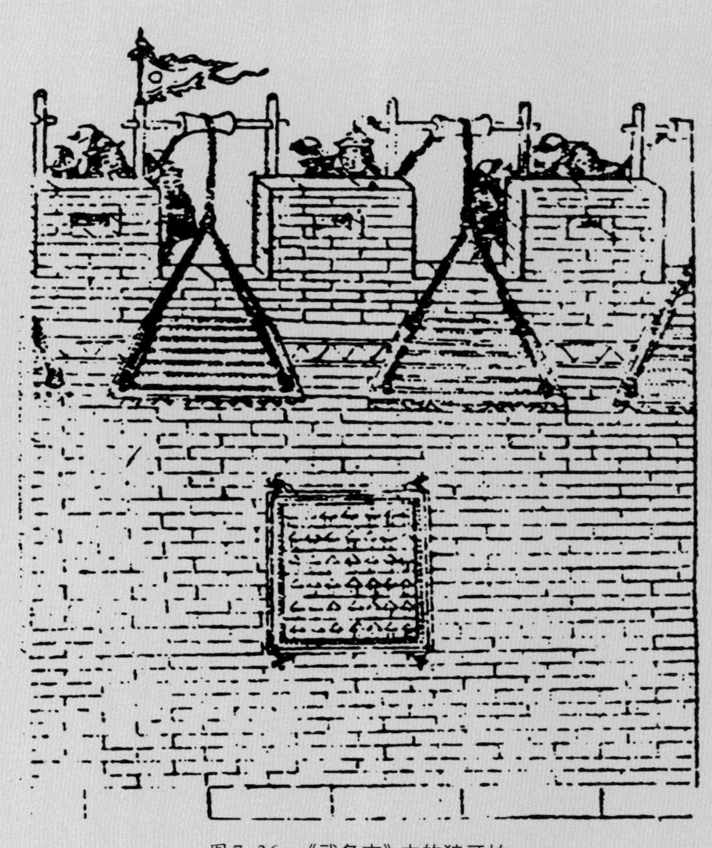

图7–36 《武备志》中的狼牙拍

图 7–37　复原的狼牙拍

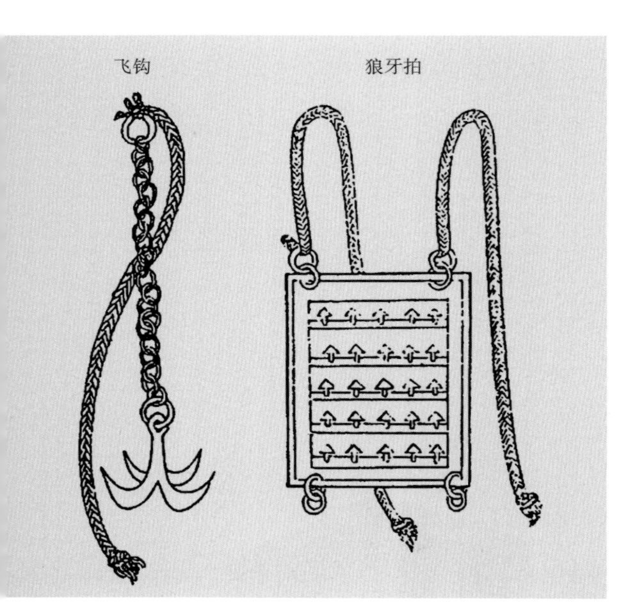

图 7–38　古代使用的飞钩及狼牙拍

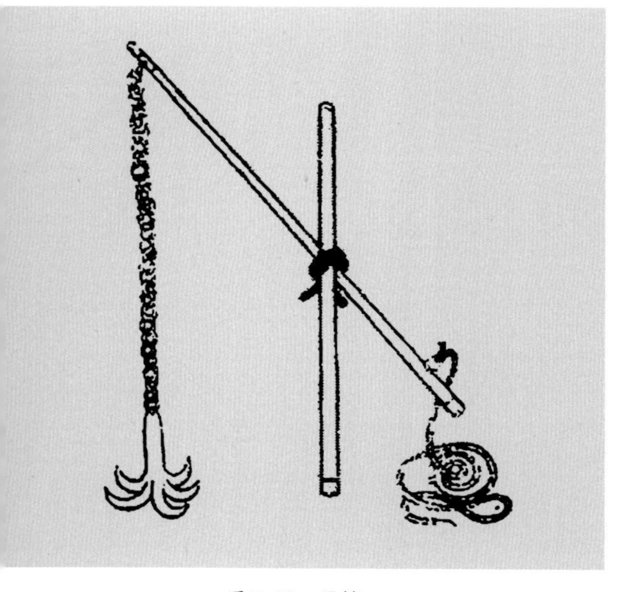

图 7–39　吊槔

（2）捕获来敌的器械

飞钩也叫铁鸱，此别称形象地反映它犹如凶猛的飞禽捕捉小鸟一般捕捉来敌。飞钩一次可捕两三人。它用铁制造，靠近钩处有段铁链，以防被敌人砍断，其结构如图 7–38 所示。

吊槔与飞钩一样利用杠杆原理捕获来敌。其铁钩部分与飞钩差不多，上面的结构像取水用的桔槔（见图 7–39），这也许是它叫“吊槔”的原因。吊槔粗大坚固，发力大，由城上的绞车控制，专门用来钩挂敌人的攻城器械，将其掀翻、破坏，但不能将其钩上来。

3. 加强城门防守的器械

相比坚固的城墙，城门是防守的薄弱环节，是攻方进攻的重点，它一旦被攻破，就用塞门刀车或千斤闸抵挡。此外，为防来敌火攻，在城门处备有消防器械。

（1）塞门刀车

《墨子》中有关于塞车的记载。它起源于战国之前，当时可能无刀，之后为增加杀伤力，其上安装了刀，因此被称为塞门刀车。塞门刀车日常置于城门或巷道旁，城门一旦失守，就立即将它推出抵挡一阵。《武经总要》记载了它的结构，如图7–40所示。这种车有两轮，其宽度略小于城门、巷道，车前密布刀刃。有时也用它堵塞地道，此时的尺寸要与地道的尺寸相适应。

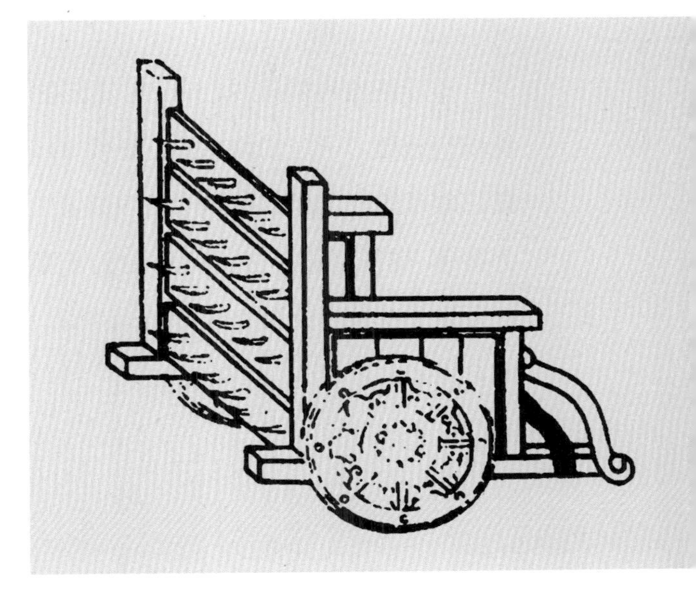
图7–40 《武经总要》中的塞门刀车

需要指出，塞门刀车是防守器械（见图7–41），而非进攻武器。在影视作品中屡见将其作为进攻武器的镜头，这是错误的。

图7–41 塞门刀车堵塞城门用以防守

（2）千斤闸

千斤闸也称槎碑、插板。它安装在城门的后面，当城门失守时，立即将其挡住城门通道。千斤闸约起源于唐代，许多地方还可见当年使用留下的痕迹，例如前已叙及的江苏南京中华门的四道城门都有使用千斤闸的痕迹。《武备志》称其为槎碑，可以理解为它形似搓衣板，而重似石碑。《武备志》绘有“千斤闸”图，这对复原千斤闸（见图7–42）很有帮助。关于千斤闸的尺寸应根据城门的高低、宽窄而定。

图7–42　古代城门使用千斤闸加强防守的情形

千斤闸用厚重的坚木制成，由于是依靠闸板的自重放下，因而外面用铁叶包裹，其上密布排钉，目的是增加强度及重量。《武备志》上未表明千斤闸如何升高，考虑到它重达千斤，推测用绞车控制提升较为合理。在文艺作品中，常有武士力举千斤闸的描述，强调某人力大无比，这种描写未免言过其实。

第五节　攻坚器械

考古发现，为适应战争的需要，我国夏代已构筑城墙。从而可以推知，在城墙出现之时，攻坚战争和攻坚器械也随之诞生，面对坚固的城墙，如果没有攻坚器械，进攻方就会束手无策。《诗经》中有关于攻坚器械的最早记载，下摘引《诗经·大雅·皇矣》原诗及《诗经评注》（袁梅著）的译文：

原诗	译诗
帝谓文王：	上帝垂训文王：
询尔仇方，	与你友邦策划订盟，
同尔兄弟。	同姓之国联合行动。
以尔钩援，	使用你军爬城飞钩，
与尔临冲，	临车、冲车齐备并用，
以伐崇墉。	大张挞伐，围攻崇国都城。

原诗中的临（临车）、冲（冲车）具体是什么呢？后人无法得知，但可根据其名推测：临，居高临下，即侦察车；冲，冲锋陷阵，即攻坚车。

《孙子兵法·谋攻篇》有关于攻坚战与攻坚器械的精辟的论述:"故上兵伐谋,其次伐交,其次伐兵,其下攻城。攻城之法为不得已。修橹轒辒车,具器械,三月而后成,距堙又三月而后成。"从中不难看出,当时攻坚战已十分常见,普遍使用有代表性的战争器械橹,橹属侦察器械,应是巢车,而轒辒是掩护士兵挖掘地道的轒辒车。从上述论述同时得知,构建这些攻坚器械需要三个月的时间。

在古代长期的战争实践中,诞生了多种攻坚器械。根据攻坚的顺序,可将攻坚器械分为三类:掩护士兵挖掘地道的器械;破坏防御设施的器械;强行登城的器械。

一、进攻准备

进攻前要做好准备工作,令攻坚部队和攻坚器械可以渡过壕沟抵达城下,所用的器械主要是壕桥。早期攻坚战中,未见有关渡过壕沟的方法和所使用器械的明确记载,直到兵书《六韬》(亦称《太公六韬》)才对战国时壕桥的结构和使用作了记载。《六韬·虎韬·必出》篇记载,"太公曰:大水、广堑、深坑,敌人所不守,或能守之,其卒必寡。若此者,以飞江、转关与天潢以济吾师";《六韬·虎韬·军略》篇载,"越沟堑,则有飞桥、转关、辘轳、鉏铻",《六韬·虎韬·军用》篇中载,"渡沟堑飞桥,一间广一丈五尺,长二丈以上,着转关、辘轳八具,以环利通索张之"。文中所记飞桥、转关、辘轳、鉏铻等物的具体结构与作用,于此不赘,有兴趣者可对照其他古籍和后世记载作进一步研究。《六韬》的记载中,有三点需要特别注意:一是,水深沟宽之处,常是敌人疏于防守之处,攻坚战可从此处开始。二是,一座壕桥的宽度是"一丈五尺",长度是"二丈以上",这两个尺寸都是按周尺计,1周尺=23厘米,折算一下,壕桥的宽度应为3.45米,长度为4.6米以上。3.45米的宽度能让各种战车顺利通过,如果战车两侧还有士兵操作,这个宽度也足以满足车辆通行。壕桥4.6米的长度大于壕沟的长度，可避免车辆落入水中。三是，壕桥可以八具并用，总宽度可达十二丈，按周尺折算为现代的27.6米，大部队可浩浩荡荡地通过。

壕桥的具体结构在《武经总要》中显示得格外清楚，复原时，壕桥的宽度和长度均可参照《六韬》中的记载。从图7–43中可看出壕桥有两轮也有四轮，轮数根据壕沟的宽度决定。当然，四轮的壕桥推动起来更省力，方便运输。复原的四轮折叠壕桥见图7–44。

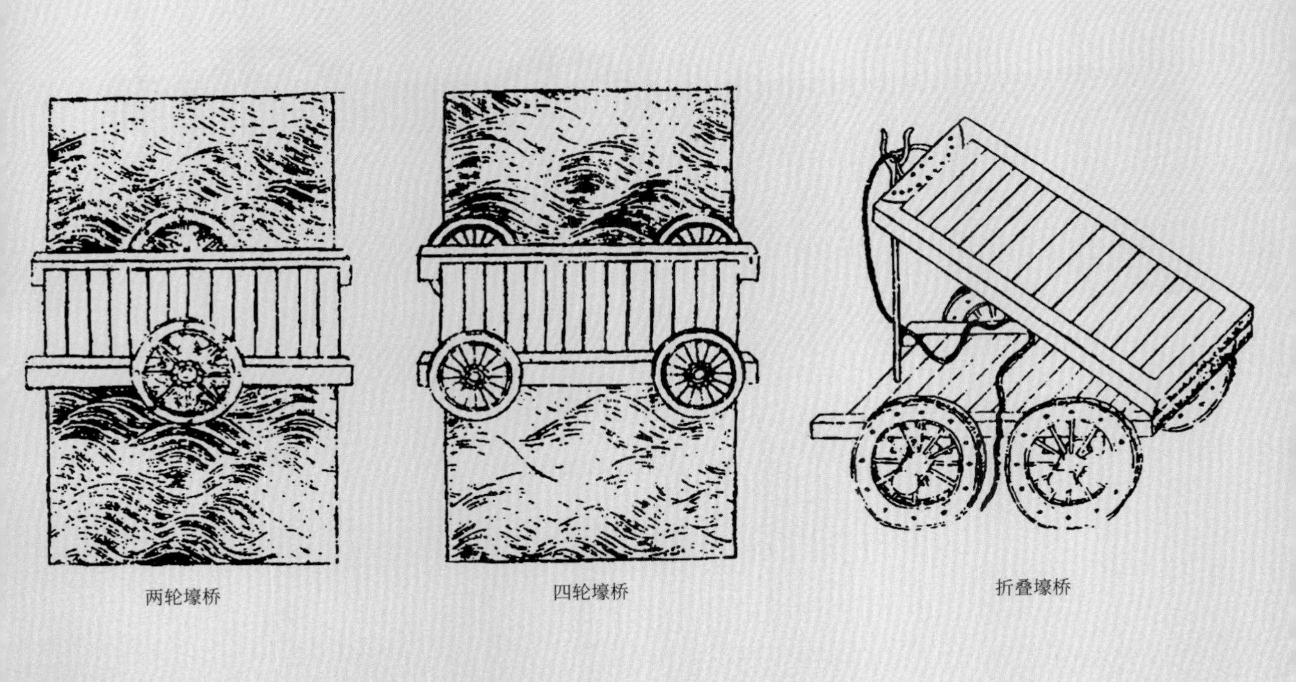

图7–43 古代战争中使用的两轮、四轮和折叠壕桥

图 7–44　复原的四轮折叠壕桥

宋代有一种折叠壕桥，当是在壕沟更宽时使用。宋代另有填壕车，其结构与折叠壕桥大同小异。

二、进攻方法之一——挖掘地道

中国古代很早开始挖掘地道，《墨子》一书就述及地道的主要结构和尺寸，挖掘地道的技术和成果。在湖北黄石铜绿山铜矿遗址中发现了战国到西汉时期的坑道遗址，从中可以看出当时地道修建技术的水平。地道既可用于采矿，也可用于战争。

1. 地道的情况

《武经总要》中绘有地道结构图（见图7–45）。书中写明了地道的尺寸：

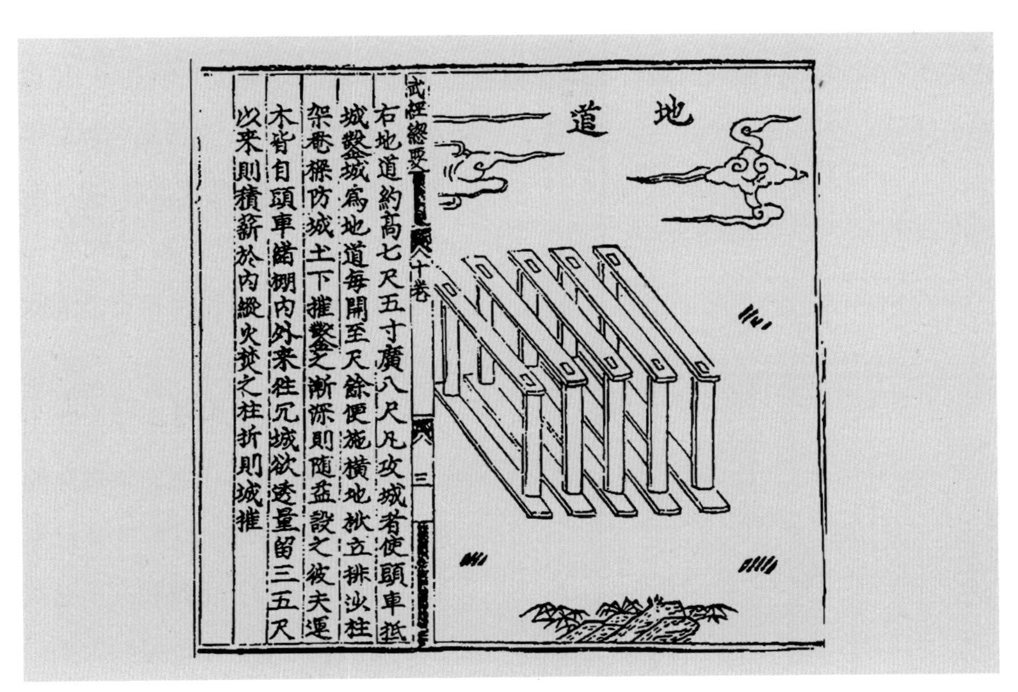

图 7–45　《武经总要》中的地道结构

“高度约七尺五寸”（高约2.5米），“广八尺”（宽约2.6米），间隔“尺余”，需放置一个木框。书中另提及地道的尽头不要挖透，留“三五尺”，以保持从地道进攻的突然性。在了解古代战争中地道的情况后，接下来探讨挖掘地道需用的器械。

2. 掩护士兵挖掘地道的器械——轒辒车、木牛车、半截船等

这类器械的功用是掩护运送己方士兵接近敌方，再掩护他们挖掘地道或进行其他作业。

综合古籍记载发现，掩护士兵挖掘地道的车辆名称很多，结构和尺寸都大同小异。其宽度都应有六尺（约185厘米）以上，因为太小会使得挖掘操作不便，另受运输道路的限制也不能太大。此外，车辆的长度要超过修建地道的木材。这类车的名称、尺寸和形状虽有不同，但都没有底板，这样的设计便于隐藏在车内的士兵推动车辆前进或进行地道挖掘等作业。车辆的结构都十分坚固，足以对抗防守一方的重物打击。车上蒙着生牛皮，既可以抵御箭矢，又增加车辆的牢度。车下置四轮，便于推行，由于车内有人，为保人员安全，其车轮一般很小，复原车辆的车轮直径大约60厘米。

图7–46 《武经总要》中的轒辒车

车辆取名轒辒，意指车内武士温暖。《武经总要》中载有轒辒车的图形（见图7–46），笔者将其已复原（见图7–47）。比较之下，《武经总要》中的木牛车（见图7–48）抗重物打击能力较差。

图 7–47　复原的辒辌车

图 7-48 《武经总要》中的木牛车

有的古籍上对掩护士兵挖掘地道的车辆的记述过分夸张，如说“大虾蟆车”可以“三百人推之”；还说有种巨大的攻城战车“长达数十丈”，其实这样的战车是无法在实战中运用的。

还有一种掩护士兵挖掘地道的器械不是车，而是半截船。从图7-49中可看出其十分像翻过来的船，下有四根起支撑作用的“腿”，由几名武士举着前进。这种器械大约只能临时应用，其坚固性较差，而且运输困难。

图 7-49 古籍中的半截船

3. 掩护士兵挖掘地道的车队——头车

挖掘地道所用的器械中，头车是最复杂、功能最完备的，它外用生牛皮包裹，并备有水袋、拖把等灭火用具，用来防备敌方用火。头车是由三部分组成的多功能车队：前部称“屏风牌”，其功用是抵挡矢石的打击，两边的侧板可以开合，以迎击不同方向来袭的矢石，不仅仅是为了保护自身，更主要是保护后面的操作人员；中间部分名“头车”，是车队的主体，掩护士兵挖掘地道，其侧面用木柱支撑，以防被重物打击后侧翻；后面部分称“绪棚”，其后部有一具绞车，绪棚内是绞车的操作人员。绞车上引出两根粗大的绳索，绳索固定在“屏风牌”的木柱上。这两根绳索形成轨道，上挂运土的箩筐，在绞车的牵引下，向后运送、疏散挖掘地道所产生的泥土。为了充分发挥头车的作用，其尺寸比较宽大。《武经总要》将头车称为“挂搭绪棚车”，如图 7–50 所示。

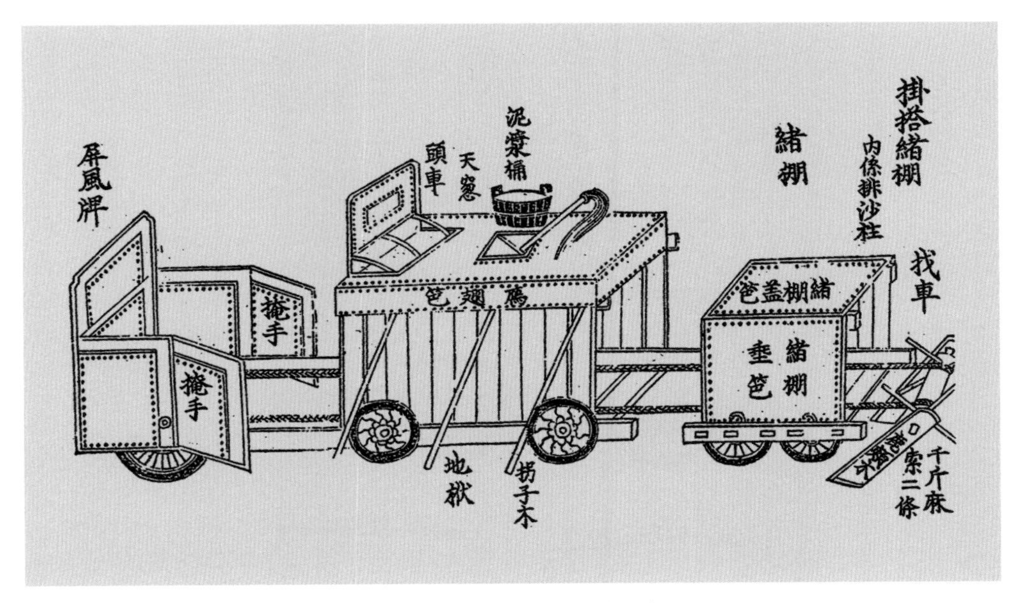

图 7–50 《武经总要》中的头车

三、进攻方法之二——破坏防御设施、杀伤防守人员

这类器械有很多，功用各不相同。

1. 破坏城门的器械——撞车

撞车用于撞击、破坏城门，其头部是铁制的，车下四轮，便于移动，车后附有两爪，能放下抓地，防止撞车在工作时由于反作用力而倒退。撞车也可击打其他设施。《钦定四库全书》本上所引《武经总要》的撞车图（见图7-51）中，撞车后没有两爪，这是不妥的，两爪对于平衡撞车撞击城门时所产生的巨大反作用力是十分有效的。图7-52为复原的撞车。

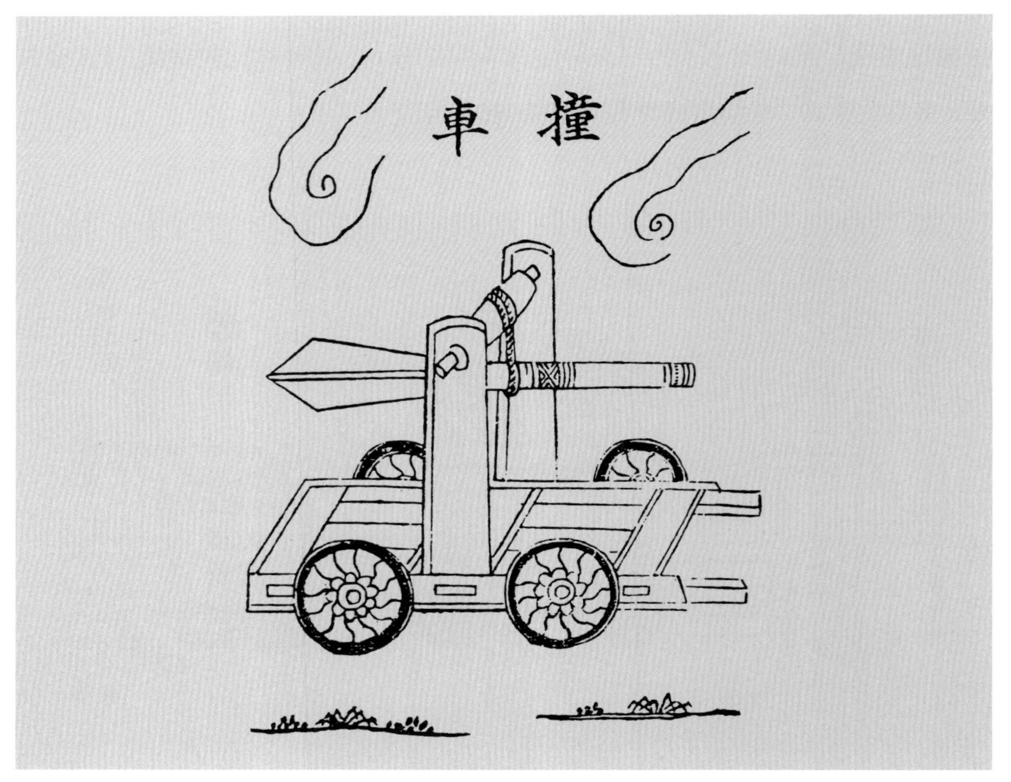

图7-51 《武经总要》中的撞车

图 7-52 复原的撞车

2. 破坏城墙的器械——砲楼

砲楼的工作原理等同于远射兵器中的砲，它利用其锤头巨大的惯性力反复击打城墙和其他设施，从而造成破坏。图7-53是《武经总要》载图，砲楼被做成车。作业时，武士躲藏车内操纵绳索，齐心协力将横杆前端奋力向下拉，安装在横杆后端的铁锤便前冲，锤击城墙。图7-54是砲楼复原模型。

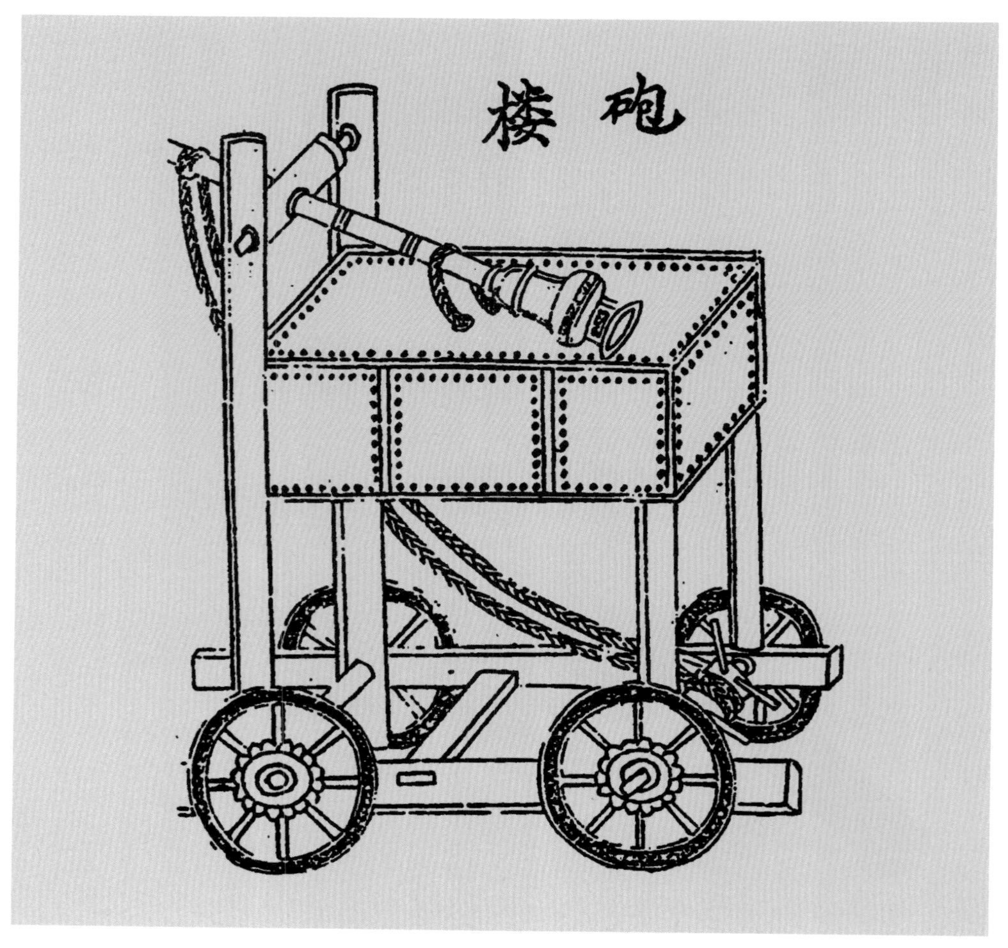

图7-53 《武经总要》中的砲楼

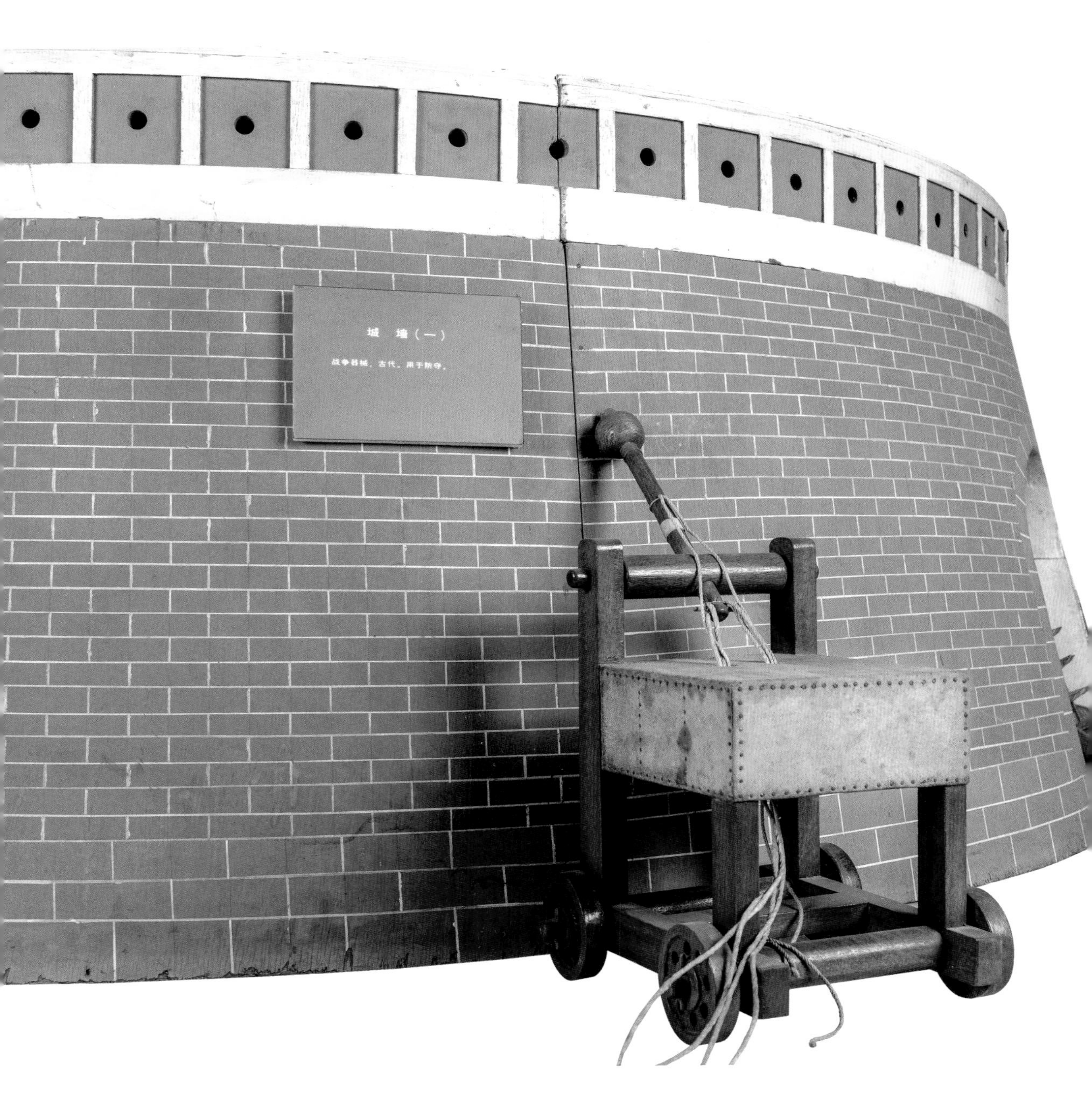

图 7–54　复原的砲楼

3. 杀伤、驱赶防守方的器械

这类器械有饿鹘车、搭车等，它们的主要功用是掩护、配合进攻，杀伤、驱赶防守人员。

饿鹘车的结构如图7–55所示。鹘是一种鸟，取名饿鹘车是因为它工作时如同饥饿的鸟啄食一样。饿鹘车是用长杆末端的巨铲作业。图7–56是复原的饿鹘车。

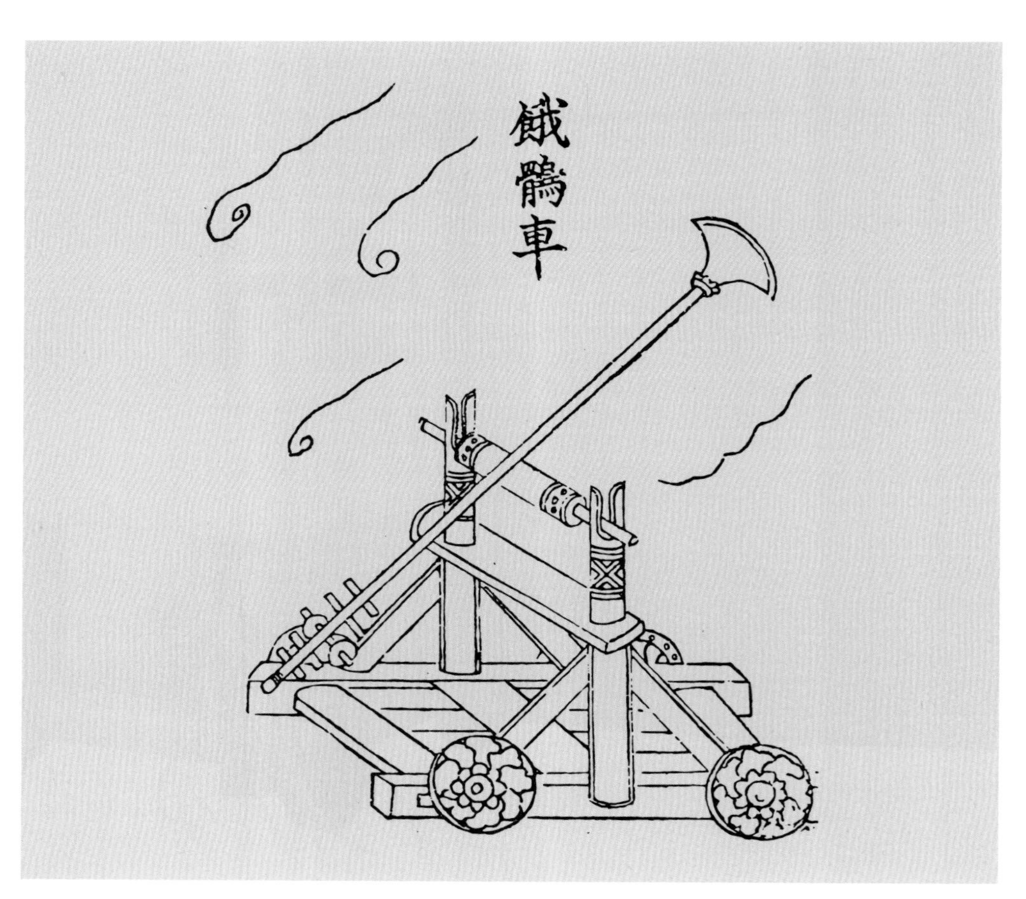

图7–55 《武经总要》中的饿鹘车

图 7–56　复原的饿鹘车

搭车的结构与饿鹘车大体相似，《武经总要》载有图形（见图7–57），图7–58为其复原图。搭车是用长杆末端的大铁钩作业。

饿鹘车和搭车的复原，要注意如下三点。其一，《武经总要》中所绘长杆与车上木梁结合错误，该长杆没有从木梁中通过，而是放置在木梁之上，这会使长杆很不稳定，无法工作。其二，如守方的城墙很高时，所需长杆应很长，否则无法够到城墙。此时，长杆后部应有配重，使得长杆前后两部分的重量较为平均，方便车后人员操作。其三，从所引图中可以看出，饿鹘车与搭车的车架有所不同。搭车的前部有一个架子，在搭车运动时用来放置长杆，长杆则用图中所绘的

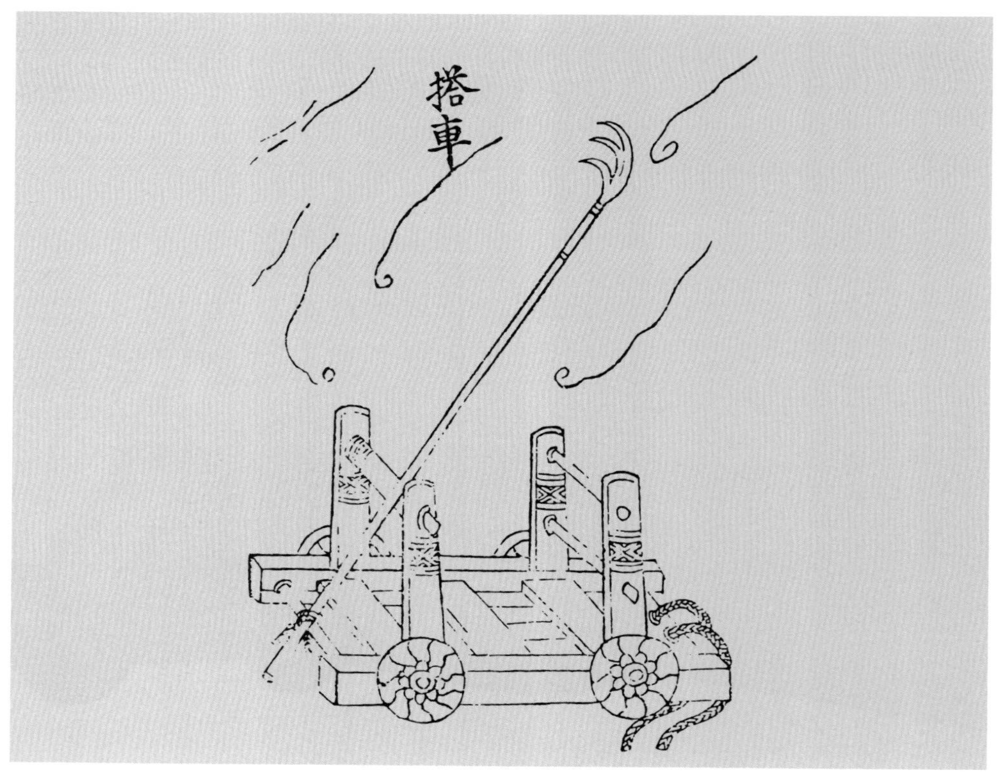

图7–57 《武经总要》中的搭车

图 7–58　复原的搭车

两根绳索捆绑起来，以免误伤士兵。饿鹘车上则不设这一架子，不尽合理。

饿鹘车和搭车的宽度都应由道路决定，应在2米以上，长度都应在3米以上，长度和宽度都应尽可能大，这样可确保其稳定性。

四、进攻方法之三——强行登城

这类器械有云梯、临冲吕公车。它们与前述攻城器械相比，更加快捷、迅猛，尤其是在火器使用前作用更大。

1. 早期云梯

由于云梯在战争中作用显著，因而相关的古籍记载较为丰富。《诗经·大雅·皇矣》记载“与尔临冲，以伐崇墉”，意思是云梯和其他攻坚器械并用，去讨伐楚国的都城。据此记载，可知在西周开国战争中已使用云梯，这也是迄今为止关于云梯的最早记载。另外在《左传》《孙子兵法》《六韬》《战国策》《吕氏春秋》《史记》等古籍中都记有云梯，这大致反映了云梯的使用日见广泛。《墨子·公输篇》中的记载尤为清楚，“公输般为楚造云梯之械成，将以攻宋”，同样可看出，当时云梯在攻坚战中的重要作用。但古籍中关于云梯的记载均未反映云梯的结构，欲知云梯的具体结构，需从考古中寻找。

在四川成都百花潭出土的战国嵌错铜壶上，可以看到当时用云梯攻城的情形，所使用的云梯略同于一般的木梯，可以说这是云梯的最原始形态。

另由故宫博物院收藏的河南汲县出土的战国晚期青铜鉴（类似铜盆）上也有云梯攻城的图案（见图7–59）。可以看到，此时的云梯已有变化，云梯后部有两个轮子，轮子尺寸较大，直径估计有70 ～ 80厘米，实际的云梯轮子可能更大。云梯移动时由人推着前进，比较省力。从图中还可看到，有三个人在托举云梯，将其向城头架设，这反映了此时的云梯非常高大。图7–60为复原的战国云梯。

图 7–59　河南汲县出土的青铜鉴上的云梯

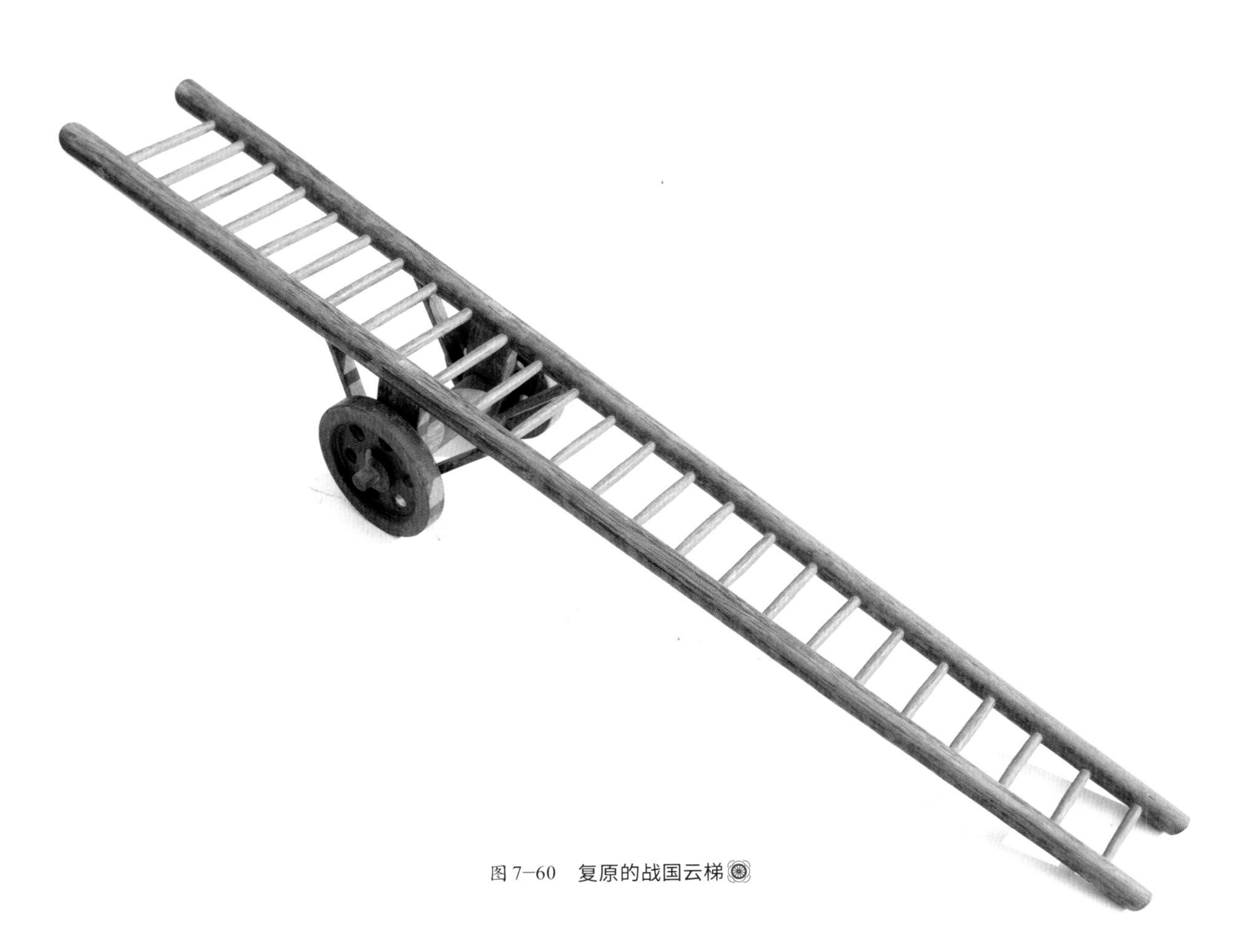

图 7–60　复原的战国云梯

2. 唐宋以后的云梯

现从文献记载看，唐宋以后，云梯发生了重大变化。唐代《通典》对此有较明确的记载，其卷一百六十之《兵》十三"攻城战具"中说，云梯"以大木为床，下置六轮""节长丈二尺有四""递互相检""有上城梯首冠双辘轳，枕城而上，谓之飞云梯"。从中不难看出，唐代云梯具备了如下三个特点：其一，云梯架子粗大，下置六轮，坚固程度及稳定性都有了很大提高。其二，记载中"递互相检"是指云梯中的各部分互相影响，进而可能互相检查，云梯被制作成一个互相制约的封闭整体。其三，在云梯上有上城梯及副梯，副梯顶端有一对辘轳，使副梯"枕城而上"，架设云梯较为方便，这里的"辘轳"实指小轮。遗憾的是，文字记载对于云梯的结构未能尽详。唐代，云梯已采用主副上下两节梯形式，"节长丈二尺有四"，合拢时减少了车身的长度，便于运输，打开后又增加了云梯的攀登高度，推行时的稳定性也有了提高。

欲知唐代之后云梯的具体结构，可参见《武经总要》的云梯图（见图7–61）。从该书的图形和文字记载可知，宋代云梯除沿袭了唐代云梯的结构特点外，变得更加实用、巨大、安全。文中明确地说该云梯"各长二丈余"；梯首不再用辘轳，而用大铁钩；为安全计，车四面用生牛皮屏蔽抗矢石打击，内以人推进，此时的云梯像有些战车，是无底的。根据《武经总要》云梯图复原的模型见图7–62。

图7–61 《武经总要》中的云梯

云梯的宽度有2米左右或稍宽，应与当地的道路和其他战车的宽度相适应。云梯车厢高度可定为2米多，能容

图 7–62　复原的云梯

纳车内士兵及他们手持的武器和工具等。文中的所谓四面用生牛皮屏蔽，指的是前上左右四面，底部因人推车，且后部不面向敌人，无矢石打击之虑，不必用生牛皮包裹。云梯车厢面积约7米^2，可容十余人。为车内人员的安全，车轮不宜过大，直径以六七十厘米为宜。车厢应有门，在各种版本《武经总要》的云梯图中，均未表明门开在何处。考虑到推云梯前进的士兵往往是攻城的敢死队，为顺利使用云梯计，将门开设在云梯前方较为方便。事前对士兵已作明确分工，他们在车门打开后鱼贯而出，大多数人循梯而上，也有人拉紧绳索，使大铁钩牢固地钩紧城墙。使用中也常将若干辆云梯并肩排列，形成登城的通衢大道，使得防守方更加难以抵挡。

在云梯复原过程中遇到了尺寸不符的情况。《武经总要》在谈论防守时举例说“城高五丈”，而讲述云梯时说“各长二丈余”，二者明显矛盾。两节各二丈余的云梯是无法登上五丈高城墙的。这种尺寸不符的情况不仅要在实战中避免，在复原中也应避免。研制室复原时采用的办法是缩减城墙的高度，直至云梯能够登上。

还要指出，云梯在长期使用的过程中为适应各种情况，形态各异。简单的云梯仍然得以使用，在《钦定大清绘典图》卷一〇三中载有一幅云梯图，该云梯为清代健锐营所用，其结构与普通的梯子大同小异，只是在梯顶安装了两个小滑轮。图中可清楚看出其架设云梯时，梯顶下垂的两杆辅助云梯“枕城而上”，梯顶垂下的两根绳索只作稳定云梯之用。

3. 庞大的登城车——临冲吕公车

唐宋之后，性能优良的云梯仍得到广泛使用，但从《武备志》记载看，明代出现了一种新型、庞大的登城器械——临冲吕公车。车名所用的“吕公”二字是指周初吕望即姜子牙，以表明此车出现之早。其实，它不可能出现很早，因为此前的史料包括《武经总要》均未提及过，它出现的时间应是在《武经总要》与《武备志》两部书成书的年份之间。

临冲吕公车车架高大、坚固，下置八轮，车上共有五层，各层之间有木梯相通，便于人员上下通行往来。每层都能容手执武器的兵士站立，全车高度至少有十几米。如要执行登城任务，车的高度更高。由于车的重心较高，为确保其稳定性，车的宽度和长度都尽量大。从图7–63中可看到，车顶及车后装有木板，并用生牛皮保护，以避免矢石打击；车前装有栅栏，阻挡守方人员突入车内。车子最上两层装着刀枪等兵器，在攻打敌城时，用以驱赶、杀戮正面敌方守兵，防止他们冲入车内。车一抵城墙，车上士兵选择从适宜高度（比城墙稍高）蜂拥且迅速地跃抵城头进行厮杀，也可居高临下，射箭掩护进攻或使用其他手段进攻。临冲吕公车似一座活动的“堙”——小山，其功能较多，比云梯威力大得多。然而，它的缺点也显而易见：笨重、制作较困难。它应当归于云梯一类。复原的临冲吕公车见图7–64。

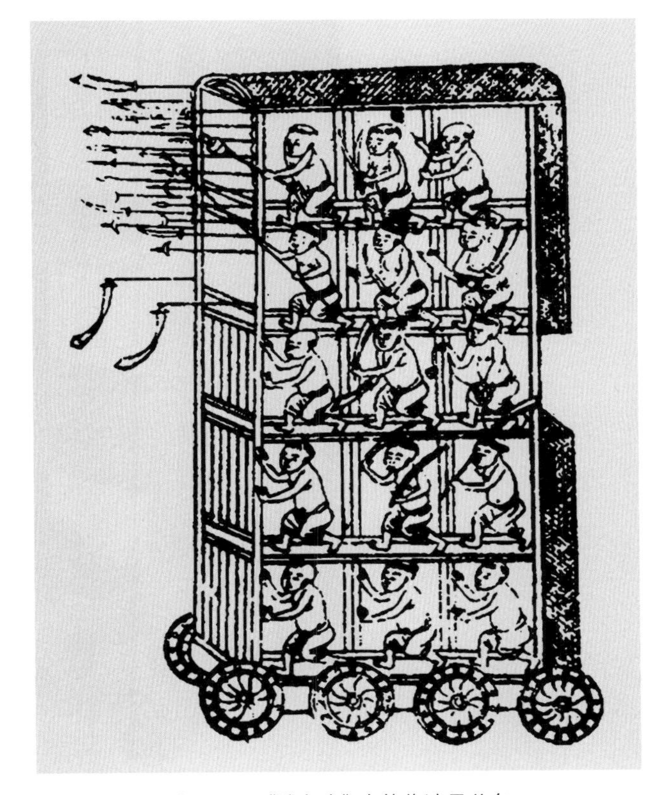

图7–63 《武备志》中的临冲吕公车

《明史·朱燮元传》讲述了当时使用临冲吕公车的一个战例。明熹宗天启元年（公元1621年），四川倮㑩族奴隶主奢崇明起兵叛乱，

图 7–64　复原的临冲吕公车

四川巡抚朱燮元亲自登城积极组织防卫。只见叛军中出现了一辆硕大无朋的战车,“数千人拥物如舟,高丈许,长五十丈”,车上“置板如平地”,两翼有云楼。城上守军无不惊慌失措,而朱燮元镇定自若地对官兵说:“此吕公车也。”随后,嘱咐架设巨砲轰击,使拉车的牛回身奔走,于是叛军阵脚大乱,溃不成军,叛乱由此被平定。从此段叙述中可以看出此吕公车虽也十分庞大,但其结构与前述临冲吕公车不全相同。

这类庞大的登城车(无论是临冲吕公车还是吕公车)虽然威力庞大,但制造都较困难,使用也很不便。总体看来,它似未得到普及。

第六节　其他战争器械

其他战争器械是指攻守双方都可应用的战争器械,主要是指扬尘车和猛火油柜。此外,桔槔、绞车、鼓风器械、熔铁炉等在战争中也都有应用,由于它们用于战争时并无特殊要求,在此不作专门讲述。

一、扬尘方法与扬尘车

古代战争中很早就通过制造烟尘来掩护、辅助军事行动。烟尘可以是燃烧物体的烟雾,也可以是粉尘。

1. 扬尘方法

烟尘的施放既可以利用自然风,即在上风处施放,让烟尘顺风飘向对方;也可以利用鼓风器械,有目的地将烟尘吹向对方。

在《墨子·备城门》中,有关于在地道中使用烟雾的记载,“通囊烟。通烟,疾鼓囊以熏之”，并提出“灰、康（糠）、秕秠、马矢（即马粪），皆谨收藏之”。此时烟尘的使用环境是地道，鼓风器械用的是皮橐，烟雾由粉尘及燃烧的糠屑、马粪末等构成。其实，烟尘的使用地点不限于地道，唐代《通典·守拒法》记载，“灰、麸、糠、秕因风于城上掷之，以眯敌目”，这当是守城一方在城头上使用烟尘。唐代《太白阴经》也有相类的记载，利用的都是自然风，顺风施放烟尘。而《武经总要》中记载的是由攻方来施放烟尘：“凡攻城邑旬月未拔，则备蓬艾薪草万束已来，其束轻重使人力可负。以干草为心，湿草外傅，候风势急烈，于上风班（颁）布发烟，渐渐逼城。”此次利用的还是自然风，大大增加了进攻的威势。

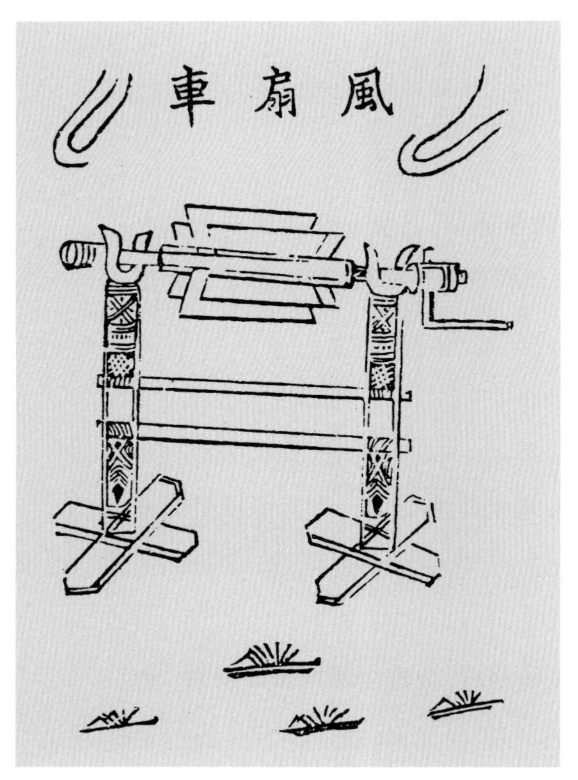

图7–65　《武经总要》中的风扇车

除自然风和皮橐外，离心式风机也可扬起烟尘。这种风机发明的时间已难考证，但从《武经总要》的风扇车图（见图7–65）上可以看到用在战争中的离心式风机。文中记载这种风扇车只限在地道中使用，它的尺寸应是“高阔约地道能容”，推测其高度约与人相近，而宽度窄于地道，可以容纳操作人员。

尚需言及，上述《武经总要》所载的风扇车，其外形显然不同于农业机械中清选粮食作物的风扇车。清选粮食作物的风扇车有外壳，扬尘的风扇车则没有外壳。扬尘的风扇车在地道中使用，地道是封闭的,代替了外壳,因此这种风扇车风力不会过小,方向也不会过于分散,也正因为它没有外壳,所以不适宜在开放的空间使用。

另外在《后汉书·杨璇传》中记有“排橐”:东汉灵帝时,为了镇压农民起义,零陵太守杨璇制作了几十辆马车,上载皮橐与石灰。交战时使用排橐顺风鼓灰,而后“弓弩齐发”,取得胜利。这段叙述说明皮橐最早常行排使用,故行排的皮橐被称为排橐。此名中蕴含的意义有助于理解水排这一名称的来由。

按《武经总要》记载,可知当时还在烟尘中加入砒霜、巴豆、狼毒等有毒物质,令烟尘的杀敌威力更大。

《文献通考》记载在水战中施放烟雾,迷惑敌方战舰而获胜的事例:公元919年,吴国与越国水军大战,开始时吴国“乘风而进”,越军“引舟避之”以抢占上风,而后顺风扬灰,并乘乱纵火焚船,最后“吴兵大败”。

2. 扬尘车

扬尘车的结构和尺寸,参见图7-66,该图引自明代正德年间的《武经总要》版本。图中错误较多,例如,车上的灰斗应是通过车顶部的滑轮提升上去的,但在图中,绳索与灰斗无任何联系,易让人误以为灰斗固定不动。实际情况是,灰斗的内部装满粉尘,灰斗上的绳索绕过车顶的滑轮,绳索的另一端由人或由辘轳收卷,使得灰斗吊升至一定高度。可通过摇动这根绳索来控制灰斗的倾覆,如果在灰斗的两边另装绳索,由底部的人员操控灰斗的倾覆,

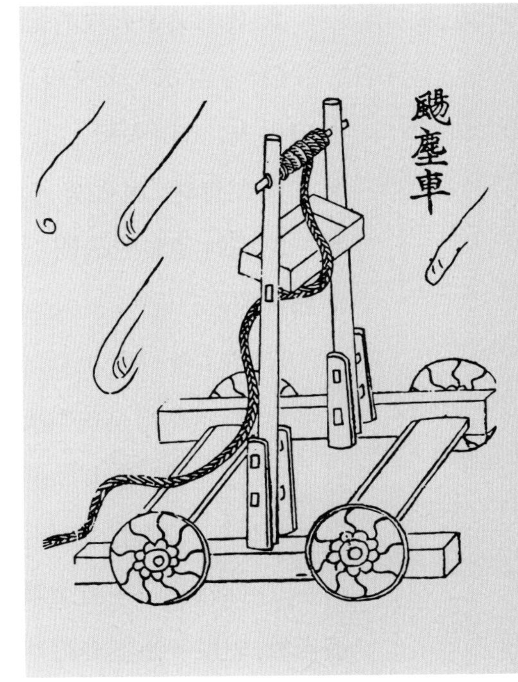

图7-66 《武经总要》中的扬尘车

可能更为方便。

《武经总要》说攻城时，扬尘车可“置三二十具”，其目的是使“守城人不能存立”。可见这种扬尘车是在攻城时使用的，它的高度应超过城墙，宽度应和道路相适应，车架后部如果安装辘轳，应当比前部更长些，以免绳索碰撞灰斗，并使车的稳定性更好。灰斗长1米许，宽三四十厘米，高二三十厘米。灰斗的内部边角都应是较大的圆角且比较光滑，避免存积灰粉。灰斗也可做成钵形。

二、火攻器械及猛火油柜

火药在隋唐问世，到宋代已在实战中运用。火攻历来为兵家所重，是一种重要的作战手段。火攻器械有不少，其中猛火油柜是一项重要发明。

1. 兵书关于火攻的论述简况

《孙子兵法·火攻篇》对火攻的作用及作战原则如下论述，“凡火攻有五：一曰火人，二曰火积，三曰火辎，四曰火库，五曰火队。行火必有因，烟火必素具。发火有时，起火有日”，指出火攻的目标是营寨、积聚、辎重、仓库及队列等。三国时著名的战例“火烧赤壁”就是针对敌方的五种目标采用火攻，将其彻底焚毁。

《通典》卷一百六十“火攻”篇记有“火兵、火兽、火禽、火盗、火弩”等名目，从名称看，这些均是些引火之物，皆是以燃火摧毁目标。

《武经总要》卷十一介绍了《孙子兵法》所说五种火攻目标，指出这是“灭敌之大利也”。又配图叙述《通典》所载的五种引火物体，并绘有火牛图（见图7-67）。可以看到，牛身上捆着两把利矛，牛角上也捆着两把利刃，牛尾上的火种被点燃，驱使牛迅猛奔跑冲向敌阵，令敌方措手不及，溃不成军。

用火攻决定胜负的战例很多，仅东汉末年至三国时就有“火烧博望坡”“火烧连营七百里”等，其中最为著名的当属“火烧赤壁”，它还是历史上以弱胜强的著名战例。

2. 引火器械——火车及火舡

在长期的火攻实战中，火攻器械得以发展，主要有火车及火舡。

《武经总要》记载有火车图并配有文字说明。从图（见图7–68）中可知这是一辆二轮车，车后的把手用来推车前进。车上有一口大锅，锅内盛满油脂，大锅下用燃烧的木炭将锅内油脂烧沸。锅四周点燃积薪以助长火势。火车被推至城门处，城上守方必定向下浇水，不仅灭不了火，反倒激起火花四溅、火焰腾空，直烧城门和敌楼。火车的结构可从图中阅知，其宽度约2米，应相适应道路，其长度可达三至四米，轮径及锅的尺寸都较大。

火舡（见图7–69）的结构及尺寸并无明确要求，用简单的船只和木筏载以积薪，引燃积薪后从上游放出，最终引燃敌方战舰船只。从火烧赤壁的记述看，其所用的火舡即快船，可用来迷惑敌

图7–67 《武经总要》中的火牛

图7–68 《武经总要》中的火车

方，而诸葛亮借东风就是为了控制火舡方向、助长火势。

3. 猛火油柜

按古籍记载，攻守双方都可以应用猛火油柜。除在陆地上使用，它还可以用在水战中，是科技史上的一项重要发明。《武经总要》卷十二记载猛火油柜（见图7–70）的功能是喷发燃烧着的猛火油。它是火攻技术的延续，又是活塞器械在战争中的最早应用，被视作古代的火焰喷射器。它的制作水平很高，意义甚大。

从图7–71中可以看到猛火油柜的结构。猛火油柜上部是唧筒。唧筒内有长杆，其上有手柄，可以拉动。唧筒内还有两个活塞，这应是活塞最早的记载。两个活塞是为了防止漏油，而且可以稳定唧筒内长杆。唧筒通过四根管子与下面的油柜相连。向外拉动长杆上的手柄时，唧筒即从油柜中吸入火油，这是猛火油柜的空回行程；向内推动手柄时，活塞压迫火油通过火楼。火楼中置有已被明火引燃的火药，喷发的火油“皆成烈

图7–69 《武经总要》中的火舡

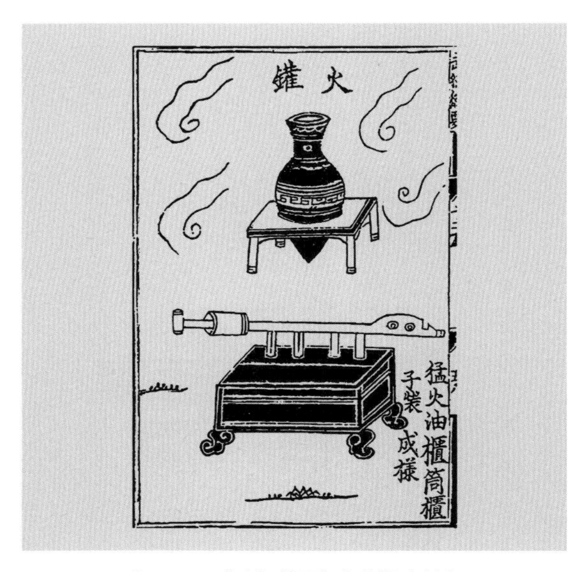

图7–70 《武经总要》中的猛火油柜

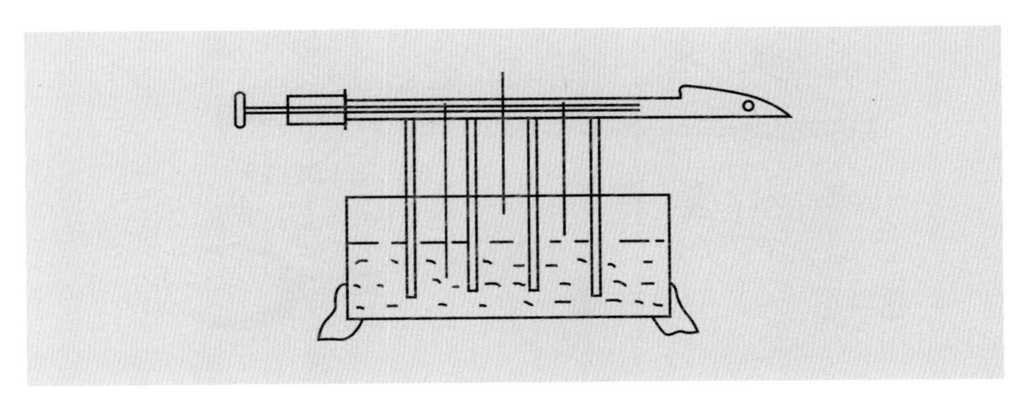

图 7–71　猛火油柜的内部原理图

焰”喷向目标，借以引燃他物，辅助攻守。明火由自备的火锥和火楼供给。猛火油柜的柜体、手柄、长杆、横筒、火楼以及火锥皆用熟铜制成，活塞用散麻制作。猛火油柜还须备有火油火药等物，至于使用何种火油，书中没有明确记载，煤油似较为适当。

按《武经总要》记载，猛火油柜备有多种附件，图 7–72 中的沙罗用于存储煤油，勺用于滔取煤油，注碗用于将煤油加入猛火油柜，火钤即钳子，用于钳取明火，钩锥、烙锥、通锥都用于疏通管道，烙铁是维修时用的，霹雳火球应用于存储火药。

如果猛火油柜中只存放三斤（1 500 克）煤油，那么尺寸不必很大。但如希望储油量留有余地，且考虑猛火油柜的稳定性，其尺寸大小宜适合一个人搬运，即长为 50 厘米左右，宽 30 厘米左右，高 20 厘米左右。猛火油柜上横筒的尺寸，书上记载“寸半”，即 5 厘米左右。

猛火油柜中应用了火药，可断定它出现的时间应在火药出现之后；又因《武经总要》已记载有猛火油柜，因此其发明时间应在《武经总要》成书之前，即在公元 8—10 世纪之间。应中国军事博物馆的要求，笔者研制室复原了猛火油柜（见图 7–73）。

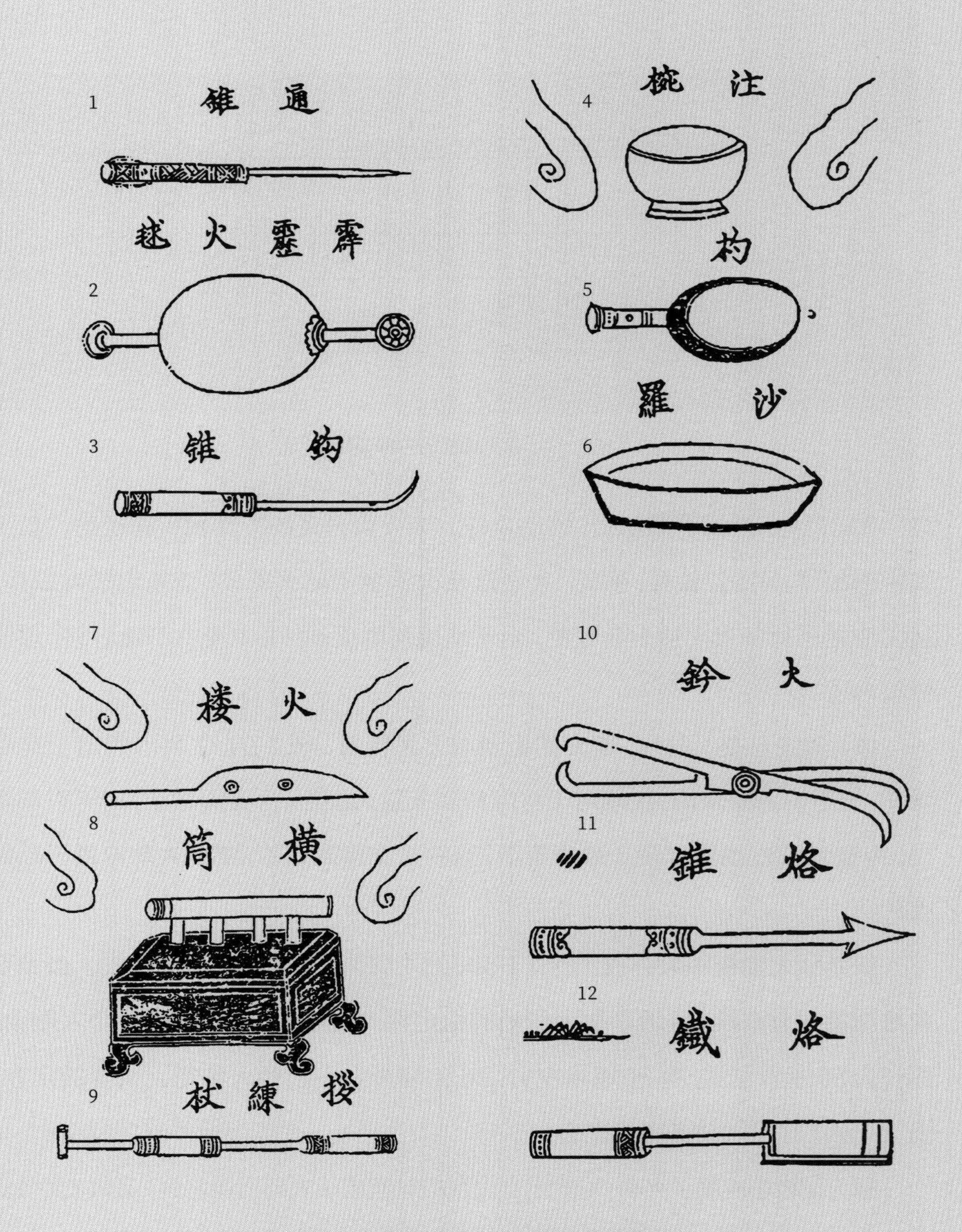

图 7–72 《武经总要》中猛火油柜的附件

1：通锥；2：霹雳火球；3：钩锥；4：注碗；5：勺；6：沙罗；7：火楼；8：横筒；9：拶练杖；10：火钤；11：烙锥；12：烙铁。

图 7—73　中国军事博物馆的工作人员将复原的猛火油柜运往该馆展览

第七节　古代火箭及世界上最早的喷气飞行试验

火药约于公元8世纪首先出现在道家的炼丹炉内，并于公元10世纪前后用于实战。它先后被制成燃烧类、爆炸类和管状类武器，这类武器的加入令战场面貌发生彻底改观。与此同时，火箭技术也发展很快。在公元14世纪，中国进行了世界上最早的喷气飞行试验。因为这一试验与古代火箭技术的发展直接有关，故先对中国古代火箭技术作介绍。

一、中国古代火箭技术简介

古籍记载的“火箭”实际有两种：一种是指纵火的箭，另一种才是以火力推进的箭，只有后者才是现代所说的火箭。

1. 古代火箭的起源

根据古籍记载得知，以火力推进的火箭应起源于公元13世纪中期，即南宋时期。图7–74是行进中的古代火箭。

图7–74　行进中的古代火箭

2. 多种式样的火箭

最初，火箭还是箭的式样，之后才将火箭的头部做成刀、枪、剑及燕尾等形状，这些箭被称为“飞刀箭”“飞枪箭”“飞剑箭”“燕尾箭”（见图7–75）等。后来还制成龙形和飞鸟等形状，火箭的推力不断加大。

3. 古代多头火箭

随着火箭技术的发展，火箭的头数渐多，古籍上有9头、32头、36头、39头及百头的记载。明代《武备志》上的一窝蜂有32头，每头射“三百余步”（见图7–76）。其结构是将32枝箭放在一个木桶内，发射时用一根总线引燃，随即众矢

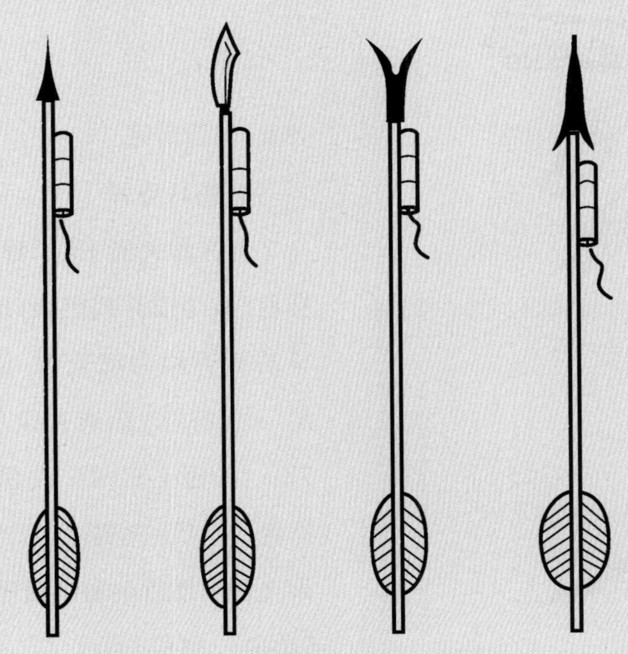

图 7–75　火箭头部做成刀、枪、剑、燕尾等形状

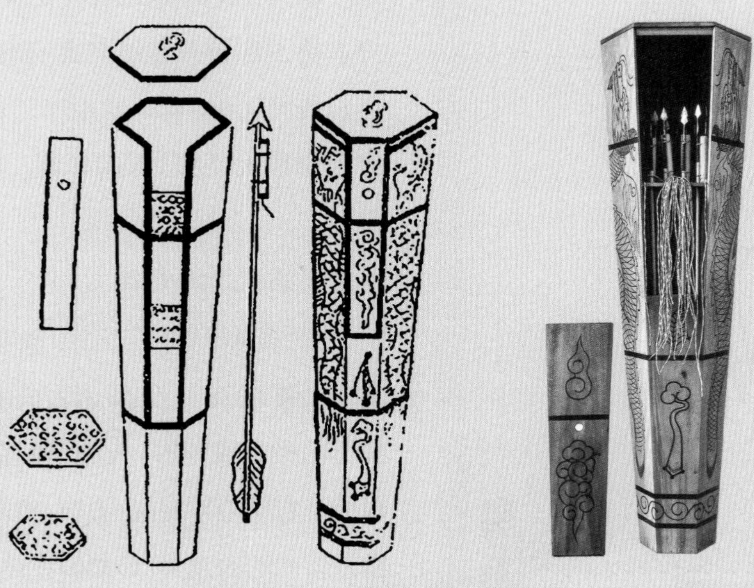

图 7–76　一种多头火箭——一窝蜂

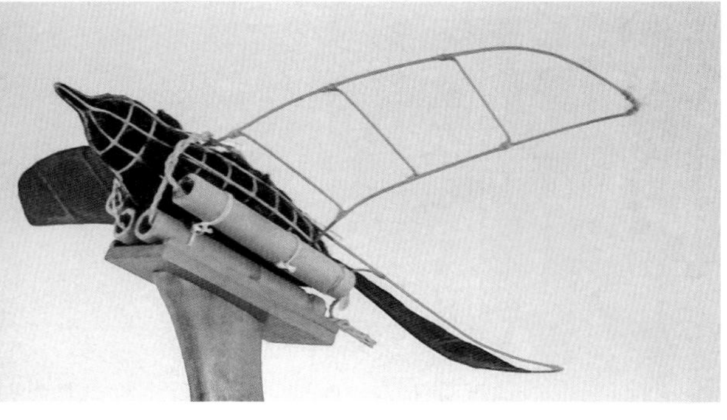

图 7–77　神火飞鸦

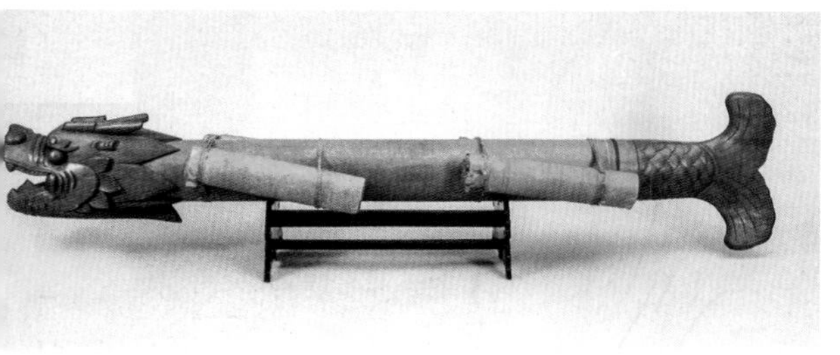

图 7–78　古代二级火箭——火龙出水

齐发，势若雷霆。

4. 古代导弹

导弹和火箭不同，导弹是在飞向目标后，发生爆炸或燃烧以摧毁目标。最早的导弹称为震天雷，约出现于14世纪。《武备志》绘有神火飞鸦（见图7–77），其翅下有四个大起火，把飞鸦送达目的地后，飞鸦体内炸药才爆炸。神火飞鸦用细竹篾和纸张等制成，飞鸦重“斤余”，射程“百余丈”，大起火的长度“尺许”。

明代《武备新略》《火龙神器阵法》等古籍上都载有其他形式的原始导弹，名曰震天飞炮、震天雷炮等。有时还在火药中掺入铁钉、毒药等物，增强其杀伤力。

5. 古代二级火箭

《武备志》卷一三三中载有火龙出水（见图7–78），它即为古代的二级火箭。它被做成龙形，为的是能在水战中逞威。它用毛竹制成，去节、削薄以减轻重量。前端的龙头、后端的龙尾，都用木头雕成。火龙前后各装两个大火箭，龙身内藏有若干火箭，这些火箭的引线都汇总到一处，引线各有长短，能使火箭的引发时间各有不同。

点火后，火龙在其身下四个大火箭的推动下飞向目标，射程有二三里（1 150 ～ 1 720米）远。飞抵目标后，火龙腹内的火箭飞出，使敌“人船俱焚”。从原理及功能上看，它明显是二级火箭。

为使火龙出水且在飞行中保持平衡，笔者认为，制作火龙出水时，应使其重心尽量靠前。此外，推动火龙前进的四个大火箭的位置和倾斜角很关键。

6. 古代自动返回火箭

《武备志》卷一二九中载有飞空砂筒（见图7–79），这是一种古代的自动返回火箭。原文说这种火箭用薄的竹片制成，内装细沙及一定数量的火药，砂筒外绑着两个大起火，即“交口破例缚之”。之所以要“颠倒”是为了让砂筒先飞过去再返回。砂筒的起火“长七寸，径七分，置前筒头上”，起火用纸制成。在发射飞空砂筒时，将其放在用大毛竹制成的溜子中，并使溜子对准目标，溜子起导航作用，可视溜子为飞空砂筒的“发射器”。向前飞行的起火先起作用，“照敌放去，刺彼篷上，彼必齐救，信至爆裂，砂落伤目无救。向后起火发动，退回本营，敌人莫识”，意思是点燃一个起火将砂筒送达目的地后发生爆炸，砂筒所带细砂伤人眼目，而后引燃砂筒的另一起火，这一起火点燃后使

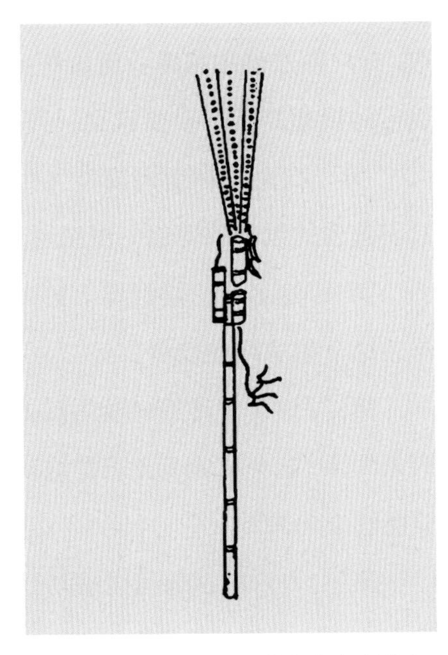

图7–79 《武备志》中的古代自动返回火箭——飞空砂筒

“飞空砂筒”返回。

从上述飞空砂筒的发射过程来看，要求飞空砂筒能返回本营是为了让敌人无法辨识，其目的是保密，以当时的控制系统来看，返回本营的目标过于理想化，实际情况是基本无法实现。但需要指出，这种超前的想法极其可贵。

二、世界上最早的喷气飞行试验

在齐姆（H. S. Zim）著的《火箭与喷射》一书上，记述了世界上第一个雏形喷射飞机。约在公元14世纪末（元代），中国有位万户（金朝、元朝时设置的官吏），他把自己捆在椅子上，椅背后装有47个大火箭，他两只手各拿一个大风筝。他命人把椅背后的大火箭同时点燃，原先设想在火箭的推力下，人和椅子一起被推向前，并借助风筝产生的上升力飞起来。可想而知，上述试验必然失败，万户在烈焰和浓雾中重重摔倒，头破血流。试验虽然失败了，万户关于喷气飞行的设想却具有重要意义。齐姆称他是“第一个企图使用火箭作运输工具的人”“第一次企图利用火箭作飞行的人”。万户的试验引起国际学术界的重视，其所蕴含的哲理值得进一步思考。

第一，这名万户是世界上第一个想到利用火箭向后喷气进行飞行的人，几百年后这个想法终成现实。

第二，这个有趣的试验为后人留下了广阔的研究空间，进一步追问：在当时的条件下，这个试验有无可能成功？ 如何才能成功？ 在今天的条件下，这个试验能够成功吗？

第三，万户的试验虽未成功，却能激发当今创业者无限的创新热情，倡导他们有决心成为第一个“吃螃蟹”的人。

遗憾的是，这个新奇的试验故事在国内现存的古籍上均未能找到，只能转述

图 7–80　国外著作介绍最早的喷气试验
（引自《中国科学技术史·机械卷》）

国外的有关著述及插图（见图7–80）。图中，人物的服饰与古代金、元人的服饰不符，其他一些物品也值得商榷。

萬人敵

第八章 自动机械

中国古代较早出现的自动机械常被称为“欹器”，其制作水平很高，种类丰富，千奇百怪。考证古籍大多记有“欹器”，如《荀子·宥坐篇》云，“孔子观周庙，有‘欹器’焉”。《淮南子·天文训》《论衡·乱龙篇》记有“燧阳”取火，“皆其类也”。只是有关这类欹器的记载都过于简单，并掺有传说，甚至有时将其神化，还有些记载荒诞不经。各朝各代对“欹器”有着不同的说法。

以古籍记载为据，分析后将古代欹器分为以下三类。

第一类：大体可信。古籍所记虽有夸张之处，但基本事实尚属可信，其原动力可以提供，运动过程合情合理，控制程序较为固定。

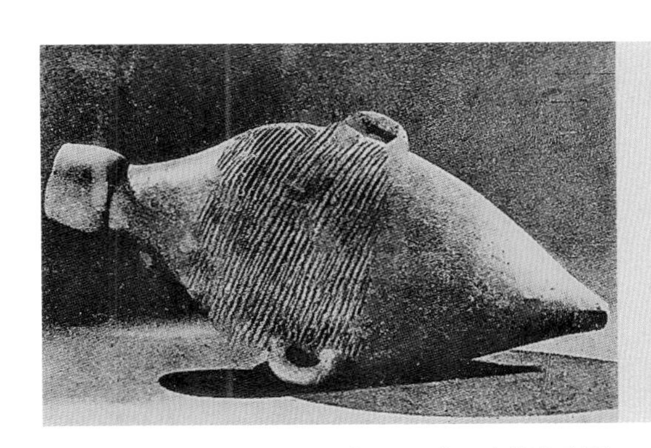

图 8-1　小口大腹尖底壶

上述荀子所记孔子在庙中看到的欹器，实为新石器时代古人用来取水的小口大腹尖底壶（见图8-1）。它能巧妙地利用重心汲水，入水时由于重心之故，它会自动倾覆汲取井水；待所汲井水达到一定量时，便自动扶正等待上提。

古籍记述的指南车、记里鼓车、被中香炉、地动仪、舂车、磨车，以及一些看守陵墓的自动机械、自动报时报刻的装置、捕猎猛兽的设施等，都算得上是大体可信的自动机械。

第二类：不足以信。有些记载过于神奇，在古代完全不可能实现。如《列子》中记述的跳舞人，不仅能够做出各种优美的舞姿，吟唱动听的歌声，还会对皇宫嫔妃们眉目传情。再如唐代《朝野佥载》记载有木刻的水獭能“沉于水中，取鱼，引首而出。盖獭口中安饵，为转关，以石缒之即沉，鱼取其饵，关即发。口合则衔鱼，石发则浮出”。隋代《大业拾遗》中记有水饰，其中的木人可以吹拉弹唱。《北史》记述隋炀帝杨广与木制的“‘嫔妃’月下对饮”，相酬欢笑。《墨子·鲁问篇》则记载，“公输子削竹木以为鹊，成而飞之，三日不下”。以上记载的自动机械完全超出当时的科技水平，因此是不可信的。

第三类：暂且存疑。这一类初见之下，会觉得过分神奇难以实现，然而经仔细推敲后发现，若穷极财力、物力，创造优越的使用环境，并严格规定其工作条件，是有可能实现的。例如《山西通志》记载，唐代有人为皇后制作了一具梳妆台，能按时为皇后梳妆打扮。梳妆开始时，木人出现并会依次递上镜奁、手巾、脂粉、眉黛、髻花等，梳妆完毕后，木人便合门而去。又如《新元史·历志二上》载有郭守敬创制的大明殿灯漏，高达一丈七尺（约630厘米），金碧辉煌，内分四层：上层环布神明；次层有龙、虎、鸟、龟按时跳跃；再次层有诸多木人报时报刻；下层则由木人按时按刻撞击鸣响鼓、钟、钲、铙。这段记载似有些不可思议，然而文中有句话揭示了机密，“其机发隐于柜中，以水激之”。这句话值得复原时回味推敲。

本章第一至五节分别介绍能够自动指示方向的指南车、能自动记录报知里程的记里鼓车、能测知地震的张衡候风地动仪、能在被中使用的被中香炉，以及一边行路一边磨面、舂米的磨车和舂车。可以看出，这些自动机械均属第一类，可以通过严密考证、反复推敲复原制作出来。本章的最后一节选择性介绍几种第三类自动机械，一是为激发人们对复原研究工作的兴趣，二是为日后复原这些机械时提供一些启示。

从以上论述即可看出，历史上，所有的自动机械只供少数人使用，甚至专供帝王使用，因此数量很少，制造困难。有些自动机械在当时影响就不大，所以无论在当时还是今天，都很难得到广泛使用。自动机械的制作水平很高，意义极为重大，能反映出中国古代机械的发达水平，给后继学者留下了广泛的研究空间。这些精妙的古代自动机械需要后人尽心尽力、克服困难，才可能再现。

第一节　指南车

指南车是中华民族文化瑰宝，是中国古代科技成果的杰出代表，受到国内外学术界的广泛关注。古今学者对它津津乐道，现代关于它的结构更是众说纷纭，学术研究呈现出纷繁复杂的局面。

一、中国古籍上关于指南车的记载

指南车向为人们所重，古今中外的研究者众多，笔者曾见提及指南车的古籍就有20多种。仔细研读这些史料后，针对研究现状首先明确如下要点。

1. 指南车的工作原理

关于指南车的工作原理有着两大观点：一是利用机械装置的定向性；二是

图8–2 将指南车与指南针混为一谈之一例

利用磁铁的指极性。其实，指南车是基于机械装置的定向性工作的。第二种观点的形成，是因为宋代之后指南车销声匿迹，而指南针得到了广泛应用，此后的元、明、清几代普遍将指南车与指南针混为一谈。这种长达数百年的错误观点，至今没有消除。国外某影响巨大的百科全书上载有指南车的图形（见图8–2）及说明，车上载有一个精美的大瓷瓶，上有木人，利用指南针的磁性恒指南方，这一插图显然将指南针与指南车混为一谈。

20世纪初，欧洲兴起了对中国指南车的研究。1909年，英国翟理斯（H. A. Giles）在《耀山笔记》（*Adversaria Sinica*）中，根据《宋史》记载断定，中国古代指南车的定向性是由机械系统来实现的，他批驳了长期流传的指南车即指南针的误传。之后，日本学者山下发表“指南车与指南针无关系考”一文，也阐述这一观点。指南车的研究自此才走上了正轨。

2. 指南车的使用时间

有学者认为黄帝与蚩尤大战于涿鹿时做指南车，有的说周公（即周武王弟姬旦）造指南车，这些都与当时中国科技发展水平不符合。

刘仙洲《中国机械工程发明史·第一编》提出,“创造指南车的时期,最早可推到西汉”。他依据的是古籍《西京杂记》的记载,“司南车,驾四,中道”。

王振铎《科技考古论丛》说,“创造指南车者,当以三国时之马钧为可信”,并用《魏书·明帝纪》裴注引《魏略》云,“使博士马钧作指南车,水转百戏”来加以证明。

《宋书·礼志五》记载,“后汉张衡始复创造”。《宋史·舆服志》载,“汉张衡、魏马钧继作之”。这些记载说明张衡、马钧复制了指南车。

宋室南迁后,屡经战乱,无心也无力顾及指南车的研制。宋后,元代统治者并不重视汉族的传统文化,未见再有研制者,指南车就此绝迹。

根据上述记述推断,指南车的使用时间为汉代到宋代。

3. 指南车的用途

指南车自汉代出现后在隆重场合使用,成为皇帝出行时的仪仗车。《宋史》述,“大驾卤薄,最启先行”。指南车规格高、数量少,并不用于实测方向,更不用于引导实战。指南车外观豪华庞大,主要用来体现皇家的尊贵和威仪,而对其定向的正确性和操纵等方面的要求并不高。《金史·仪卫志》记载,驾驭“指南车,记里鼓车,各三十人”。《宋史》载,宋代指南车原由18人驾驭,后增至30人,可见其操纵相当复杂。人员数量众多恰如其分地彰显了皇帝的威严和排场。

《史记》《古今注》等古籍记述指南车曾用于实战,此说不可信。

4. 指南车的研制情况

指南车象征了皇帝的崇高权威,每逢朝代更迭,指南车也随之毁坏。为帝王的体面,新朝必尽快重新研制,形成了指南车屡废屡制的局面,因而历史上研制过指南车的人相当多。记载中有明确姓名的就有15人。所研制的指南车的外观和性能皆继承前朝旧制，有一定的延续性又力求创新，内部结构则各显神通。指南车的内部结构常被视作核心机密，这也许是历史上很少有古籍记载指南车内部结构的原因。各代指南车的内部结构各有不同，或可能出入极大，甚至根本不同。但无论其外形还是内部结构，都反映了当时科技的最高水平。

5. 指南车的内部构造

正因为指南车的内部构造为核心机密，《宋史》记有研制者在指南车研制成功后被毒死，内部构造密不外泄之事。古籍记载指南车，内容一般仅限于外形、性能、研制过程等。记录者大多不懂科学技术，记述文字中常带有神秘色彩和夸张成分，有时还夹带传说故事或神话，不可全信。唯见《宋史》与《愧郯录》两书记有宋代所制两种指南车的内部构造，后人由此得以推断其传动系统，其他各代的指南车因缺乏史料则无从入手。

6. 宋代的两种指南车

宋代燕肃在1027年制指南车，吴德仁在1107年制车，二者相距80年。研究者认为后者只是在前者的基础上改进而成，现代学者多以燕肃指南车作为研究对象，本书亦然。

现今众多学者重视指南车研究，观点多种多样，分歧也较大。可按指南车的传动系统将其分为定轴轮系指南车和差动轮系指南车两大类，现分别作介绍。

二、定轴轮系指南车

皆根据《宋史》和《愧郯录》两书记载对定轴轮系指南车进行研究。

1. 定轴轮系指南车的古籍记载

《宋史》与《愧郯录》两书中关于指南车的记载基本相同，尽管后世学者多认为《宋史》的有关记载源自《愧郯录》，但因《宋史》是正史，所以他们多以

《宋史》为研究依据。《宋史》中的有关记载比较冗长，与现今通用的术语有一定的距离，故仅对其主要内容作介绍。书中介绍，指南车有上下两层车厢。上层立一个木仙人，引臂南指；下层安放传动系统，重要的核心机密被全部封闭。指南车的功用见《南齐书》载，“圆转不穷，而司方如一”，即当车辆变动方向或转弯时，木仙人会自动移转手臂继续指南。

《宋史》记载燕肃指南车的传动系统由9轮组成，列表（见表8–1）作如下介绍。

表8–1　燕肃指南车的传动系统

车轮编号	名称	功用	数量	位置	布置	轮径	齿数	备注
1,2	车轮	行走	2	左右各一	垂直	六尺	—	
3,4	附足齿轮	原动轮	2	与齿轮固接	垂直	二尺四寸	24	
5,6	小平轮	传动惰轮	2	车厢内，左右各一	水平	一尺二寸	12	
7	大平轮	从动轮	1	车厢内，且位于中心	水平	四尺八寸	48	中轴上装木仙人
8,9	小立轮	有争论	2	车辕端部横木下	垂直	三寸	—	

注：据宋代营造尺，1尺约30.91厘米，1寸约3.09厘米。

燕肃指南车的动作要领见《宋史》所载示意图（见图8–3）。

当车（向北）直行时，传动系统不工作，木仙人指南；当车转弯时，例如由北向东，车辕向右，通过传动系统带动大平轮连同木仙人一同顺时针旋转，木仙人继续指南。

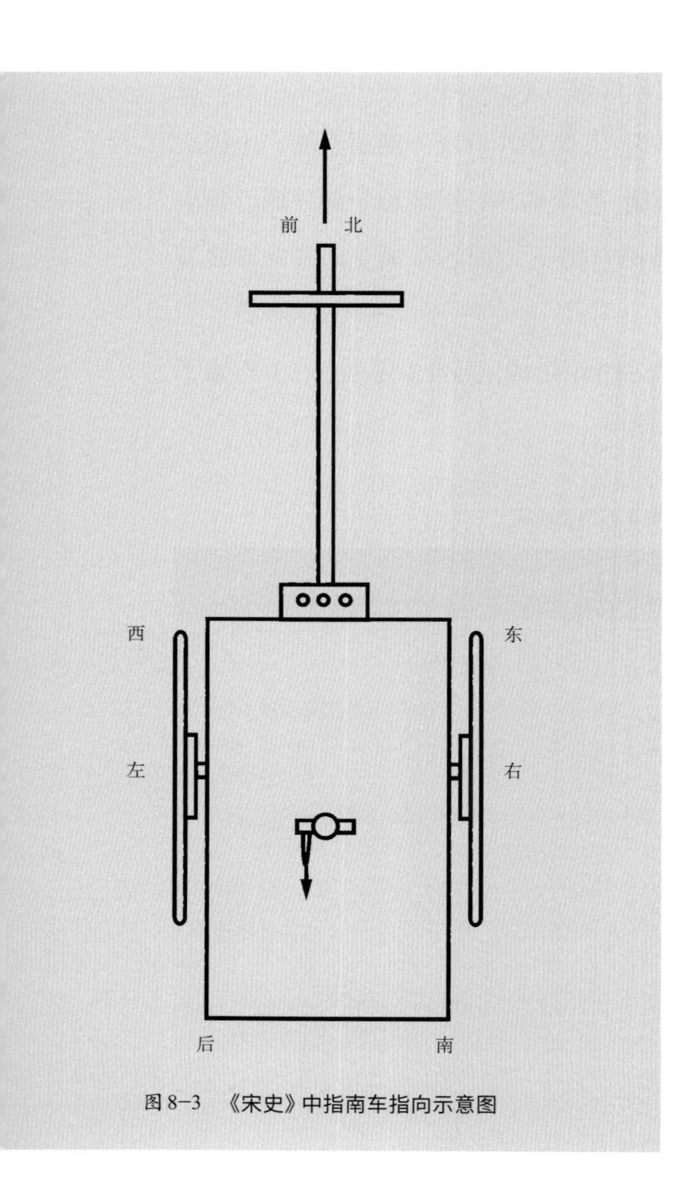

图 8–3 《宋史》中指南车指向示意图

以上内容，在复原指南车时都应参考。指南车指南的关键是齿轮系统能够自动离合：当车直行时，齿轮系统不工作；当车转弯时，齿轮系统工作。自动离合是如何实现的，是众多研究者着重关注的问题，也正是研究分歧所在。王振铎等主张依靠滑轮实现自动离合；而刘仙洲主张依靠齿轮中心距的改变实现自动离合。当然，还有其他的观点。

宋代吴德仁所研制的指南车，与上述燕肃指南车有如下三点不同。吴德仁指南车较为复杂，下层13个轮组成了传动系统；言明有滑轮、竹索和配重铁坠子参与传动系统工作；上层也有13个轮，只带动用以装饰的童子和龟、鹤动作，与木仙人的动作无关。

2. 王振铎的指南车复原工作

1934年，王振铎首先成功复原指南车，使指南车在失传千年之后重现。他于1937年在《史学集刊》上发表“指南车、记里鼓车之考证及模制”一文。他复原的指南车模型陈列于中国历史博物馆，其外形见图8-4，内部结构示意图见图8-5。该指南车的传动系统为一个可以自动离合的定轴系统，当车转弯时（如向右），车辕摆动，车辕后端拉动绳索（向左），通过滑轮拉动小平轮上下移动，左侧小平轮上升，右侧小平轮下降，左侧传动系统工作，由此实现传动系统的自动离合。

王振铎关于指南车的文章论述了两个重要问题。

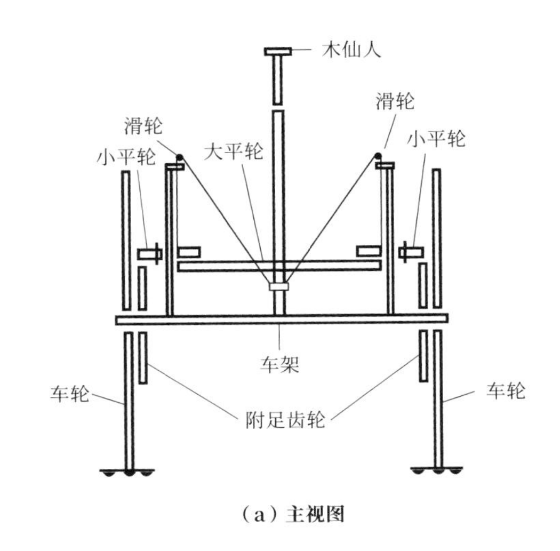

（a）主视图

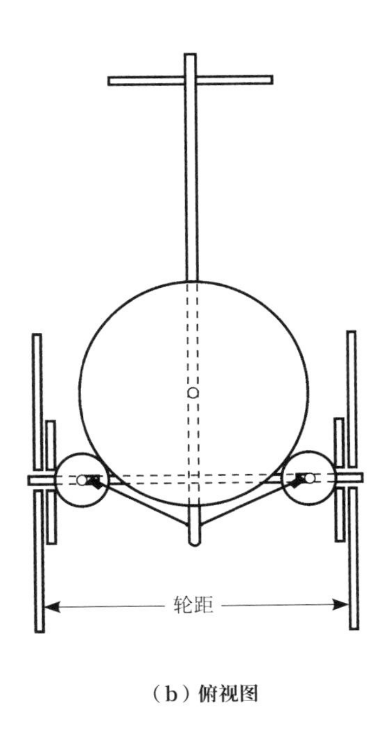

（b）俯视图

图8-5　王振铎复原的宋代燕肃指南车内部传动系统示意图

图8-4　王振铎复原的宋代燕肃指南车外形图
（该照片由中国历史博物馆提供）

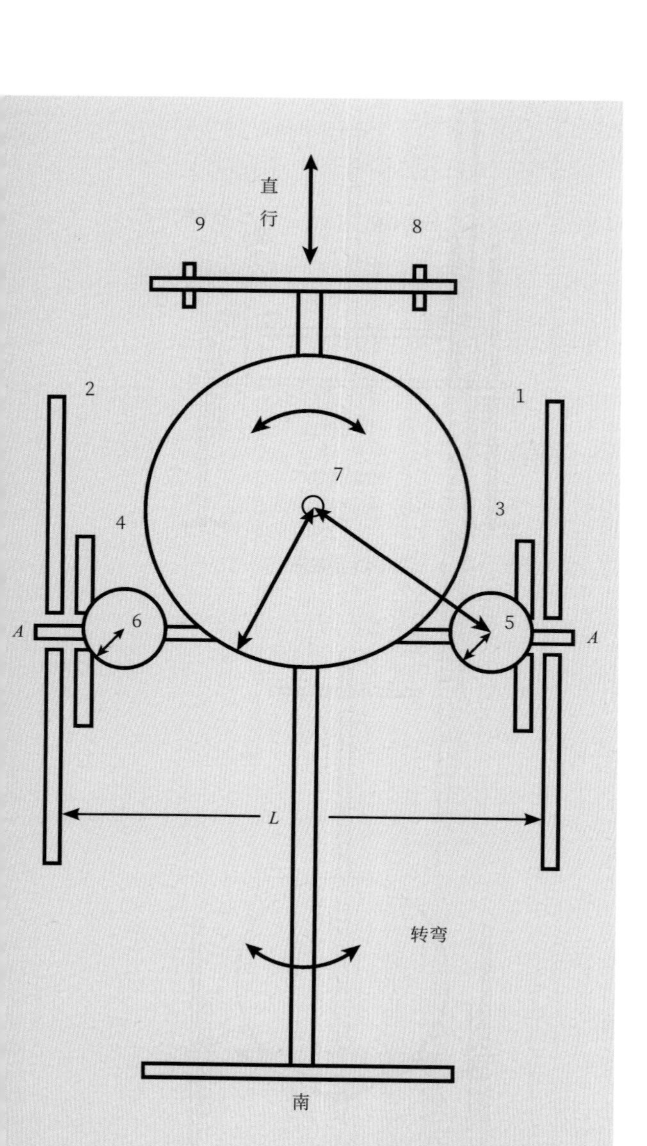

图 8–6　宋代燕肃指南车的齿轮和齿距计算示意图
直行中心距 $a_{i7}>r_i+r_7$，转弯中心距 $a_{i7}=r_i+r_7$（$i=5$ 或 6）。1, 2: 车轮; 3, 4: 附足齿轮; 5, 6: 小平轮; 7: 大平轮; 8, 9: 小立轮。

第一，为保证指南车定向准确，当车转弯时，必须一轮绕固定点 A 就地旋转，另一轮以轮距 L 为半径，如图 8–6 所示。

第二，通过传动比计算，得出该指南车的轮距 L 为六尺（约 2 米），填补了《宋史》与《愧郯录》两书记载中对轮距的重要遗漏。

王振铎认为，这种定轴轮系的活动度 $W=1$，传动系统只允许一端（一侧车轮）输入运动，另一端（大平轮和木仙人）输出运动，不允许另一侧车轮旋转，避免它干扰传动系统工作，使运动关系不确定。同时，该传动系统中小平轮 5 和 6 为隋轮，它们只改变从动轮运动的方向，对传动比值并无影响。该轮系传动比由附足齿轮 3 和 4 及大平轮 7 的齿数决定，即传动比 $i=(-1)^2 z_1/z_3=48/24=2$。如车辕向右转 90°，车轮及车轴（连同附足齿轮 3）转 180°，已知车轮半径 r 为三尺（约 1 米），则轮距 $L=2r$，为六尺（约 2 米）。李约瑟《中国科学技术史》也对王振铎复原的指南车作过论述。

《宋史》记述,“辕端横木下立小轮二”,王振铎复原的指南车将两个小立轮做成高高在上的小滑轮。

3. 刘仙洲的看法

刘仙洲撰文认为,《宋史》中并未说燕肃指南车中有滑轮,因此推断,燕肃指南车应是通过调节齿轮中心距实现自动离合的,即当车转弯时,一边齿轮中心距缩小、齿轮啮合,推动中间大平轮及其上木仙人旋转,以补偿车转的角度。他认为根据《宋史》记载,宋代吴德仁指南车应用了绳索、滑轮和铁坠子,王振铎复原的指南车中则应用了以上物件,而燕肃指南车中并未提及它们,感到王先生的想法“理由似乎不够充分”,认为鲍思贺先生的主张更为合理。

刘仙洲介绍了鲍思贺在1948年撰写的《指南车之研究》。文中推断了燕肃指南车的传动系统。在图8-7中,大平轮7的轴中心铰链在车辕O_7处,它与小平轮5和6间的安装中心距大于其间的理论中心距,即$a_{57}>d_5+d_7$及$a_{67}>d_6+d_7$。车直行时,大平轮7的齿轮与小平轮5或6的齿轮都不啮合,传动系统不工作;当车转弯时(如向右),车辕摆动,一侧(左侧)齿轮间的中心距(a_{57})减小,齿轮5和7相互啮合,传动系统工作。文中还提出了定轴轮系指南车上的另一种自动装置,非常有价值。仅从目前所见资料,笔

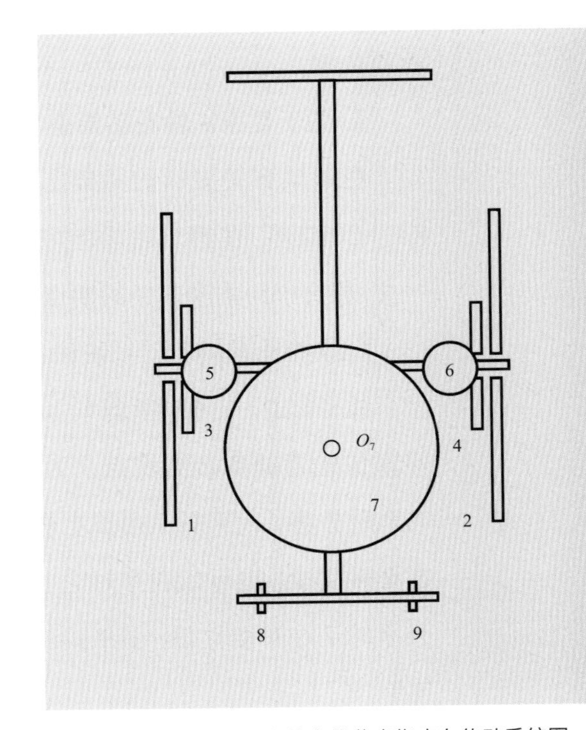

图8-7 鲍思贺提出的宋代燕肃指南车传动系统图
1, 2: 车轮; 3, 4: 附足齿轮; 5, 6: 小平轮; 7: 大平轮; 8, 9: 小立轮。

者认为，鲍思贺的考虑尚欠周详，如未对小立轮8和9作说明。从图上看，小立轮8和9能起到平衡作用，但与车辕的摆动方向垂直，似有一定的阻碍。鲍思贺的观点未引起学术界的重视。

4. 第三种齿轮传动系统自动离合的方法

在王振铎与刘仙洲两位发表观点后，有学者提出齿轮传动系统实现自动离合的其他方法，比如荷兰学者斯里斯维克（A. W. Sleswyk）于1977年在《中国科学》（*Chinese Science*）杂志上撰文，提出第三种定轴轮系指南车自动离合装置。他推断宋代燕肃指南车的传动系统由齿轮及棘轮、杆构件共同组成。当车转弯时（如向左），车辕倾斜，（右侧）棘轮、棘爪工作，通过杆构件促使（右侧）齿轮（4、6）与齿轮7相互啮合，轮系工作。斯里斯维克的这个方案中，自动离合装置结构较为复杂，其中的棘爪、杆构件在《宋史》等书中无史料依据。

5. 关于复原定轴轮系指南车的新进展

在研读有关史料的基础上，笔者研制室复原了定轴轮系指南车（见图8-8）。2002年，在第十届国际东亚科学史会议上，笔者发表了“指南车再研究”一文，将文中与本书有关的要点介绍如下。

（1）指南车的传动系统和各轮位置

按《宋史》记载，指南车上共有9轮。笔者也持有通过改变齿轮中心距来实现齿轮自动离合的观点。为使这一观点成立，大平轮与小平轮的位置组合有八种方案：大平轮7可以在车轴之前，也可以在车轴之后，小平轮5和6可以在车轴之上，也可以在车轴之下。比较这八种组合，鲍思贺的方案为最优，即大平轮7在车轴之后，小平轮5和6在车轴之上。笔者复原的指南车即按此方案制作。

图 8-8　复原的定轴轮系指南车外形图

（2）关于小立轮8和9

王振铎复原的指南车上，小立轮8和9是滑轮。《宋史》中并无燕肃指南车内部有滑轮的依据，且这两个小立轮的位置与《宋史》小立轮在远端的记述不符。笔者认为小立轮8和9起车辕平衡的作用。因为车辕上有大平轮、高杆、木仙人，分量相当重，若只用一处支承显然是不够的，故用8和9两轮共同支承。鲍思贺设想的小立轮虽然能起到平衡作用，但其方向显然不利于车辕的摆动。

（3）车厢的车辕上增加了三处销位

指南车在前进时，车轴、车厢和车辕应当连成一个牢固的整体，它们之间不允许有相对运动；车辆在转弯时，车辕与车厢之间应当有一定的摆动，摆动过大或过小都不妥。为控制车厢内的轮系实现自动离合，在车厢的前部设置 A、B、C 三个销位，三个销位之间相隔一定距离；车辕上设有一个销位。当车辆直行时，将销子插入B销位，车辕与车厢相连；当车辆向左或右转弯时，则将销子插入A或C销位，使车辕与车厢牢固连接，将齿轮实现啮合的距离调整至最佳。

（4）关于指南车的外观

按《宋史》记载，指南车的外观极为讲究，修有“重台”“镂拱”，车厢上绘有青龙、白虎和花鸟之类的图案。据《南齐书》载，指南车车厢内藏人，因而车厢较高。1984年第6期的《文物杂志》上曾刊登中国金代（公元12世纪前后）铜钟文饰拓片，其上有指南车的图形（见图8–9），该车相当高大。

明代王圻等著的《三才图会》中有一幅指南车木仙人图（见图8–10），可作为指南车复原时的参考。总之，指南车是历代帝王专用的，集全国的能工巧匠精心研制而成，其外形富丽奢华，普通人复原指南车自然很难重现皇家的华丽，只能尽量使其美观。

图8–9　中国金代铜钟文饰拓片上的指南车外形图

图 8-10　明代《三才图会》中的指南车木仙人图

三、差动轮系指南车

差动轮系是相对定轴轮系而言的。定轴轮系是指齿轮系统中所有齿轮的轴都与机架固接，它们之间没有相对运动；而差动轮系是指齿轮系统中有的轴相对机架回转。差动轮系的活动度 $W=2$，即指有两个原动件。对指南车而言，它能将两个车轮的独立运动合成为木仙人的动作，使其可以正确地指示方向。由此看来，差动轮系指南车的定向明显比定轴轮系准确得多，操作也简便。这些优点就是很多研究者力主差动轮系指南车的原因。

1. 差动轮系指南车的起源

1924年前后，学术界出现了有关差动轮系的设想。1924年，英国学者摩尔（A. C. Moule）在《通报》上载文“中国之指南车”。英国学者戴克斯（K.T. Dykes）读了该文后认为摩尔提出的定轴轮系指南车操纵缓慢、繁难，定向也不准确，只有差动轮系指南车才可弥补上述缺陷。的确这些都是定轴轮系指南车致命的弱点，主张差动轮系的学者几乎都指出定轴轮系的缺点。然而，戴克斯在文中也客观地表示，还没有证据证实存在差动轮系指南车。

1947年，英国学者兰基思特（G. Lanchsten）推断并制成差动轮系指南车模型，此模型现存于伦敦的大英博物馆中。其外形和内部结构如图8-11及图8-12所示。兰基思特认为中国史料多不可信，因为实战中如果指南车定向不

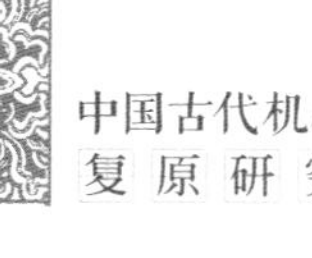

图 8–11 大英博物馆复原指南车的外形

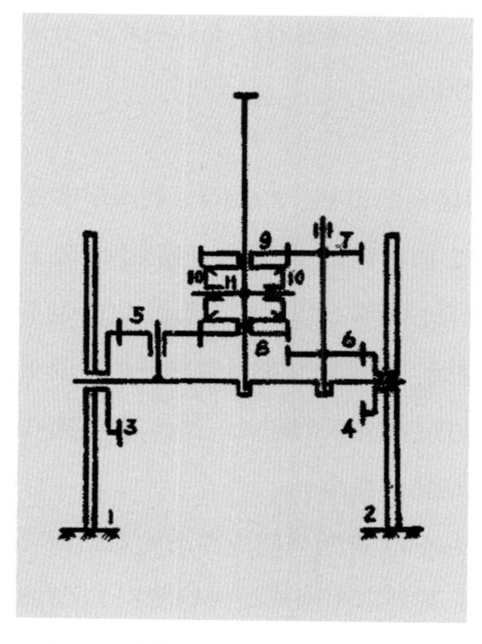

图 8–12 大英博物馆复原指南车的内部结构

准，将带来巨大危险。于是，他撇开史料来解决指南车的机械系统原理，并断定指南车应采用差动轮系。事实上，兰基思特制作的传动系统为定轴轮系及差动轮系共同组成的混合轮系。现仍按习惯称其为差动轮系指南车。其差动轮系的活动度 $W=2$，可以从两个车轮输入不同的运动，两个中心轮将两种独立的运动通过行星轮合成为一种运动，进而带动木仙人运动。

兰基思特并未明确复原品是何朝代的指南车，其结构与古籍记载并无明显矛盾。由于无法知道除宋代外的指南车的内部结构，所以既不能肯定其属于哪一朝，也无法肯定其不属于哪一朝。古籍所说"司方无误"，唯差动轮系指南车才可以做到这一点。

2. 差动轮系轮指南车的发展

之后，多种差动轮系指南车的传动系统推想图相继被提出。近年来，持指南车的传动系统是差动轮系观点的学者似乎更多了。他们所提出的传动系统似大同小异，下举三例。

1981年，卢志明在《四川大学学报》上发表了“中国指南车的分析”，文中给出差动轮系指南车的三种设计方案，并制作了模型。

1982年，颜志仁制成差动轮系指南车模型，其传动系统如图8–13所示。

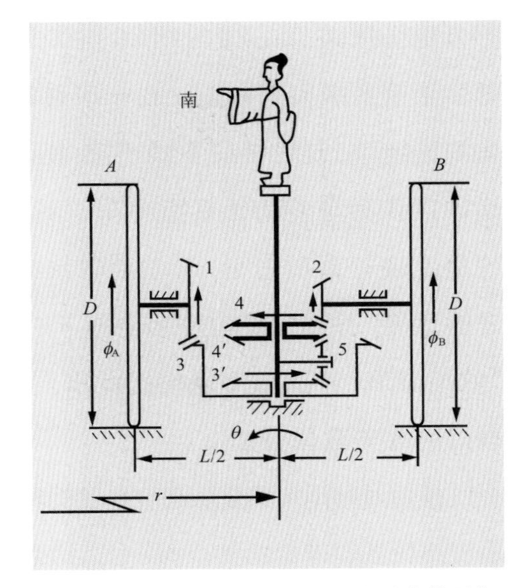

图8–13　颜志仁制作的差动轮系指南车模型的传动系统示意图

1989年，日本学者两角宗晴和岸佐年也制成了差动轮系指南车模型（见图8–14），并在日本《机械的研究》上阐述了他们的观点。

图8–14　两角宗晴和岸佐年研制的差动轮系指南车模型

其他的模型及传动系统图，这里不再赘述。

斯里斯维克曾提出，宋代吴德仁指南车的传动系统应是差动轮系。他与兰基思特的研究方法不同，他根据《宋史》记载推断出齿轮是13个，且左右对称。这个推断与《宋史》中关于吴德仁指南车中的记载相符。

在指南车研究中，笔者对其中

一事记忆犹新。在20世纪80年代，笔者还是一名年轻的晚辈，王振铎先生曾给予笔者极大的教益。在一次看望先生时，笔者向他提出，先生关于指南车的论述中，有时措辞不够严密、贴切，易让人产生误解，已导致先生的复原品被误认为是差动轮系指南车。其实王先生的复原品有确切的依据，复原的是定轴轮系指南车，与差动轮系毫无关系。先生听后表示他完全赞同笔者的意见，并称这是他一生中犯下的最大错误。先生对自己的批评，使笔者“诚惶诚恐”。此后每逢想起此事，都对这位德高望重的前辈学者坦诚对待自己的成果敬佩有加。

最后对指南车的复原研究作简短结语。定轴轮系指南车确有根据，需要进一步提出轮系实现自动离合的方法，并克服操作烦琐、定向误差较大的弊病。而对差动轮系指南车，则要努力寻找依据。一方面应明确从古籍到考古均无差动轮系指南车的依据，甚至中国古代是否有过差动轮系也无直接证据；另一方面也要看到差动轮系指南车确实操作简便、定向正确，较定轴轮系指南车更合理、更先进。尽管无法证明历史上存在差动轮系指南车，但也无法证明其不存在，需要进一步深入研究。笔者建议，应充分借鉴中国历史博物馆和大英博物馆的研究特长，即采纳中国历史博物馆指南车复原模型的外形和大英博物馆指南车复原模型的内部结构，制造出外形华贵、符合帝王使用、操作简便、定向正确的指南车。当然这不是指南车研究的终点，而是复原研究指南车在目前水平下的较好结果。

第二节　记里鼓车

记里鼓车又名大章车，是指南车的姐妹车。

一、中国古籍上关于记里鼓车的记载

几乎如同记载指南车一样，历代古籍也记载了记里鼓车，从而得知记里鼓车的功用是自动报知里程，类似现代车辆上的计数器。它每行一定里程，即击鼓镯告知。隋唐之前，记里鼓车每行一里（约440米），由木人击一槌鼓。唐之后，记里鼓车除行一里（约530米）击鼓外，每行十里（约5 300米）击镯一次。

记里鼓车与指南车同为天子大驾出行时的仪仗车，时常排列在相邻位置。二者装饰要求基本相同，同样富丽堂皇，有的古籍说记里鼓车“制如指南”。记里鼓车所需驾士相当多。

记里鼓车的使用时间应与指南车一致，从汉代到宋代。

与指南车类似，历代对记里鼓车的记载仅限于外形、应用等，均未涉及其内部构造，仅见《宋史》记载了两种宋代所制记里鼓车的内部构造，未见其他朝代的记里鼓车史料。

二、《宋史》中的卢道隆记里鼓车

据《宋史》记载，宋仁宗天圣五年（公元1027年），卢道隆制成记里鼓车。宋徽宗大观元年（公元1107年），吴德仁修改前法，更新制造了记里鼓车。但《宋史》关于吴德仁所制记里鼓车的记载较为凌乱，数字又有讹误，故研究者多按《宋史》所记卢道隆法研究记里鼓车（见图8–15）。

从《宋史》记载得知，卢道隆的记里鼓车共有8轮，2个是车轮，另6个是齿轮，外有车厢包裹，颜色赤质，车厢装饰华美。行一里，上层木人击鼓；行十里，则次层木人击镯。为便于阅读，将《宋史》记载卢道隆记里鼓车8轮的参数归纳如下。

表8–2中各轮组成的传动系统动作要领如下：先由一个车轮固接一级主动轮3，经过轮3和4的减速后，再经轮5和6实现二级减速，此时即进行一里击鼓

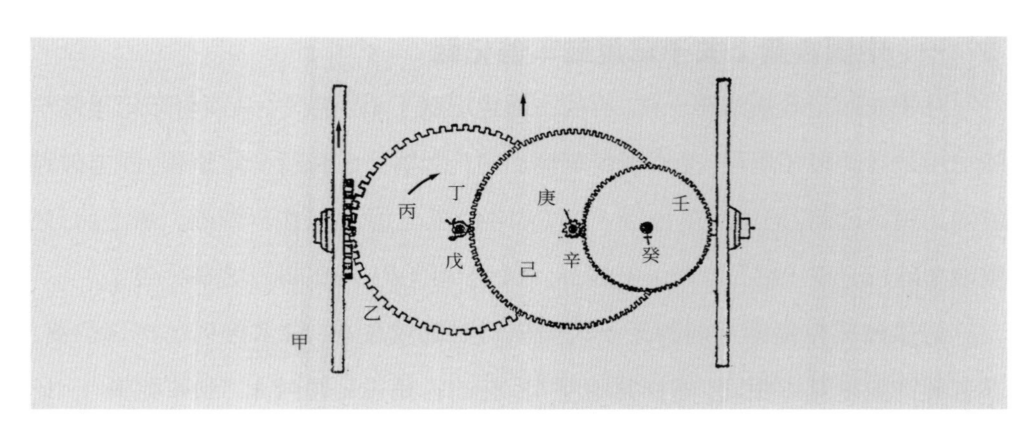

图 8-15　宋代卢道隆记里鼓车的内部结构示意图
（引自刘仙洲《中国机械工程发明史 · 第一编》）

动作；进而将运动传递给轮7和8，完成三级减速，同时进行十里击镯动作。记里鼓车的动作要领可归纳为图8-16。

表 8-2　卢道隆记里鼓车的传动系统

车轮编号	名称	功用	数量	位置	布置	轮径	齿数	备注
1,2	车轮	行走	2	左右各一	垂直	六尺	—	
3	立轮	一级减速主动轮	1	左	垂直	一尺三寸八分	18	
4	下平轮	一级减速从动轮	1	中下，与轮3啮合	水平	四尺一寸四分	54	
5	铜旋风轮	二级减速主动轮	1	与轮4同轴	水平		3	
6	中平轮	二级减速从动轮	1	与轮5啮合	水平	四尺	100	击鼓
7	小平轮	三级减速主动轮	1	与轮6同轴	水平	三寸	10	
8	上平轮	三级减速从动轮	1	中上，与轮7啮合	水平	三尺多	100	击镯

注：据宋代营造尺，1尺约30.91厘米，1寸约3.09厘米。

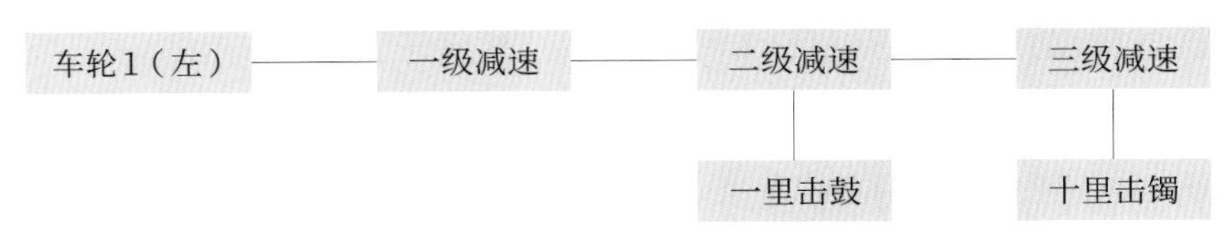

图8-16　记里鼓车动作框图

《宋史》说左车轮1上附有一级减速主动轮3，其实一级减速主动轮3附在左侧或右侧都可以。《宋史》关于主动轮3附在左车轮上的说法，应当反映了当时的实际情况。另外，《宋史》言明车轮的直径为“六尺”，按照古代“周三径一”的原则，车轮行走一周为18尺。《宋史》上有详细的尺寸换算，及齿数的来源说明。为符合现代的习惯，特计算出每级的传动比：齿轮3直径为18尺，齿轮4直径为54尺，一级减速之传动比$i_{34}=\frac{54}{18}=3$；而二级减速的传动比$i_{56}=\frac{100}{3}$。进一步得到一、二级的减速总传动比$i_{36}=i_{34}\times i_{56}=3\times\frac{100}{3}=100$。此时，记里鼓车车轮行走一百周后恰好一里，并击鼓一次。

众所周知，1华里＝500米＝1 500尺，而《宋史》将1 800尺算作一里，这是因为：其一，宋代按照“周三径一”的原则，即所用的圆周率π≈3；其二，宋代所用的尺比现代通用的尺小一些（1尺≈30.91厘米）。鉴于这些因素，计里鼓车每行走1 800尺击鼓一次，仍算合理，但存在一定的误差。

记里鼓车记录并报知里程的标志，是击鼓和击镯（或钲），但《宋史》中对这一系统并无明确的记载。《宋史》中只能看到“大平轮（即轮6）轴上有铁拨子”的记载，书中还提到“关戾”“拨子”等物。研读后得知“铁拨子”是记录报知里程系统的起始部件，而击鼓、击镯（或钲）是这一系统的最终响应。但从“铁拨子”到鼓、镯（或钲）的记录报知里程系统究竟是怎样的？ 它如何动作？这些在复原时需要考虑。“铁拨子”中的“铁”，顾名思义是指材料为铁，“拨子”

是指它可以拨动从动件，从机械专业角度看，“铁拨子”就是冲击凸轮。

概括古籍记载可知，隋唐以前的古籍中记述的记里鼓车，只有一里击鼓而无十里击镯（或钲），隋唐以后则有不少古籍如《旧唐书》《唐书》《金史》《西京杂记》等都记有记里鼓车有十里击镯的动作。所记的镯或钲究竟为何物？通过古籍及考古资料可知，镯和钲同为铜制乐器，常用于军中，形状似钟，大小如同现在的铃或稍大些，有一个较长的柄，方便举起，用槌或棒敲击能发出悦耳的声音。可将镯或钲布置在记里鼓车的上层或下层，古籍的相关记载各有不同。《宋史》所记的宋代卢道隆记里鼓车，是将镯布置在下层。其他朝代的记里鼓车可能会有所不同。

三、王振铎的记里鼓车复原工作

王振铎以《宋史》等资料为据，成功复原卢道隆记里鼓车（见图8-17），该复原模型现陈列于中国历史博物馆。他于1937年在《史学集刊》杂志上发表相关论文。王振铎复原的记里鼓车的内部结构（见图8-18）完全符合《宋史》记载；其外形依据的是山东孝堂山汉画像石上的鼓车图案，见图8-19。记里鼓车内有由多个齿轮组成的减速系统，可将车轮行驶的里程数记录并报知，实现一里击鼓。王振铎先生研究精深、学风严谨，研究成果扎实可信。除复原指南车、记里鼓车外，还成功复原地动仪、水运仪象台等古代科技精品，他是复原

图8-17　中国历史博物馆所藏王振铎复原的记里鼓车

图 8-18　王振铎复原的记里鼓车内部结构
（引自王振铎《科技考古论丛》）

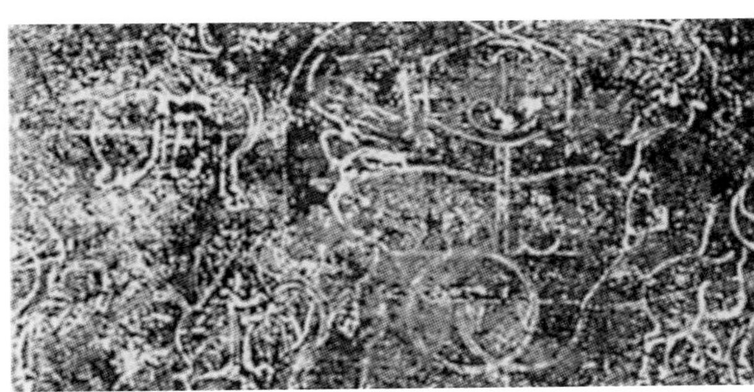

图 8-19　山东孝堂山汉画像石上的鼓车形象
（引自王振铎《科技考古论丛》）

研究工作的先驱。

在王振铎复原的模型中可以看到击鼓系统，其击鼓动作如图 8-20 所示。

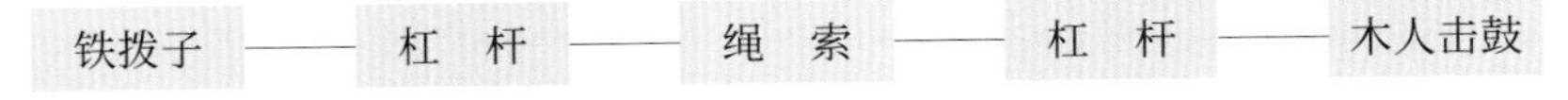

图 8-20　王振铎复原的记里鼓车的击鼓动作框图

记里鼓车复原模型的传动系统在图 8-18 中清晰可见。后一杠杆采用木人装饰，使得车辆外观更精美，排场更大，场面更热闹。

四、全面再现宋代卢道隆记里鼓车的思考

一个新学科的建立和完善，远非只靠一代学者开拓、耕耘就能成就的，需要很多学者在很长时间内才能逐步发展健全。王振铎先生复原了宋代记里鼓车，虽严谨可信，然未能展示卢道隆记里鼓车中十里击镯的动作，令人稍感美中不

足。因此，这是后继研究者的努力方向。

1. 传动系统

记里鼓车的传动系统包括减速系统和报知系统。

（1）减速系统

如何全面再现卢道隆记里鼓车的内部结构？ 可参考科技史界另一大家刘仙洲的研究，他的研究成果印证了历史学家张荫麟的推断，完全符合《宋史》的记载。只是刘仙洲所推断的第三级减速及图中的齿轮庚与壬布置在车轮轴之上，这样的结构安排使得木仙人一里击鼓和十里击镯的动作都在车轮轴上完成，似乎过于拥挤，未必布置得下，还会导致车子过宽，不便于路人观赏。

笔者设想将第三级减速安排在车轴之前并稍靠近车轴，但这需要另行思考击鼓和击镯（或钲）动作如何安排。

（2）报知系统

按《宋史》记载理解，十里击镯的方法与一里击鼓的方法相同，王振铎复原了一里击鼓的方法，在复原十里击镯时仍可参考借鉴。

2. 外形

王振铎复原的记里鼓车采用的是山东孝堂山汉画像石上的鼓车形象，这无疑是可行的，言之有据的。但它不是唯一的。鼓车不是记里鼓车，且汉画像石上的鼓车未必是皇帝大驾出行时所使用的。仔细研读《宋史》可知，卢道隆记里鼓车有重台，并有上下两层，上层击鼓而下层击镯。车身以密封为妥，用绘画或雕刻来装饰，可显华贵。笔者推测记里鼓车的外形可能有三种方案（如图8–21所示）。

方案Ⅰ中，击鼓、击镯的木仙人都与车子前进方向一致，但采用此方案的车辆车身较长。方案Ⅱ中，击鼓、击镯的木仙人都与车子前进方向垂直，这一方案会令路人观赏十分方便，只是木人不宜太大，方便车辆行走。方案Ⅲ中，击鼓、击

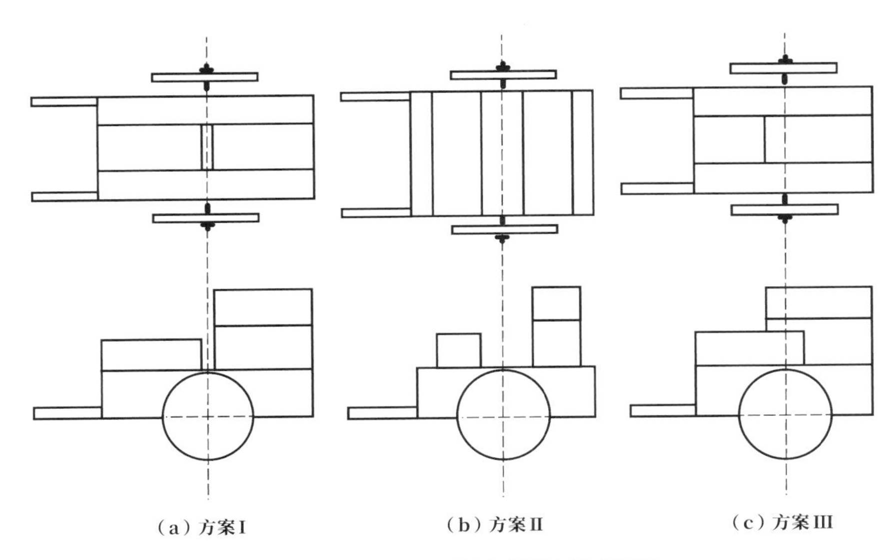

图 8–21　记里鼓车外形布置方案图

镯的木仙人都与车子前进方向一致，此时上层应当较高，以防一层击鼓的木仙人可能会处于击镯的木仙人之下，影响路人的观赏。顺便提及，隋唐之前的记里鼓车只有一里击鼓，并无十里击镯的动作，那时的记里鼓车结构肯定简单不少。

图8–22所示为复原的记里鼓车。

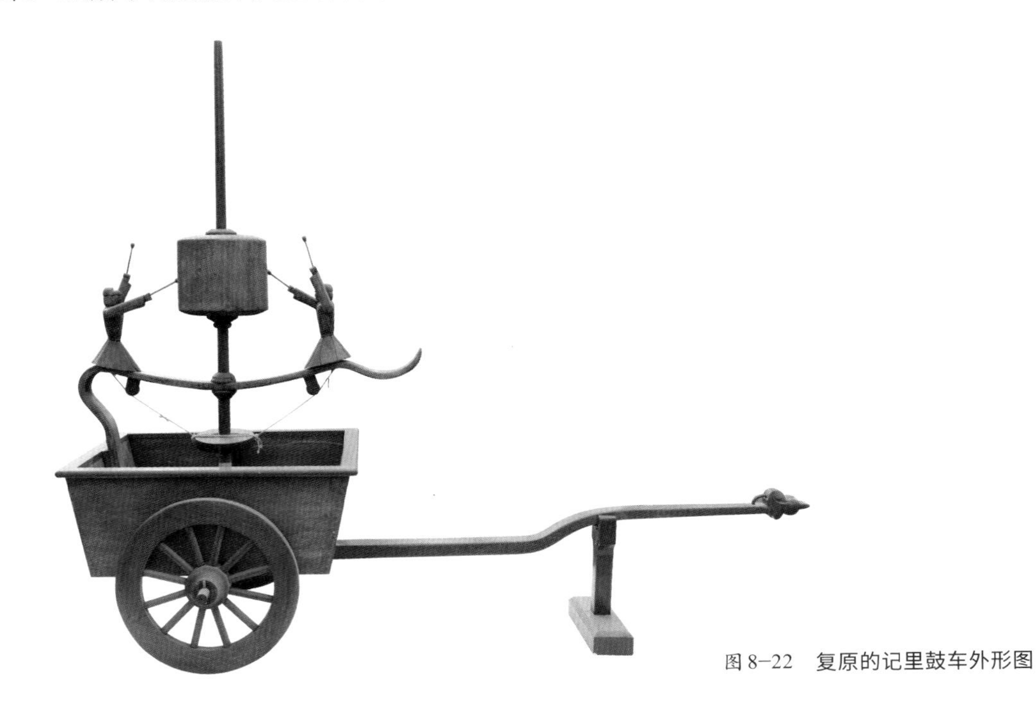

图 8–22　复原的记里鼓车外形图

第三节　被中香炉

古籍《西京杂记》中有段十分离奇的记载:“长安巧工丁缓者……又作卧褥香炉,一名被中香炉。本出房风,其法后绝,至缓始更为之。为机环转运四周,而炉体常平,可置之被褥,故以为名。”

以上这段文字,既讲述了丁缓制作被中香炉,又简略地描写了它的结构。因被中香炉用材讲究、结构复杂、制作工艺精良,所以数量不多,流传并不广泛,出土的实物数量有限。

一、被中香炉的记载与实物

被中香炉,顾名思义是放在被中使用的炉子。中国历史博物馆收藏的明代被中香炉(见图8-23)外形如球,随意滚动翻转,内部灰盂都不会翻倾。

被中香炉内的燃料功用有二:一是熏香除臭解秽,二是取暖。《周礼》一书对此有明确的记载,此举的目的是“掌除蠹物”,或“掌除毒蛊”。灰盂中燃烧物在书中被称为莽草或嘉草,古代也把这些草类称为薰草,很明显它们是用来净化空气、杀虫、消毒的。

目前所见最早的两件被中香炉实物是唐代的,一件在西安出土,另一件流落到国外,现存日本奈良正仓院(见图8-24)。

稍后,河南新郑出土了春秋时代专供取暖用的铜炭炉。

关于被中香炉的出现时间还有一份补充资料。约在公元前2世纪,司马相如写《美人赋》,其中有一句描写了家具、帷幔、被褥等物中有“金钟熏香”。

《西京杂记》说被中香炉“本出房风,其法后绝”,因而得知丁缓并非是被中香炉的发明人。遗憾的是,房风其人已无处查考,但可以确定,被中香炉出现的

图 8-23　中国历史博物馆收藏的明代被中香炉

图 8-24　现存于日本奈良正仓院的唐代被中香炉

时间不晚于汉代。

二、被中香炉的原理与结构

被中香炉多为铜质，也见有银质。其外壳精致、华美，尺寸一般为十几厘米。被中香炉的结构不尽相同，如日本奈良所藏的被中香炉内有三层活环，而中国历史博物馆所藏的被中香炉内有两层活环（如图 8-25 所示）。其实两层活环与三层活环作用相同。被中香炉的外壳都可自由滚动，应把外壳视作系统的一部分，它有一个自由转动的自由度。即使炉内只有两层活环，如果活轴的位置安排得当，该被中香炉总共有三个自由转动的自由度。如果活轴的摩擦力不大，即可保证灰盂绕三根相互垂直轴线转动自如。在恒定的重力作用之下，被中香炉中灰盂的方向稳定不变，因此不会翻倾。

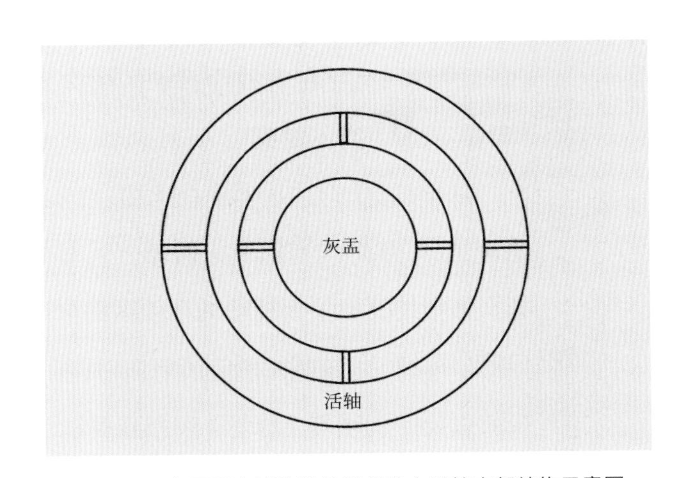

图 8-25　中国历史博物馆的明代被中香炉内部结构示意图

为什么被中香炉内部的活环有两层，有三层，甚至之后发现的四层呢？ 这可能有两方面的原因。一是为了保证灰盂与外壳之间有适当的距离，从而使被中香炉的外壳有适当的温度，以免被中香炉灼伤人，使之更适于在被中使用。二是为了补偿制造误差。因为手工制作造成的活环位置不当、摩擦力过大等都会令活环转动不够灵活。如有三个或者四个活环，就能够消除制造误差。

三、被中香炉的发展与应用

被中香炉的数量非常稀少，但这项奇特的发明受到了极大的关注。首先是文人墨客的惊叹，唐代诗人温庭筠的《更漏子》说："垂翠幕，结同心，待郎熏绣衾。"五代诗人牛峤的《浣溪沙》有"枕障熏炉隔绣帏"，他在《菩萨蛮》曰，"熏炉蒙翠被，绣帐鸳鸯睡"。五代诗人韦庄的《天仙子》说，"绣衾香冷懒重熏"。牛峤诗中所说的"熏炉"，实际上指的是被中香炉，可见诗文中也将被中香炉和熏炉混为一谈。

明代田艺蘅在《留青日记 · 香球》中说："今镀金香球，如浑天仪然。其中三层关捩，轻重适均，圆转不已。置之被中，而不覆灭。其外花卉玲珑，而篆烟四出。"这段文字记有被中香炉的结构如浑天仪，并指出它的性能特点：在被中"圆转不已""而不覆灭"。

从李约瑟的《中国科学技术史》中得知，中国西藏曾出现过一种黄铜球灯（见图8–26），球灯内有四个平衡环。从书中的照片看出，蜡烛头代替了原先的油灯芯。书中还刊出了鲁桂珍博士收藏的嵌花屏风的一部分，上有儿童耍龙灯的画案（见图8–27）。按照中国传统习俗，每年农历正月十五，会举行耍龙灯的活动。龙头前引耍的夜明珠（球灯）和西藏黄铜球灯的结构都与被中香炉相似，而且它们的原理相同。

图 8-26　西藏黄铜球灯

图 8-27　龙头前引耍的球灯

图 8-28　唐代镂空银熏球

图8-28所示的是唐代镂空银熏球，它是熏炉的一种。这件熏球上有链条和挂钩，显然不适合在被中使用。其外表也成球形，内有二层活环，中置灰盂，结构与被中香炉接近。这说明熏炉的出现时间与被中香炉十分相近。

被中香炉虽未广泛流传，但意义重大。在现代航空、航天、航海等领域广泛应用的重要仪器陀螺仪的核心是平衡环，其原理与被中香炉中的活环如出一辙。《西京杂记》关于被中香炉的记载说明，陀螺仪早在2 000年前就在中国出现。

四、丁缓其人其事

关于被中香炉研制人丁缓，除《西京杂记》对他的成果有简略记载外，其他古籍上均未见相关记述。从有限的记载中看出，丁缓是位杰出的机械专家，是中国历史上有贡献的科技人物。

丁缓制作过“常满灯”，顾名思义这是一种能保持灯油常满的长明灯。为免去人工添油的麻烦，灯具上大约有一套能不断补充燃油的自动加油机构。

丁缓还制作过“九层博山香炉”，其外观的装饰极为华美，并雕刻“奇禽怪兽”。它能“自然运转”，十分灵活。推断这种香炉有九层，其结构和外观都极为复杂奇特，这是一种很巧妙的发明。

丁缓另制有“七轮扇”，可以“一人运之，满堂寒颤”。这项别出心裁的发明应是一种效率极高的风扇，其“连七轮”，结构复杂而巧妙。这七个轮中，“大皆径丈”，尺寸相当庞大，且只需一个人操作，即“一人运之”，就可以使屋内降温，改善通风，降温效果极佳，甚至使人打“寒颤”。现代仍见有人工风扇的应用，但降温效果似乎没有丁缓的七轮扇效果好。

从以上简要的记载中，可断定丁缓的创造及动手能力很强，成果水准很高。他的成果中，除被中香炉外，常满灯、九层博山香炉等可能都应用了活环和平衡架。似可认为，丁缓在活环和平衡架方面的研究精深。他的成果除被中香炉外都已失传，所以对这些重要发明都未知其详。

丁缓其人其事引人深思：被中香炉，丁缓可以“更为制”，难道今人就无法“更为制”吗？

第四节　张衡候风地动仪

近年来，对张衡地动仪关注者众，议论与争议颇多，故先引述有关记载的原文以正视听，而后再作分析。

一、张衡地动仪的古籍记载

《后汉书》关于张衡创制地动仪的记载较详，对复原研究来说具有重要的参考价值，引述如下："阳嘉元年，复造候风地动仪。以精铜铸成，员径八尺，合盖隆起，形如酒尊，饰以篆文山龟鸟兽之形。中有都柱，傍行八道，施关发机。外有八龙，首衔铜丸，下有蟾蜍，张口承之。其牙机巧制，皆隐在尊中，覆盖周密无际。如有地动，尊则振龙，机发吐丸，而蟾蜍衔之。振声激扬，伺者因此觉知。虽一龙发机，而七首不动，寻其方面，乃知震之所在。验之以事，合契若神。自书典所记，未之有也。尝一龙机发而地不觉动，京师学者咸怪其无征，后数日驿至，果地震陇西，于是皆服其妙。自此以后，乃令史官记地动所从方起。"有学者推测候风是"候风仪"，它与"地动仪"是两件仪器。也有学者认为"候风"是人名，张衡地动仪是"复造候风"的。因史料不多，难以断定。只知张衡生活的年代地震频发，这一情况促使张衡对地震作了一定研究，从而创制了地动仪。为使读者了解地动仪各部分的结构和功能的要领，作以下介绍。

地动仪"形如酒尊"。"尊"，即古代酒器，有学者认为"尊"应是酒杯，但是据原文记载，地动仪可以完全封闭，因而外形像酒坛子更为合适。其表面装饰着精美的山龟鸟兽图案和篆文。

"都柱"是一根粗大的柱子，是地动仪的重要零件，也是触发地动仪机关的动力来源。当一个方向发生一定强度的地震时，都柱就立即向地震方向倾倒，从而启动地动仪机关工作。然而，都柱只能向八个方向运动，这是因为地动仪上只做了八个轨道，可见地动仪所测定的地震方向不一定精确。

地动仪的机关，是由都柱倾倒来触发的，它是地动仪的核心部件，启动后会引发地动仪上的龙头吐出铜丸。据记载，机关的制作异常巧妙，深藏在地动仪的外壳之中，并且"覆盖周密无际"，保护得十分严密，故详情无法得知。铜丸掉入下面蟾蜍的大嘴中，立即有“振声激扬”，守护者便立刻得知有地震发生，马上查看铜丸坠落的方向，即可知道地震发生的方向。

可以认为张衡地动仪由两个系统组成，一是接收地震信号系统，其组成是都柱和八个轨道；二是报知地震信号系统，其组成是内部机关、龙头、铜丸及蟾蜍。遗憾的是地动仪的核心部件——机关，难知其详，由此留下了巨大的研究空间。

二、现代学者的研究

许多现代学者对张衡的地动仪进行了深入研究。早在19世纪，日本学者对它已有论述，以后不断有中外学者对此提出己见，下面仅介绍三种影响较大、较有价值的设想。

1. 王振铎复原地动仪的设想

20世纪50年代，中国历史博物馆在王振铎的主持下成功复原地动仪（见图8–29），其工作原理如图8–30所示。它依靠大立柱的惯性力工作，当某个方向发生地震时，大立柱即向该方向倾倒，压动杠杆，铜丸便从龙口中吐出，落入下面蟾蜍的口中，由此作出地震报告。王振铎提出由都柱启动杠杆的设想。有人将此关于机关的设想误以为是张衡地动仪的原理，这不符合史实。

图8–29　中国历史博物馆的张衡地动仪

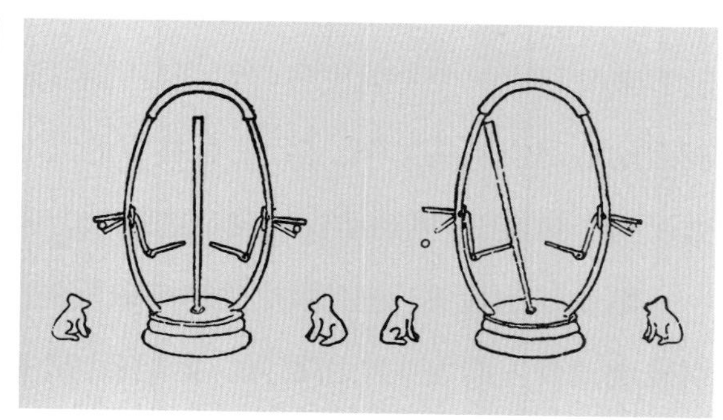

图8–30　中国历史博物馆的张衡地动仪工作原理图

2. 席文提出的地动仪设想

美国科学院院士席文在美国《中国科学》杂志上, 对地动仪机关提出了另一种设想（见图8–31）。该设想中, 地动仪外形与《后汉书》记载一致, 也是用惯性的原理工作, 但具体结构不同: 大立柱不动, 其上放置铜丸, 平时大铜丸静止不动。当某个方向地震发生时, 大立柱上的铜丸即沿着该方向滚动, 经过通道、龙头, 掉入蟾蜍口中。

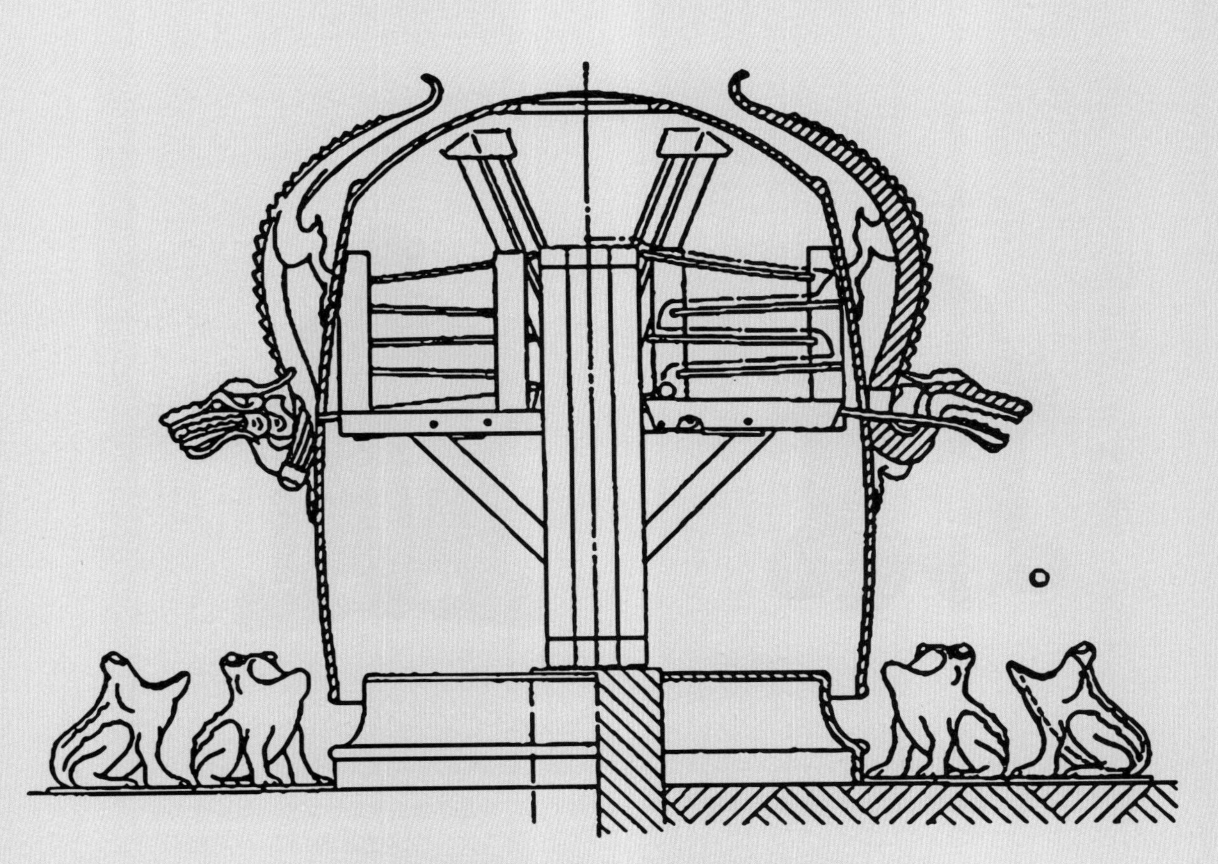

图 8–31　席文关于张衡地动仪工作原理的另一种设想

3. 中国地震局等单位复原地动仪的设想

中国地震局和国家文物局等单位于21世纪初复原了地动仪，其外形见图8-32。从图8-33看到，地动仪采用了悬垂摆形式，起到放大大立柱摆动幅度的作用。大立柱通过外壳顶部的链条悬垂，大立柱下方有八条轨道。当某方向发生地震时，地震波沿轨道震动大立柱，进而触发杠杆，铜丸便从龙口中吐出，由下方的蟾蜍接住，据此作出地震报告。

以上关于地动仪工作原理的几种设想，都利用了物体的惯性。从科学角度看，都是合理的，有较高的学术价值。相比之下，后两种设想更加灵敏。第一和第三种

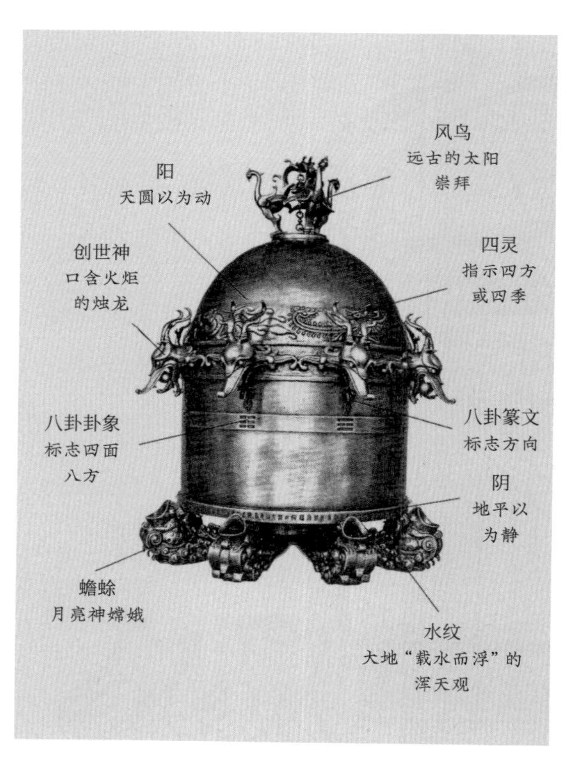

图8-32　中国地震局等单位复原的张衡地动仪

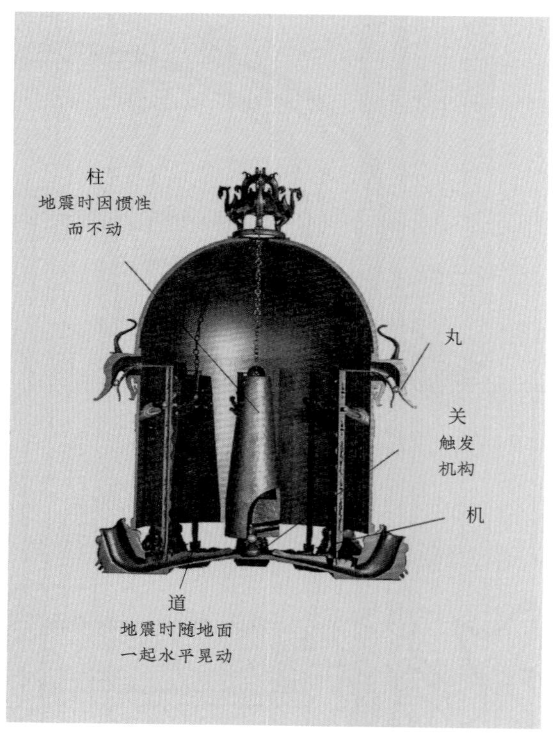

图8-33　中国地震局等单位复原的张衡地动仪工作原理图

的机关都是杠杆机构且大同小异，只是王振铎的方案是利用大立柱倾倒后撞击杠杆机构的上部；而中国地震局的方案是利用大立柱的摆动撞击杠杆机构的下部。

三、张衡地动仪的意义

《后汉书》记载，在东汉顺帝永和三年（公元138年）二月三日，地动仪上的一个龙头突然吐出了铜丸。当时首都洛阳的百姓，丝毫没有地动的感觉，于是人们议论纷纷，责怪地动仪不准确。没过几天，有人飞马来报：陇西（汉代郡名，现甘肃省内）前几天发生了地震。陇西距洛阳有1 000多里（500多千米），地动仪能准确地报告地震，还可推知地震的方向，其测震的灵敏度极高，大家极为信服。

《后汉书》提供了张衡创制地动仪的珍贵史料，中国地震仪出现的时间比其他国家早约1 700年。李约瑟称张衡的发明是“地动仪的鼻祖”，是了不起的成就。

地震学是一门新兴的独立学科。积极地探寻这门科学的发展历史，了解中国古代在地震学上的重大成就，能使现代的研究者受到启发，进一步促进地震学研究。但也要认识到，不宜过分夸大张衡地动仪的灵敏性。任何一个新学科的建立和发展，都要历经漫长的过程，张衡地动仪虽然十分重要，但不可能完美无缺；又因古籍大多是文人而非科技人员撰写，不可轻信。如《后汉书》主编范晔是一名朝廷官员，掌握的科技知识有限，他说地动仪“合契若神”，难免有夸大不实之处。

对张衡地动仪的误差作分析后发现，其都柱只能按照八个轨道倾倒，两个相邻轨道之间有45°夹角。当两个相邻轨道之间的方向上发生地震时，地动仪难以作出正确报告，当方向与每个轨道相差22.5°时，误差最大。再者，张衡地动仪只能报知地面的震动，无法甄别这一震动是由地震还是其他原因引起的；此外，地震必须达到一定强度和有一定距离时，地动仪才能作出报告，更无法将地震的强度数字化。随着科学技术的发展，现在地震预测和报告已有极大改进，地震报告也更加正确。

评价张衡发明地动仪，既要充分肯定其伟大之处，又不宜过分纠缠其准确程度，需要恰如其分地看待这一古代发明。后继学者的学术分歧，不能轻言孰优孰劣，宜持慎重、宽容的态度，理性客观对待各家所见，营造出百花齐放、百家争鸣的良好学术氛围。

四、张衡其人其事

张衡（78—139），字平子，南阳西鄂（今属河南南阳）人。出身于官宦之家。幼年时家道中落，家业的衰败磨炼出张衡刻苦、勤奋的意志品质，为他日后获得巨大成就打下良好基础。

张衡起初致力于文学创作，撰写的《东京赋》《西京赋》被广为传颂。他的兴趣后逐渐转到了自然科学及哲学，写成天文著作《灵宪》《灵宪图》《浑天仪图注》及哲学著作《太玄经》等。他在天文上的贡献尤其引人注目。

在张衡之前，天文理论有盖天说、浑天说、宣夜说三家。张衡是浑天说的集大成者，他主张“浑天如鸡子，天体圆如弹丸，地如鸡中黄”。浑天说虽是以地球为中心的理论，但在当时的历史条件下，最能近似说明天体的运行，对后世产生了重大影响。张衡积极倡导浑天说，同时创制了用于演示浑天说的仪器——水运浑象，有力地促成浑天说得到社会的公认并流传。水运浑象是世界第一架用水力驱动的天文仪器，其中的机械系统（包括齿轮与凸轮机构）异常高明。早在1 800年前，能够设计、制造出这么复杂而巧妙的仪器，令人惊叹。

张衡在自然科学领域的贡献，还体现在他的地理学、地震研究上。我国地震多发，早在3 800年前已有关于地震的记载，但在张衡之前，并未见有用仪器来测知地震的记载。张衡地动仪虽可能是“复造”，但无疑是人类研究地震的卓越成果。它的出现，是世界地震史上的一件大事。它检测到从远方传来的地震波，并利用物体的惯性揭示地震的方向。这个工作原理到现在仍然沿用。一千多年后，公元13世纪，古波斯的马拉哈天文台才有类似的仪器。到了18世纪，欧洲才出现利用水银溢流记录地震的仪器。

张衡一生为中国古代科学文化领先于世界做出杰出贡献，是我国古代伟大的科学家。他勤学刻苦，谦虚谨慎，孜孜不倦，淡泊名利，积极进取。张衡的研究并非一帆风顺，他的科学成就在当时曾遭到不少的攻击与诋毁。虽然他的思想有时代的局限性，但这些都丝毫无损其崇高地位与光辉形象，正如郭沫若先生所评价的，“如此全面发展之人物，在世界史中亦所罕见”。

第五节　舂车与磨车

古籍《邺中记》记载了两种十分神奇的器物：舂车和磨车。

一、事情的原委

晋代，各路诸侯割据，战乱连年。有一个后赵国（今河北、山东等地），其都城在邺，后赵君主姓石。《邺中记》记述了赵都邺城的人与事。当时的后赵君主石虎好大喜功、生活奢侈、追求新奇，曾主持制造了指南车、“司里车”（应是记里鼓车）以及舂车与磨车。他的行为在客观上有助于科技的发展。

关于舂车与磨车的原文记载如下：“作行碓于车上，车动，则木人踏碓舂，行十里成米一斛，又有磨车，置石磨于车上，行十里辄磨麦一斛，凡此车皆以朱彩为饰，惟用将军一人，车行则众并发，车止则止。中御史解飞、尚方人魏猛变所造。”斛是古代的容器单位，当时以十斗为一斛。舂车行走十里即可“成米一斛”，可见舂车的效率相当高。考虑当时的科技水平，估计不大可能有自动使用碓的舂车"木人"（即机器人），该"木人"很可能是可有可无的摆设。至于文中所言舂车和磨车的制造者解飞、魏猛变等人，可能是实际经办者，因为作为国君的石虎不可能亲自动手造车。按《邺中记》记载，笔者复原了舂车（见图8-34）和磨车（见图8-35）。

图8-34　复原的舂车

图8-35　复原的磨车

二、舂车与磨车的尺寸和结构

舂车与磨车的尺寸可按战车的尺寸为主要参考，这两类车辆是行军作战用的。因为如果定居一方，不必另行制造这两类车辆，直接就地使用牲畜就可以加工农作物。据此估计它们的车轮直径在1.2～1.6米之间，宽度约2米，具体尺寸应视所驶道路宽窄而定，长度应比一般的车辆稍长，尺寸也稍大些。

一般的战争器械只使用一次，制作虽很坚固，但粗糙些。而舂车与磨车可能多次使用，结构较复杂，具有边使用边表演的性质，且关乎车辆拥有者的体面。文中所记“用将军一人”就反映了这一点，因此它们的制作应当更精良美观，即书中所谓以“朱彩为饰”。

1. 舂车的结构

舂车和磨车都是一边行车，一边舂米或磨面的，舂米和磨面的动力均来自车轮，左右车轮均可提供动力。舂车的结构如图8-36所示。舂车动力传动的过程是：行车时，车轮带动与它固接的一个齿轮。该齿轮与另一齿轮组成增速传动，同时带动另一轴，轴上的两个拨板分别拨动杠杆和碓头，通过碓头上下进行舂米。拨板、杠杆和碓头与前述农业机械中的连机水碓大体相同，只是受车辆空间的限制尺寸稍小些，车上碓可能有两个，左右分置以保持平衡。碓前后位

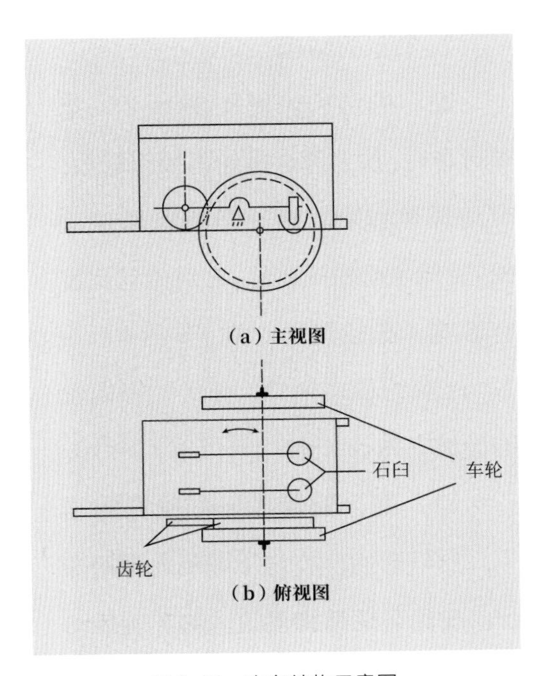

图8-36　舂车结构示意图

置的确定应考虑让碓的重心与车轴相近,这样利于车辆的平衡。

关于碓的速率,应考虑行军时速度较快,且军中盛用马匹,不用牛驾车。因此,齿轮增速传动的传动比i应为2左右。此时,车轮旋转一周,车辆前进4米左右,碓工作4次,实现“行十里成米一斛”。至于杠杆上有无木人踏动,则无实际意义。若参照《宋史》记载,可将与车轮固接的齿轮齿数z_1定为24,与它啮合的齿轮齿数z_2为12左右。轮距可随结构而定。舂车的传动链见图8–37。

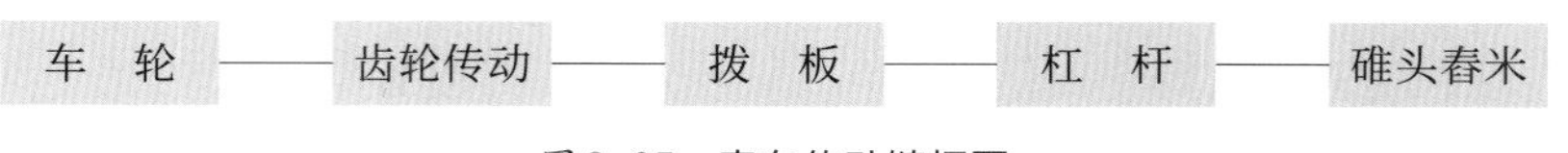

图8–37 舂车传动链框图

2. 磨车的结构

磨车的结构如图8–38所示。磨车行车时,动力通过齿轮再经惰轮后,带动齿轮和磨。惰轮是指既做从动轮、又做主动轮的齿轮,它对传动比没有影响。车轮滚动一周,车行4米左右,而磨约旋转两周,由此可将齿轮的齿数定为$z_1=24$, $z_2=10$, $z_3=10$, $z_4=12$。磨上的齿轮z_4可放置在磨下,这样较为安全,也不影响人员的操作。轮距可随结构而定。磨车的传动链见图8–39。

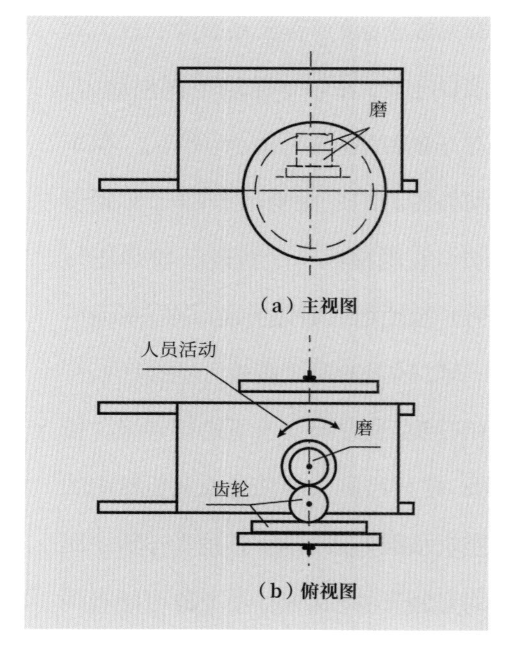

图8–38 磨车结构示意图

车 轮——齿 轮——惰 轮——齿轮及磨

图8-39 磨车传动链框图

第六节 其他自动机械

中国古代有许多关于自动机械的传说故事,神奇有趣、扣人心弦。故事中那些不可思议的自动机械更是吸引了众人的目光。现从复原研究的角度,依据当时的动力来源和控制能力来判定它们是否可信。

一、古代的动力与控制水平

古代首先应用的动力是人力。在很长时期内,人力与自动机械并无关系,后来出现了由人力(通过弹力或重力)触发的自动机械。例如用弹力触发的弩,它可以人为控制弓的发射时间,在古墓、捕杀猛兽及其他机要场合较多运用此类弹力触发自动机械。一些自动机械可利用重力引发,如墓中运剑伤人的木人、用来吓人的“无常鬼”等。

中国很早就开始利用畜力。夏代开始利用牲畜拉车;最晚在周代出现了牛耕;到汉代,自动机械上就开始使用畜力,如指南车、记里鼓车、舂车、磨车等。可以看出,这些使用畜力的自动机械都安装在车上,室内的自动机械则难以应用畜力。

水力首先应用在农业上,如农作物的加工和灌溉。现知汉代首先利用水力演示天象、报知时刻,此后,不少自动机械的动力都是水力。许多可信的自动机械也依靠水力驱动。

古代虽也应用风力和热力,但这些动力来源都不够可靠,也不稳定,迄今未见应用到自动机械上。

所有古代自动机械的控制程序都是固定的。近现代才出现电子控制，现在已有智能控制，而古代不可能有此类先进控制手段。因此，中国古代有关智能控制的故事传说，是不可信的。

二、古籍记载中可信的自动机械

这一类自动机械不少，如本章介绍的指南车、记里鼓车、舂车、磨车、地动仪、被中香炉等，前四种利用了畜力，后两种利用了重力。以下再举几例。

1. 苏颂研制的水运仪象台

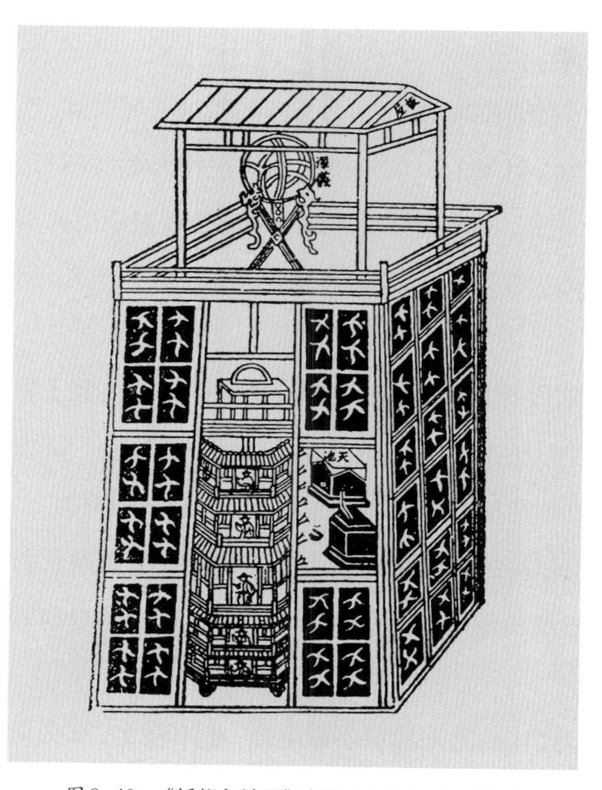

图 8–40　《新仪象法要》中的水运仪象台外形图

北宋有项杰出的科技成果——水运仪象台（见图8–40），它是北宋哲宗皇帝命宰相苏颂研制的。水运仪象台可说是一座多功能的天文台，它异常高大，屋顶是能开合的活动式，这般设计有利于观测。水运仪象台共有三层，上层放置观察天体运行的浑仪；中层放置用以演示天体的浑象；下层除安放水轮、齿轮等内部机械外，在一边设有一个五层木阁，内有能自动报时报刻的装置。

水运仪象台的动力是

"水运",由打水人搬动河车,河车带动两级升水轮将水提升到最高处。然后,水经过三级漏水壶后推动水轮,又回到最低处,再由打水人利用河车将水提升到最高处。如此循环不息,自成系统。台上的浑仪、浑象及自动报时装置,均由水轮带动,为控制水轮匀速运转,设有特殊装置——天衡。这套机构研制水准极高,构造十分巧妙,是今日机械钟表上广泛应用的擒纵装置的鼻祖。水运仪象台还有极为复杂的齿轮传动系统,可实现一个动力源分别带动各个系统工作。水运仪象台的水循环和齿轮传动系统结构见图 8-41。

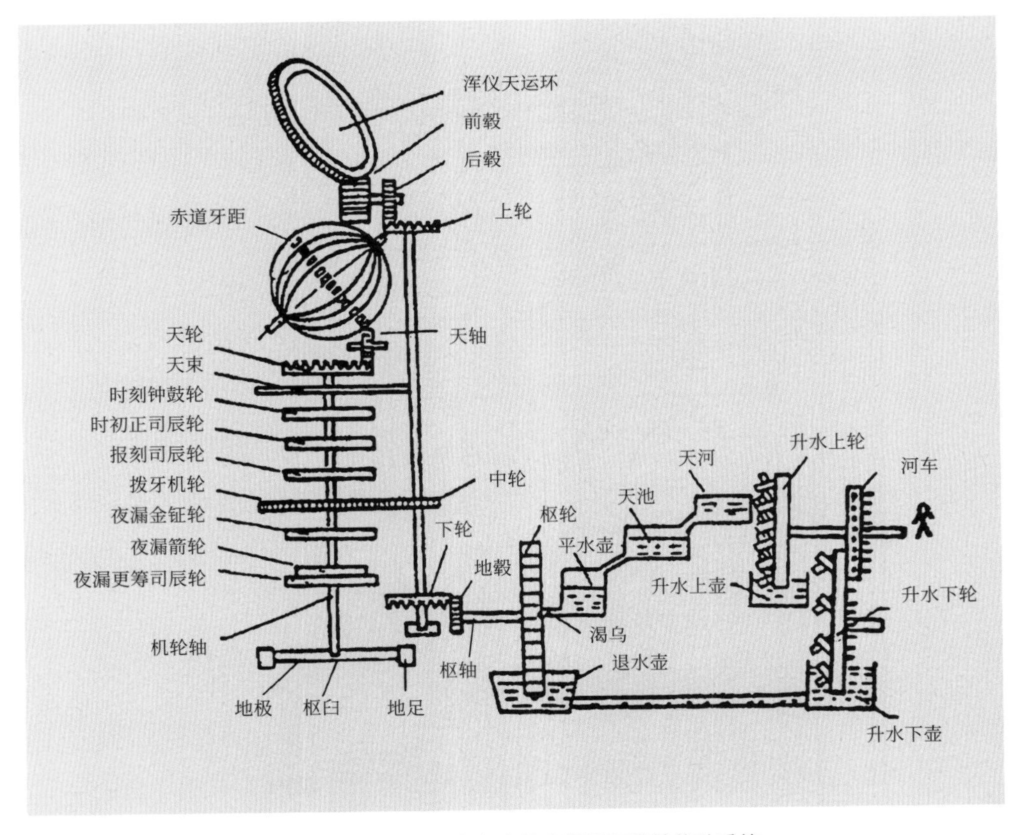

图 8-41　苏颂水运仪象台的水循环和齿轮传动系统

苏颂在水运仪象台研制成功后撰写了《新仪象法要》一书，对研制成果作了较详细的说明。后来北宋京城汴梁（现河南省开封市）被金人占领，金人将水运仪象台的实物拆卸往北运，由于部件丢失、损坏等故后无法重装，水运仪象台自此消亡。由于水运仪象台的意义非常重大，记载又较为详细，后继研究者甚多。中国历史博物馆于1958年首先将其成功复原（见图8–42），现在有些博物馆陈列水运仪象台的复制品。

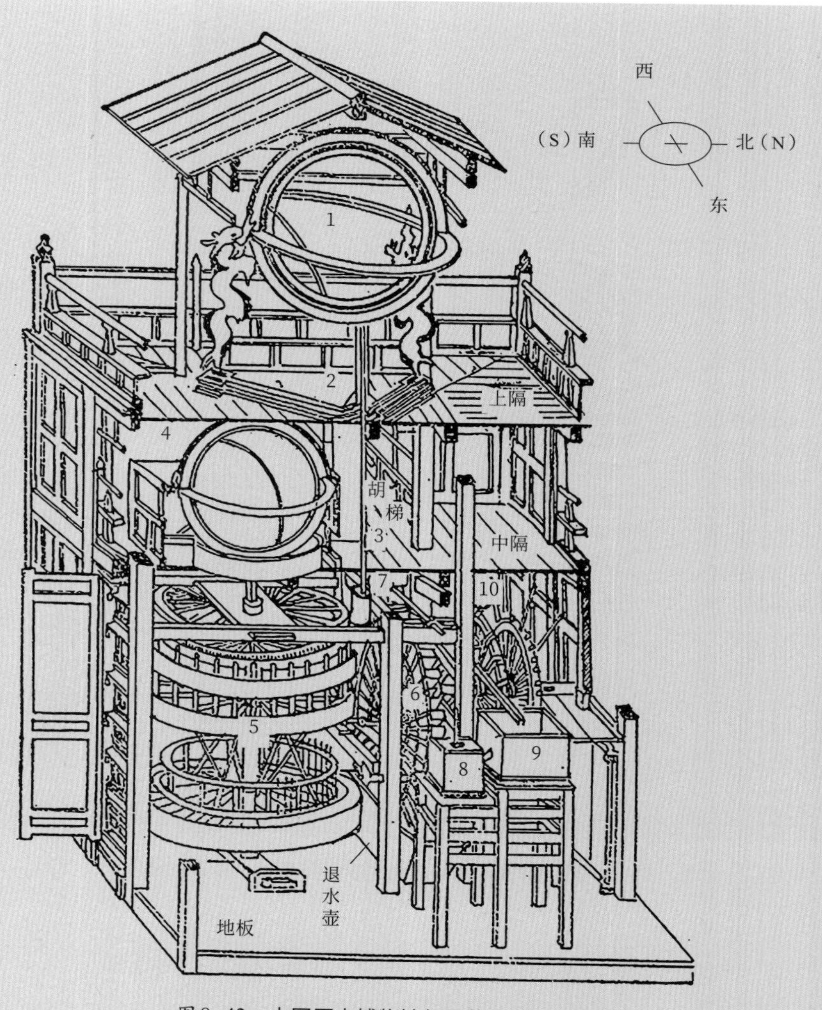

图8–42　中国历史博物馆复原的水运仪象台

1: 浑仪; 2: 鳌云、圭表; 3: 天柱; 4: 浑象、地柜; 5: 昼夜机轮; 6: 枢轮; 7: 天衡、天锁; 8: 水平壶; 9: 天池; 10: 河车、天河、升水上轮。

2. 郭守敬研制的灯漏

清代柯劭忞著的《新元史·历志二》记述了元代郭守敬制的灯漏:“大明殿灯漏之制,高丈有七尺。架以金为之。其曲梁之上,中设云珠,左日右月。云珠之下复悬一珠。梁之两端,饰以龙首。张吻转目可以审平水之缓急。中梁之上有戏珠龙二,随珠俛(即俯)仰,又可察准水之均调。凡此皆非徒设也。灯球杂以金宝为之。内分四层,上环布四神,旋当日月参辰之所在。左转日一周。次为龙虎鸟龟之象,各居其方,依刻跳跃。饶鸣以应于内。又次周分百刻,上列十二神,各执时牌,至其时四门通报。又一人当门内,常以手指其刻数。下四隅钟鼓钲饶各一人。一刻鸣钟,二刻鼓,三钲,四饶。初正皆如是。其机发隐于柜中,以水激之。”此灯漏能照明、计时,设计极为新奇巧妙,结构及动作都很复杂。计时的“漏”在水面上,做有二龙戏珠,可根据水平面的高低自动调节,又做有龙虎鸟龟,可根据时间自动跳跃,还做有十二神及钟、鼓等,可以自动报时报刻。灯漏的动力源及控制系统均可从文末看出,控制系统隐藏在柜中,以水为动力。

关于此例,史料记载不够详细,复原该灯漏时,可参考水运仪象台。

3. 水晶宫刻漏

《明实录》载,“洪武元年冬十月甲午,司天监进元主所制水晶宫刻漏,备极机巧。中设二木偶人,能按时自击钲鼓。上览之,谓侍臣曰:废万几之务而用心于此,所谓作无益害有益也。使移此心以治天下,岂至亡灭。命左右碎之”。此段文字说的是,司天监所制水晶宫刻漏上的两个木偶人能按时击钲鼓,可惜这个刻漏被明太祖朱元璋下令击碎了。朱元璋对待科技发明的态度发人深省,这或与明代中后期科学技术落后有一定的关系。此外,其他一些古籍也记录了一些天文机械,叙述稍有夸张,但大体可信。

4. 用自动机械猎兽

余庆远在《维西见闻纪》中记载了用自动机械捕猎，“地弩，穴地置数弩，张弦控矢，缚羊弩下，线系弩机，绊于羊身。虎豹至，下爪攫羊。线动机发。矢悉中虎豹胸，行不数武皆毙”。文中的弩是指机械控制发射的弓，矢即箭。该自动机械的捕猎可能由猛兽的动作而触发。有的书记载通过挖掘陷阱来捕捉猛兽，随后将其射杀。一般不用毒药杀死猛兽，这是出于食用的考虑。另有些书籍记述了放置诱饵用来捕捉狐狸和老鼠的器具。

5. 用自动机械守护陵墓

不少陵墓中都有作安全防护用的自动机械。中国古代有厚葬死者的习俗，常将金银珠宝之类的昂贵物品藏放于陵墓之中，这也造成了有些地方盗墓之风盛行。为了保卫陵墓的安全，古人常采用各种各样的安全措施，如司马迁在《史记·秦始皇本纪》中记载:“始皇初即位，穿治骊山。及并天下，天下徒送诣七十余万人。穿三泉，下铜而致椁。宫观，百官，奇器，珍怪，徒藏满之。令匠作机弩矢，有所穿近者辄射之。”明代焦周著的《焦氏说楛》记载，三国东吴名将陆逊的墓中用弩防盗墓，其他书籍中也多有类似的记载。这些弩的发射当由墓门的开启而引发。另外在赵无声著的《快史拾遗》中记有，对私自开墓的人，不但“箭发如雨”，而且行至二门时，“有木人张目运臂挥剑，复伤数人”。木人运剑的动力源应当是盗墓人的体重。

以上自动机械充分显示了古人的聪明才智和当时先进的科技水平，古籍中关于自动机械的可信记载很多，不复赘说。

三、古籍记载中不可信的自动机械

这方面的相关记载很多，关键是不可信的记载是否有价值。在判定之前，应当先介绍一下有关记载。

1. 嫦娥奔月

传说嫦娥是后羿的妻子，后羿是夏代一个部落的首领。后羿的本事非常大，帝尧时天上有十个太阳，晒得江湖干涸，树木枯萎；地上猛兽、毒蛇横行。于是，帝尧请出后羿。后羿射落了九个太阳，终使大地恢复了生机。后羿还曾拜会过西王母，从西王母那里得到了一些“不死之药”。西王母告诉后羿，这些药如果两个人分着吃，就能长生不老，如果一个人吃就会飞升上天。后羿将药取回家，原想与妻子嫦娥分享，不料嫦娥得知此事后偷吃了仙药，顿时身轻如燕，身不由己地向天空飞去，直飞到月亮上才停了下来。她在月亮上的广寒宫冷冷清清度过了几千年。这就是后世流传甚广的嫦娥奔月故事。这个故事在《淮南子》等许多古籍中都有记载。嫦娥仅靠吃药，不需要借助任何工具就能飞上月球，显然是不可信的。但此传说影响非常大，几乎尽人皆知。再如敦煌石窟中有优美的飞天形象，有关舞蹈中也能看到曼妙的飞天舞姿，这些均说明，飞上月球是人们几千年以来的梦想。现如今，我国正式开展的月球探测工程就被命名为“嫦娥工程”。

2.《列子》中能歌舞的机器人

先秦《列子·汤问》是最早记述古代机器人的古籍。古代机器人的故事或许比上述嫦娥奔月的影响更大。它说的是，西周国王周穆王西巡，途中有名能工巧匠偃师献艺说，“造了个东西，让大王观之”，穆王命他拿过来，见偃师带了个人同去参见，穆王问那是何人。偃师说，“臣之所造能倡者”（倡者即歌舞伎）。只见“倡者”疾走慢步、抬头弯腰，如真人一般。按它的下巴，“则歌合律”（合着旋律唱歌）；抬抬它的手，“则舞应节，千变万化，惟意所适”（伴着节奏跳舞，千变万化，随心所欲）。穆王命姬妃们同观“倡者”的表演，见“倡者”舞毕，对嫔妃们眨眼挑逗。穆王勃然大怒要杀偃师，偃师立刻将“倡者”拆开，原来尽是些“革、木、胶、漆、白、黑、丹、青之所为”“内则肝胆、心肺、脾肾、肠胃，外则筋骨、支节、皮毛、齿发，皆假物也，而无不毕具者”，将它们合起来又成原样。穆王“试废其心，则口不能言；废其肝，则目不能视；废其肾，则足不能步”。穆王叹道，人可以巧夺天工呀。

这段生动有趣的记载年代久远，周穆王当政时迄今近3 000年。该古代机器人形象逼真，从记载看，似是个“帅哥”，看到的人都信其为真人。而且，它不但能歌舞合乎节律，还会对嫔妃们眉目传情，现在看来它完全是个智能机器人。

尽管今日科技已远超那时，但仍未制造出上述记载中那样惟妙惟肖的智能机器人。至今，科研人员仍孜孜不倦地为此而奋斗。

3. 奇肱飞车

图8-43 《古今图书集成》中的“奇肱飞车”
（引自姜长英《中国古代航空史话》）

战国古籍《山海经》记述，“奇肱国善制飞车，游行半空，日可万里”。

《帝王世纪》记述更详细，“奇肱氏能为飞车，从风远行。汤时，西风吹奇肱飞车至于豫州。汤破其车，不以示民。十年，东风至，汤复作车，遣之去”。在《志怪》《玉海》等书中有相同的记载。古籍中也载有奇肱飞车图（见图8-43）。

传说商汤是一位贤君，不知他因何要破坏奇肱飞车，且“不以示民”。据传奇肱国人只有一只胳膊，但心灵手巧，会制造飞车。即使飞车遭到破坏，没有图纸仍能仿造，似乎制造不太难。飞车前进依靠风吹，但不知它凭什么力量升空。按每日24小时计算，若日行万里，车速每小时会高达400多里（约166千米），这是不现实的。由此看来，这个飞车故事纯属虚构。当然要肯定用人造器械实现飞行的这种想象。

奇肱飞车的影响甚大，诗仙李白也曾称赞它："羽驾灭去影，飙车绝回轮。"晚唐诗人陆龟蒙诗曰："莫言洞府能招隐，会辗飙轮见玉皇。"北宋文学家苏轼《金山妙高台》曰："我欲乘飞车，东访赤松子；蓬莱不可到，弱水三万里。"这些名句充分表达了对空中飞行的向往。

1903年，美国莱特兄弟完成人类首次有动力的飞行试验，终于实现飞行梦想。实际上，奇肱飞车比其他飞行物更接近于今天的飞机，它的功能与飞机基本相同。

4. 可以"三日不下"的飞鸟

《墨子》记述，春秋末年，鲁班为楚王制造云梯，准备攻打宋国。墨子赶到楚国去劝阻鲁班，这时鲁班"削竹木为鹊，成而飞之，三日不下"，他得意非凡，自认巧思过人。然而，墨子对鲁班说："子之为鹊也，不如匠之为车辖"（你做个飞行的喜鹊，还不如匠人做个约束车轮的销子）。因为销子虽只有三寸（约6.9厘米）大，却可以让车子承载五十石（据《中国古代科学家传记选注》，一石为一百二十市斤）的重量，具有很大的功用。墨子又说，"利于人谓之巧，不利于人谓之拙"（有利于人的称为巧妙，对人无利的可谓笨拙）。他指出鲁班所为（造云梯助攻宋国），是不仁、不忠、不强、不智的行为。最终，他说服鲁班放弃制造云梯。墨子关于巧与拙的论说可作为后世科学家的处世格言。

不少古籍如《淮南子》《论衡》《列子》《朝野佥载》《酉阳杂俎》都有相关记

载，但各书说法不同。有的记载鲁班制作木鹊，有的则说木鹊是墨子制作的，还有的说木鹊是其他人制作的。究竟是何人制作木鹊并不重要，因为这仅仅是个传说，可信程度并不高。无论是鲁班，还是墨子或别人，“削竹木为鹊，成而飞之，三天不下”都是不现实的。

从春秋战国始，研制木鹊的人很多，最为著名的人物是东汉的张衡。南北朝范晔编的《后汉书·张衡传》记有，“木雕独飞”，这一记述过于简略。宋朝李昉等人编写的《太平御览》记述较详，“张衡尝作木鸟，假以羽翮，腹中施机，能飞数里”。按此记载，张衡所作木鸟与前述大有不同：其一，该鸟“腹中施机”，是说腹内存有机关；其二，该鸟“能飞数里”，并非“三日不下”。

唐代苏鹗《杜阳杂编》中记有名韩志和者所制木鸟，“与真无异。以关戾置于腹内。发之，则凌云奋飞，可高三丈，至一二百步外，始却下”。此飞鸟只能飞一二百步外，等同于风筝或滑翔机，制作难度更低。如此看来，张衡、韩志和等所造木鸟，比前述鲁班或者墨子造木鸟要现实得多了。

5. 木人、木犬待客

明末姜准《歧海琐谈》记有：“山人黄子复，擅巧思，制为木偶，运动以机，无异生人。尝刻美女，手捧茶橐（茶壶），自能移步供客。客举觞啜茗，即立以待；橐返于觞，即转其身，仍内向而入。又刻为小者，置诸席上，以次传觞。其行止上视瓯之举否，周旋向背，不须人力。其制一同于犬。刻木为犬，冒以真皮，口自开合，牙端攒聚小针。衔人衣裔，挂齿不脱，无异于真。”

6. 能够捕鱼的木制獭

《朝野佥载》中记载了一种古代机器獭，在水下能做很多动作，原文如下：“郴州刺史王琚刻木为獭，沉于水中，取鱼，引首而出。盖獭口中安饵，为转关，以石缒之则沉。鱼取其饵，关即发，口合则衔鱼，石发则浮出矣。”此记述较易理解，读者不难发现，现代的水下机器人都很难达到如此先进水平。

此类例证很多，不再一一引述，仅此已能看出这类记述均属子虚乌有，甚至有点荒诞不经。即便如此，也不可忽视其背后所蕴含的意义。因为一切发明创造都来源于先进思想，也许这些看似不符合实际的想象会激发人们的灵感，点燃众人的创造热情。随着科技的飞速发展，不少超前的先进思想常常会在若干年后成为现实。几千年前的中国就已经产生有关智能机器人的设想，这是难能可贵的。后人应重视并慎重对待这些宝贵的思想。

四、古籍记载中尚待研究的自动机械

关于尚待研究的自动机械，先行刊出引文，这些对复原研究非常重要，需要句酌词斟。因为古人写书，尤其是较早期的书籍遣词用字都十分简略；有时有的书过于夸张；不同的版本互有异同；时间久远、多次印刷也会造成讹误，这些因素都会增加复原研究的困难程度。如在复原研究的同时，确定原文的正误，就可一举两得。

1. 马钧的“百戏”

西晋傅玄《傅子》记述：“有上百戏者，能设而不能动。帝（指魏明帝，即曹操之孙曹叡）以问先生（指马钧）‘可动否？’钧曰：‘可动。’帝曰：‘其巧可益否？’对曰：‘可益。’受诏作之。以大木雕构，使其形若轮，平地施之，潜以水发焉。设为女乐舞象，至令人击鼓吹箫，作山岳；使木人跳丸、掷剑、缘絙（粗绳索）倒立，出入自在；百官行署，舂磨、斗鸡，变巧百端。”

这段记述有两点要分析：其一，这个百戏“以大木雕构，使形若轮”，它的材料是木，形状像个大轮盘，所言“百戏”都在这个大轮盘上展开。估计它很像现在常见的旋转舞台，随着大轮的旋转可以看到不同的画面，即所谓的“变巧百端”。其二,大轮盘的旋转、百戏的演绎都是靠水力驱动,水的循环则可能由人力维持。以后记载的多种自动机械也常常借助于由人力维持的水循环。

2. 马待封的镜台

《古今图书集成》引《山西通志》记载:“马待封(唐代人)为皇后造妆具,中立镜台。台下两层,皆有门户。后将栉沐(梳洗头发),启镜奁(此处指梳妆台)后。台下开门,有木妇人手巾栉至,后取已,妇人即还。面脂妆粉,眉黛髻花等,皆木人继送,毕,则门户复闭。凡供给皆木人。妆罢门尽阖,乃持去其台。”马待封的“镜台”虽然制作水平很高,但它的程序是固定的,用水驱动完全可以实现。但是皇后梳洗的时间可长可短,完全是随心所欲,那如何保证镜台的动作完全符合皇后的梳洗节奏呢? 估计由人操作所有的工序,以满足皇后的需要。

3. 殷文亮的劝酒木人

唐代张鷟所著《朝野佥载》曰:“洛州殷文亮曾为县令。性巧,好酒。刻木为人,衣以缯彩,酌酒行觞,皆有次第。又作妓女,歌唱吹笙,皆能应节。饮不尽则木小儿不肯把杯,饮未竟则木妓女歌管连催。此亦莫测其神妙也。”文中劝酒的木人,如果由人来操作它们的动作是可能的。进一步思考,如果这些表演都在室外进行,木人在船上劝酒,是否更加方便呢?

镜台与劝酒木人两例均出自《山西通志》,山西地处中原腹地,是古代较为发达的地区,水平较高的机械成果多些是合情合理的。

4. 复杂的水饰

《太平广记》引隋代杜宝之《大业拾遗记》:“水饰……总七十二势,皆刻木为之。或乘舟,或乘山,或乘平洲,或乘磐石,或乘宫殿。木人长二尺许。衣以绮罗,装以金碧,及作杂禽兽鱼鸟,皆能运动如生,随曲水而行。又间以妓航,与水饰相次。亦作十二航,航长一丈,阔六尺。木人奏音声,击磬、撞钟、弹筝、鼓瑟,皆得成曲。及为百戏，跳剑、舞轮、升竿、掷绳，皆如生无异。其妓航水饰亦雕装奇妙，周旋曲池，同以水机使之。奇幻之异，出于意表。又作小舸子，长八尺，七艘。木人长二尺许，乘此船以行酒。每一船，一人擎酒杯立于船头，一人捧酒钵次立，一人撑船在船后，二人荡桨在中央。绕曲水池，回曲之处各坐侍燕宾客。其行酒船随岸而行，行疾于水饰。水饰行绕池一匝，酒船得三遍，乃得同止。酒船每到坐客之处即停住。擎酒木人于船头伸手，遇酒客取酒，饮讫还杯，木人受杯，回身向酒钵之人取勺斟酒满杯，船依次式自行。每到坐客处，例皆如前法。此并约岸水中安机。如斯之妙皆出自黄衮之思。宝时奉敕撰水饰图经及检校良工图画，既成奏进，敕遣宝共黄衮相知于苑内造此水饰，故得委悉见之。衮之巧性，今古罕俦。”

以上所记水饰场面宏大，结构复杂，有山川、河流、屋舍、船只。文中的总七十二势，是指有72种姿态各异。从“木人长二尺许”，也可看出这一水饰的规模。水饰中到处是水，文中也明确说“水激使之”，这意味着水饰的动力是水。复原时如把它做成一个水村，风格似更贴切。这样庞大的水饰不太可能只用同一个水循环系统和管控系统控制，很可能需要若干个水循环系统和管控系统。这些问题均应在复原时予以深入全面思考。

5. 乞讨的木僧

《朝野佥载》中记述了杨务廉制造的木僧，它可以发出声音，向人乞讨：“将作大匠杨务廉甚有巧思，尝于沁州市内刻木作僧。手执一碗，能自行乞。碗中钱满，关键忽发，自然作声云：‘布施。’市人竞观。欲其作声，施者日盈数千。”

所记木僧估计行动并不复杂，又不需移动位置，还可由人控制，制作并无困难。关键之处在于木僧可以发声‘布施’，然而当时没有录音机，木僧是如何发声的呢？其实自古以来，音乐家就能用乐器模仿人声和动物鸣叫，当然其发声介于像与不像之间，会引人发笑。

6. 奇异的密作堂

宋必选《古迹类编》说:“彰德府（即现河南安阳）有密作堂最奇。在华林园。堂周围二十四架，以大船浮之于水。为激轮于堂，层层各异。下层刻木为七人，相对列坐：一人弹琵琶，一人击胡鼓，一人弹箜篌，一人搊筝，一人振铜钹，一人拍板，一人弄盘，并衣之以锦绣。其节会进退俯仰莫不中规。中层作佛堂三间，又作木僧七人，各长三尺。衣以绘彩。堂西南角一僧手执香奁，东南角一僧手执香炉而立。余五僧绕佛左转，行道僧每至西南角，则执香奁僧以手拈香授行道僧。僧舒手受香，复行至东南角，则执香炉僧舒手受香于行道僧，僧乃舒手置香于炉中，遂至佛前作礼，礼毕正衣而行。周而复始，与人无异。上层亦作佛堂，傍立菩萨及侍卫力士，佛坐帐上，刻作飞仙，循环右转。又刻画紫云飞腾相映左转，往来交错。博陵崔士顺所制。奇巧神妙，自古未有。”

不难看出，密作堂高大复杂，特色明显。为帮助读者尽快掌握要领，可作如下解读：首先，了解密作堂的大小。“中层作佛堂三间，又作木僧七人，各长三尺”，说的是，底层有七人演奏乐器，密作堂有三层可供人参观，需要足够供来宾活动的空间，据此可估计它的宽大程度。密作堂“以大船浮之于水”，其实“浮”是说它的外形如船，有点像古代的“楼船”，用“二十四”根立柱将其固定。实际上，它是一座高大雄伟的水上建筑。至于文中所说“下层刻木为七人”的乐队，应只是为了做做样子，实际上另外有乐手演奏乐器，发出声音，但密作堂必须为乐手准备好位置。其次，确定密作堂的动力源是水力。它在水上，水资源本来就丰富，而且文中说“为激轮于堂，层层各异”，意思是密作堂各层都有水轮，而且各不相同。究竟如何不同？ 可能是立式水轮，也可能是卧式水轮，尺寸也不同。这说明密作堂有若干个水力系统在工作。再次，密作堂底层的木刻乐手“进退俯仰莫不中规”，中层的木僧“周而复始，与人无异”，上层佛堂中木刻的佛不动，“飞仙……右转”“紫云……左转”“往来交错”，显得十分热闹。这些记载都说明密作堂的自动控制程序是固定的。最后，点出密作堂的实际作者是博陵崔士顺，博陵在河北安平一带。

堰

参考文献

古籍

《墨子》（春秋）墨翟
《孙子兵法》（春秋）孙武
《考工记》（约春秋末年）作者不详
《吴子》（战国）吴起
《列子》（战国）列御寇
《山海经》（战国）作者不详
《淮南子》（西汉）刘安
《史记》（西汉）司马迁
《西京杂记》（西汉）刘歆
《汉书》（东汉）班固
《世本》（东汉）宋衷
《说文解字》（东汉）许慎
《释名》（东汉）刘熙
《三国志》（晋）陈寿
《邺中记》（晋）陆翙
《傅子》（晋）傅玄
《后汉书》（南北朝·宋）范晔
《南齐书》（南北朝·梁）萧子显
《水经注》（南北朝·北魏）郦道元
《通典》（唐）杜佑
《朝野佥载》（唐）张鷟
《耒耜经》（唐）陆龟蒙
《梦溪笔谈》（宋）沈括
《文献通考》（宋）马端临
《新仪象法要》（宋）苏颂
《武经总要》（宋）曾公亮、丁度
《事物纪原》（宋）高承
《太平广记》（宋）李昉等
《新唐书》（宋）欧阳修、宋祁
《梓人遗制》（元）薛景石
《宋史》（元）脱脱等
《农书》（元）王祯

《元史》（明）宋濂等
《物原》（明）罗颀
《本草纲目》（明）李时珍
《武备志》（明）茅元仪
《天工开物》（明）宋应星
《明实录》（明）官修
《农政全书》（明）徐光启
《火攻挈要》（明）汤若望
《古今图书集成》（清）陈梦雷、蒋廷锡等
《新元史》（清）柯劭忞
《明史》（清）张廷玉
《河工器具图说》（清）麟庆

现当代图书

刘仙洲．中国机械工程发明史·第一编．北京：科学出版社，1962.

刘仙洲．中国古代农业机械发明史．北京：科学出版社，1963.

李约瑟．中国科学技术史．北京：科学出版社，1975.

上海博物馆中国原始社会参考图集编辑小组．中国原始社会参考图集．上海：上海人民出版社，1977.

中国天文学史整理研究小组．中国天文学史．北京：科学出版社，1981.

赵连生．小百科全书．济南：山东科学技术出版社，1981.

申漳．简明科学技术史话．北京：中国青年出版社，1981.

张润生．中国古代科技名人传．北京：中国青年出版社，1981.

杜石然，等．中国科学技术史稿．北京：科学出版社，1982.

申力生．中国石油工业发展史．北京：石油工业出版社，1984.

中国农业博物馆．中国古代耕织图选集．北京：中国农业博物馆，1986.

沈鸿，等．中国大百科全书·机械工程．北京：中国大百科全书出版社，1987.

郭可谦，陆敬严．中国机械发展史．北京：机械工程师进修大学，

1987.

姜长英．中国航空史．西安：西北工业大学出版社，1987.

郭盛炽．中国古代的计时科学．北京：科学出版社，1988.

株式会社日中艺协．中国古代科学技术展览．奈良：株式会社大広，1988.

王振铎．科技考古论丛．北京：文物出版社，1989.

张柏春．中国近代机械简史．北京：北京理工大学出版社，1992.

陆敬严．中国古代兵器．西安：西安交通大学出版社，1993.

中国建筑史编写组．中国建筑史．北京：中国建筑工业出版社，1997.

华觉明．中国古代金属技术．郑州：大象出版社，1999.

陆敬严，华觉明，等．中国科学技术史·机械卷．北京：科学出版社，2000.

陆敬严．图说中国古代战争战具．上海：同济大学出版社，2001.

李约瑟．中华科学文明史．上海：上海人民出版社，2003.

陆敬严．中国机械史．台北：越吟出版社，2003.

颜鸿森．古早中国锁具之美．台南：中华古机械文教基金会，2004.

张荫麟．中国史纲．北京：九州出版社，2005.

张柏春，等．传统机械调查研究．郑州：大象出版社，2006.

陆敬严．新仪象法要译注．上海：上海古籍出版社，2007.

陆敬严．中国悬棺研究——中国悬棺问题的理论与实践．上海：同济大学出版社，2009.

陆敬严．中国古代机械文明史．上海：同济大学出版社，2012.

附录一 中国机械史大事记

旧石器时代

石器：砍砸器、刮削器、尖状器、石球等。

约10万年前发明了原始的投石器。

约2.8万年前发明了弓箭。

旧石器时代晚期，原始人走向定居，建筑、生产工具、生活用品等方面发生巨大变化。

新石器时代

石器：农业、木工、狩猎、捕鱼、纺织、制陶等劳动使用的石器有6类30多种。

在距今7 000—8 000年前的遗址中发现当时已有原始陶器。

在仰韶文化（距今5 000—7 000年前）遗址中发现欹器——小口大腹尖底壶（罐）。

在甘肃新石器时代遗址中发现石刃骨刀。

后期已应用铜。

已出现独木舟。

出现原始的纺织机械——踞织机。

出现原始的制陶机械——转轮。

夏代

人工冶炼铜已很发达，已有精美的青铜制品。

古车出现，并制成战车。

出现谷物脱粒用的粮食加工机械——杵臼。

商代

应用“天外来客”——陨铁，制成铁刃铜钺。

船只已用于水战。

开始牛耕。

已有从井中汲水的桔槔，它是杠杆的一种应用。

出现运送部队通过壕沟的壕桥。

周代（西周、春秋、战国）

周初，开始应用从井中汲水的辘轳。

西周，开始冶炼铸铁。

周代，已有滑轮。

周代，已出现弩，这是以机械装置控制发射的弓。

春秋时，出现儒家、墨家、道家等百家争鸣的局面。

春秋时，鲁班发明众多，他被后世尊为工匠祖师爷。

春秋时，已有侦察车——巢车。

春秋时，已有掩护士兵挖掘地道的轒辒车。

春秋时，投石器已从狩猎工具转变为兵器——砲。

春秋末年，已应用石磨。

约在春秋，出现水战时在船上使用的拍竿、钩拒。

春秋战国之交，对中国科学技术有重大影响的科技名著《考工记》撰写而成。

春秋战国之交，出现悬棺。

战国时，基于磁铁指极性创造司南。

战国时，已有楼船。

战国时，李冰父子修建都江堰。

战国诸雄各筑长城，互相防范。

秦代

秦始皇时制造的铜车马，安放于秦始皇皇陵中。

已有可自动放箭的伏弩。

秦始皇焚书坑儒，提倡“以吏为师”，对教育造成毁灭性打击。

汉代

西汉时，皇帝的仪仗车中已应用指南车、记里鼓车。

西汉时，汉武帝独尊儒学，对后世产生了极大影响。

出现当时先进的纺织工具——手摇纺车及斜（平）织机，并开始有提花织机。

四川出现盐井及深井开凿技术。

西汉时，董永已使用独轮车。

已有可以产生风力、用以清选粮食的风扇车。

汉武帝时，赵过发明播种机械三脚耧。

汉武帝已使用羊车（用羊拉车）。

西汉时，已有被中香炉。

东汉时，蔡伦创制“蔡侯纸”，促进文化事业大发展。

东汉时，张衡创制水运浑象，上有复杂的齿轮系统。

东汉时，张衡研制地动仪。

东汉时，已有加工粮食的连机水碓。

东汉时，已有冶金鼓风用的水排。

东汉时，毕岚发明龙骨水车。

东汉时，出现真正的瓷器。

东汉末年，曹操在官渡之战中使用了砲车。

三国 出现进攻时撞击城门的撞车。

诸葛亮发明木牛流马，这一发明引起后世的广泛兴趣。

马钧制“水转百戏”，以水力驱动，可自动表演。

魏晋南北朝 晋代，出现牛转八磨，一头牛可带动八个磨同时工作。

南北朝时，祖冲之发明明轮船，实现船舶动力的重大改革。

南北朝时，祖冲之首先采用多用水轮——水碓磨。

出现一边行车，一边磨面、舂米的自动机械——磨车、舂车。

隋唐 隋代，火药在道家的炼丹炉中问世。

隋代，李春在河北赵县洨河上建成安济桥（赵州桥）。

隋代开始实行科举，唐代将其发展成科举制度。

唐代，出现可从井中垂直提水的井车。

唐代，僧一行发明比以前更精确、更复杂的天文仪器。

唐代，耕犁已发展定型，史称“江东犁”。

唐代，进攻时用的云梯已有两节，下置六轮，四周密封。

唐代，开始用绞车开弩，弩的力量明显增加。

宋代 将指南针搬上船，有助于海上航行及海上“丝绸之路”的开通。

已有侦察敌情的望楼，防守用的千斤闸、狼牙拍，运送部队的折叠壕桥，多种进攻武器如搭车等。

沈括撰写名著《梦溪笔谈》，书中将可以燃烧的油脂定名为“石油”，此名沿用至今。

怀丙和尚从晋南黄河中打捞起几万斤重的铁牛。

已通过冷作工艺制成瘊子甲。

苏颂发明的水运仪象台，达到中国古代天文机械的顶峰。

火药开始用于实战，首先制成燃烧类火器——火炮。

毕昇发明活字印刷，新的印刷技术出现。

约在宋代，出现立轴式风车。

出现最早的管状火器，开始时用竹管制。

出现爆炸类火器。

已有捕鼠的自动机械装置。

南宋，出现原始火箭。

出现活塞式风箱。

元代

已有得到广泛应用的灌溉机械——筒车及高转筒车。
出现水转九磨，一个水轮同时驱动九扇磨工作。
出现水轮三事，一个水轮驱动可同时进行三项工作。
出现以水力驱动的水转大纺车，纺纱效率极高。
制成金属管状火器。
进行最早的喷气飞行试验。
王祯的《农书》问世。
郭守敬制成新的天文仪器——简仪。

明代

重修万里长城。
郑和七下西洋，显示了中国造船、航海技术的进步。
宋应星撰写科学巨著《天工开物》。
李时珍撰写《本草纲目》。
已有磨玉车。
出现原始火箭及导弹。
出现原始的二级导弹。
出现原始的自动返回导弹。
明代水轮三事诞生，创造了水力农业机械的最高成就。

清代

中国制造的轮船“黄鹄”号于 1865 年试航成功。
约从 1867 年开始仿造各类机床及其他机械。
1876 年，中国铁路通车。
1895 年，中国出现第一所大学。

中华民国

20 世纪 20 年代，工业开始实行标准化。
1919 年，中国制成第一架飞机并试飞成功。
20 世纪 20 年代，中国学者开始用中文自编教材。
1920 年，中国制造的第一艘万吨轮下水。
1921 年，东南大学率先在高等院校中设立机械工程系。
1931 年，中国仿制汽车成功。
1935 年，中国机械工程学会成立。
1939 年，中央大学开始培养硕士研究生。
到 1949 年，全国约有各类机床 9 万台。

附录二 中国历代纪元简表

主要朝代			建都地
石器时代	旧石器时代（约170万年前—1万年前）		
	新石器时代（约1万年前—前21世纪）		
夏（约前2070—前1600）			安邑（山西夏县）
商（前1600—前1046）			亳（河南商丘） 殷（河南安阳）
周（前1046—前256）	西周（前1046—前771）		镐（陕西西安）
	东周（前770—前256）	春秋（前770—前476）	洛邑（河南洛阳）等地
		战国（前475—前221）	咸阳（陕西咸阳）等地
秦（前221—前206）			咸阳（陕西咸阳）
汉（前206—220）	西汉（前206—25）		长安（陕西西安）
	新朝（9—23）		长安（陕西西安）
	更始帝（23—25）		洛阳（河南洛阳）
	东汉（25—220）		
三国（220—280）	魏（220—265） 蜀（221—263） 吴（222—280）		魏：洛阳（河南洛阳） 蜀：成都（四川成都） 吴：武昌（湖北武昌） 建业（江苏南京）
晋（265—420）	西晋（265—317）		洛阳（河南洛阳）
	东晋（317—420）		建康（江苏南京）
南北朝（420—589）			南京（江苏南京）等地
隋（581—618）			大兴（陕西西安）
唐（618—907）			长安（陕西西安）
五代十国（907—960）			洛阳（河南洛阳）等地
宋（960—1279）	北宋（960—1127）		汴京（河南开封）
	南宋（1127—1279）		临安（浙江杭州）等地
元（1206—1368）			大都（北京）
明（1368—1644）			南京（江苏南京） 北京
清（1616—1911）			盛京（辽宁沈阳） 北京
中华民国（1912—1949）			南京（江苏南京）
中华人民共和国于1949年10月1日成立			北京

附录三　历代尺寸对照表

时代	量地尺	尺长（厘米）	一里步数	一步尺数	一里尺数	里长（米）	一亩方步数	亩积（米^2）	备注
周	周尺	23.1	300	6	1 800	415.80	100	192.1	
秦	商鞅量尺	23.1	300	6	1 800	415.80	240	461.04	
西汉	西汉尺	23.2	300	6	1 800	417.60	240	465.04	
新朝	新莽铜斛尺	23.05	300	6	1 800	414.90	240	459.05	
东汉前期	东汉尺	23	300	6	1 800	414.0	240	457.06	
东汉后期	东汉尺	23.7	300	6	1 800	426.6	240	485.30	
西晋	西晋尺	24.14	300	6	1 800	434.52	240	503.49	
东晋	晋后尺	24.79	300	6	1 800	440.62	240	517.73	
刘宋	宋氏尺	24.525	300	6	1 800	441.45	240	519.67	
北周	北周铁尺	29.527	300	6	1 800	441.45	240	519.67	
隋	开皇官尺	29.527	300	5	1 800	442.905	240	523.11	
唐	开皇官尺	29.527	300	5	1 800	531.486	240	523.11	唐大里
唐	开皇官尺	29.527	300	5	1 500	442.905	240		唐小里
宋	三司布帛尺	31.12	360	5	1 800	560.16	240	581.07	宋大里
宋	营造尺	30.91	360	5	1 800	556.33	240	573.26	宋营造里
宋	浙尺	27.49	360	5	1 800	494.82	240	453.42	宋浙里
元	元尺	37.42	240	5	1 200	449.04	240	840.15	
明	裁衣尺	34.04	360	5	1 800	612.36	240	694.42	明大里
明	量地铜尺	32.66	360	5	1 800	587.88	240	640.01	
明	营造尺	31.9	360	5	1 800	574.2	240	610.57	明营造里
明	浙尺	27.43	360	6	1 800	493.74	240	650.08	明浙里
清	营造尺	32	360	5	1 800	576.0	240	614.4	清营造里
清	量地尺	34.3	360	5	1 800	617.4	240	705.88	
中华民国	市尺	33.33			1 500	500		666.67	

注：摘自王锦光、洪震寰《中国古代物理学史略》。

索引

A

B

C

D

E

F

J

K

L

M

N

O

P

Q

R

S

T

W

后记

这本书虽行将结束，但对复原研究工作而言，则远未结束。

1984年召开了第三届国际中国科学史讨论会，众多国外和国内科技史前辈、名家出席了会议。会议期间，我有幸与周谷城教授相邻而居。与会者中，我属于年轻的晚辈，近水楼台令我有机会朝夕聆教，得益匪浅。我至今对周先生的一个观点记忆犹新，不夸张地说，影响了我的一生。他说："历史是一个整体，而科技史是其中一个重要的组成部分，好比是一张桌子，如果缺了一个角，人们看起来就很不舒服，用起来也很别扭。"先生坚持，历史、科技史中有了复原研究才完整。

如今30多年过去了，情况发生了较大的变化，尤其是在20世纪八九十年代。复原研究工作有了一定的发展，但仍受到人力、物力的限制，困难依旧存在。无论是缺角，还是虽有四角但不匀称，桌子总是不像样的。

我自己在复原研究这一领地耕耘了几十年，已复原古代机械百余件，但它们只是中国古代机械浩瀚领域中的沧海一粟。在鉴定会上，承蒙与会专家学者将我的工作评定为"国际领先"水平，这是前辈们对我的鼓励，但这些成果远远不足以反映古代机械丰富多彩的盛况。

参与复原研究工作的人员不要求很多，但不能缺少。希望有更多的人力和物

力投入这项利国利民的研究工作，完整而生动地重现中国古代机械辉煌的局面，激励人们继往开来，创造更加美好的未来！

《汉书》述："收获如寇盗之至"，将农村收获的及时性和紧张繁忙程度形容得淋漓尽致，尤其是夏季。现在广大农村还将其称为"三抢"（即抢收、抢种、抢管），常见外出打工者赶回家参与。

我工作几十年积累不少，辛勤耕耘一辈子，诚如《汉书》所言：面对遍地待割庄稼，以我衰老病弱之身实难胜任。众所周知，从20世纪90年代初起，我经历了两次脑瘤开刀及结肠癌开刀等数次大手术，幸得众人出手相助，才得以一一完成，因此后记的后半部分实际上是一篇诚挚的谢词。

首先要感谢同济大学的师长同事：侯镇冰、李理光、陈从周、林建平等教授；虞红根、高申兰、奚鹰、陈全明、田淑荣等副教授；王绪金、侯德环、李士英、许师傅、王家声等与我朝夕相处的木工师傅。其次要感谢学界师友：杨櫆、谭其骧、胡道静、郑林庆、陶亨咸、许绍高、席泽宗、王振铎、夏衍、袁运开、朱新轩、郭可谦、华觉明、辛一行、邹慧君、张柏春等先生，及海外的程贞一、颜鸿森、刘广定等教授。没有他们的鼓励和帮助，我难以完成这一寂寞、艰难、费钱的复原工作。

感谢数度挽救我生命的同济医院王祖德院长，华山医院周良辅、李士其、曹晓莹、辛国民、唐一帆、肖丽明及长征医院陈长策、杨中坚等专家，他们医术精湛、医德高尚，是医学界楷模！

感谢数十年的老友兰思祖、胡增炎兄，听说我病急飞上海到医院看望，在我手术稳定后又陪我考察丝绸之路，了我心愿！

感谢《文汇报》国内记者部前主任沈定，自20世纪70年代采访我后，我俩友谊保持至今，我每有学术举动和住院都有他的陪伴！

尤其要感谢宇达集团卫恩科董事长，为复原的模型谋划到了安身之处，并精心维护展出，使它们继续发挥应有的作用，令我几十年的研究心血不至于付之东流。

本书撰写得到了上海科学技术出版社张毅颖、段韬两位编辑及相关人员的鼎力相助，深深致谢。没有她们的辛劳付出，就不会有本书面世。

俗话说：每一个成功人士背后必然有贵人相助，我绝对不是成功人士，只尽力而为地做着力所能及的工作，虽九死一生，仍笔耕不止，著书不断。我背后也有两位"贵人"相助。一是我的妻子钱学雄，几十年来默默支持我，她既是"生活秘书"，又是"医疗

秘书”，还是我的“工作秘书”，我的每一步都有她的身影相伴，没有她的帮助和照顾，我寸步难行。本书中有不少图是她亲手绘制。另一位是哈佛大学医学博士、我的外甥女陆磊，她在美国从事前沿的医学研究，30年来一直为我带来最新、最有效的治疗方案与药物，一再挽救我垂危的生命。

我这一生坎坎坷坷，磨难不断，却得到这么多好人帮助，感激之至。上述名单挂一漏万，愿帮助、支持我的所有人，好心必有好报，祝福大家健康长寿。

陆敬严

2018年12月4日

第三届国际中

The Third International Conference

科学史讨论会

the History of Chinese Science 1984.8.21.—25.